한국건축의 모든 것

죽서루

한국건축의 모든 것

죽서루

 이희봉 지음

한국학술정보

▌머리말

이 책은

누정 건축 삼척 죽서루 책이다. 그러나 한편 죽서루 책은 아니다. 죽서루라는 자그마한 건물 하나를 가지고 온 세상을 보는 책이다. 모든 지식을 총동원하여…….

서 있는 죽서루를 관광 문화유산 답사로 보는 것이 아니라 심층을 꿰뚫어 깊이 보는 책이다. 기존 보아오던 방식, 즉 문화재 안내판이나 학계의 방식을 뒤집는다.

기존 건축계에서 건물을 나무와 기왓장으로 구성된 구조체로 보는 병이 깊다. 세계 모든 건축은 장식이 구조와 통합되어 하나가 된다. 형태와 공간이 합쳐져 건축이 된다. 죽서루의 문양 장식은 사람의 뜻을 담고 공간은 삶을 담고 있다. 설계의도, 설계정신을 본다. 건축은 철학으로부터 나온다.

따라서 이 책은 기존 교과서, 학계의 정설을 대부분 뒤집는, 고질병을 치료하는 전혀 새로운 시도의 책이다.

죽서루는 흔히 하듯 밖에서 사진 찍는 감상용 대상물이 아니라 그 속에 사람을 담고 생활을 담는 공간이다. 자연을 내다보고 시를 읊던 건물이다. 노래와 춤이 있고 술 마시고 여흥을 즐기던 공간이다. 과거 선조들의 사회가 있고 제도가 들어 있던 공간이다.

사물로만 보는 건축계의 유물론적 죽서루를 넘어 사람을 중심으로 죽서루를 본다. 조선시대 문인들의 시를 통하여, 그림을 통하여, 또 관아 생활 속에서의 죽서루를 찾아낸다.

건축은 보는 것이 아니라 인간의 총체적 체험이다.

이 책은 학문하는 방법에 관한 책이고 설계하는 방법에 관한 책이다.

흔히 하듯 설계 방법상 대지를 분석하는 것이 아니다. 땅은 신성하고 태고로부터 거기 있었고 인간이 하찮은 건축 낙서를 하고 있을 뿐이다.

유능한 건축가는 대지가 말하는 소리를 듣는다.

역사학으로 보자면 일제 식민잔재로서 꾸준히 이어오는 실증주의 사학을 넘어, 새로운 역사 생활사와 미시사를 통하여 과거를 현재로 끌어온다. 현재의 설계방법과 똑같이.

어설픈 서양 모방 설계를 이제 그만 멈추고 우리의 설계, 세계적인 설계를 되찾기 위하여.

2013.4.

바닷바우(海岩) 이희봉(李熙奉)

▎목차

서울 지하철 7호선 면목동에 사가정역이 있다. 필자도 그동안 역 이름의 뜻을 모르고 그냥 지나쳤다. 지난봄 친구들과 아차산 등반 가려고 그 역에 모였다. 알고 보니 조선 초기 문인 서거정(徐居正, 1420~1488)이 사가정이란 정자를 여기 용마산 기슭에다 지었단다. 그리고 그의 호를 바로 사가정(四佳亭)이라 지었다. 가보면 언덕 기슭에 사가정 공원과 시비가 있다.

  사가정이란 단어야말로 바로 한국 정자의 본질, 나아가 한국건축의 본질을 그대로 나타내고 있다. 즉, "佳水佳山亭亦佳(가수가산정역가), 아름다운 물, 아름다운 산, 더하여 정자 또한 아름다우니, 三佳亭上逢佳客(삼가정상봉가객). 세 아름다움의 정자 위에서 아름다운 사람 서로 만났네." 하니 곧 '네 아름다움'이 된다는 기막힌 뜻의 '사가정'이다. 즉, 건물 정자는 산과 물 곧 자연 속에 있고 그 속에 사람이 들어가 절정으로 완성된다. 필자의 지론, 한국건축의 본질은 사물건축이 아니라 건축-자연-인간의 결합임을 한마디로 나타내주는 말이 바로 사가정이다. 그의 또 하나의 호는 정자를 얼마나 사랑했으면 정자 세 개의 '정정정(亭亭亭)'이기도 했다.

  그는 죽서루와도 인연을 맺는다. 전국을 유람하며 쓴 수많은 시 중 죽서루팔영(八詠) 시를 남긴다.

이

시작하면서

이 책은 건축이란 무엇인가? 하는 큰 질문으로 시작한다. 그다음 죽서루라는 건물을 통하여 한국건축은 무엇인가? 어떻게 볼 것인가? 하는 질문이 들어 있다. 나아가 건축이론이란? 건축역사란 무엇인가? 어떻게 할 것인가의 질문을 한다. 이 책은 질문을 던지기만 하는 것이 아니라 답을 한다. 물론 기존의 학계에서 죽 해오던 방법, 고정관념을 뛰어넘는다. 궁극적으로는 실천 학문 건축학의 최종 목표라 할 수 있는 설계를 어떻게 할 것인가에 대한 답이다.

해방 후 건축과는 대부분 지금까지도 공과대학에 속하여 세계에서 유례없이 공학 중심의 교육을 받아왔다. 일본인들이 물려준 식민지 시대의 잔재이다. 몇 해 전 국제 무역기구 WTO에서 한국의 건축가 양성 교육의 부실을 문제 삼자 그 대책으로 공학 중심의 4년제와는 별도로 설계 중심의 한국 대학에서 유례없는 5년제 학제를 전국적으로 개설했다. 그럼에도 불구하고 형식만 맞추어 기존 4년을 1년 더 늘려놓은 것뿐 무엇이 달라졌는지 근본정신이 없다. 교수들도 영문을 모르는데 학생들은 등록금 1년 더 내는 것 말고 알 턱이 없다.

도서관에 가면 건축 책은 혼란스럽게 분류되어 있다. 공학 칸에 가 있기도 하고 예술 칸에 있기도 하다. 서양의 대부분 도서관이나 큰 서점에서 건축이 인문학 Humanities에 속해 있다는 것을 아는 사람은 드물다. 건물은 뼈대 집체로서 사물에 속하지만 어디까지나 도구에 불과하고 목표는 사람을 그 속에 담기 위한 시설이다. 그러자면 사람의 활동, 심리, 철학, 역사 이런 생각이 바탕이 되어 설계해야 한다. 우리나라 건축 교육에서 하지 않던 이런 것이 바로 5년제 설계전공에서 보강되어야 할 과목이다. 한국에서 고등학교 때 이과 공부를 해서 들어오는 건축과 학생들은 참으로 불행하다. 그렇다면 예능계인가? 그것도 아니다. 필자는 50년 전 건축과를 '수학＋미술'로 단순하게 알고 지원했었다. 도대체 이 세상을 문과, 이과 또 예능으로 단순하게 나누어 가르친다는 것은 세계적으로 대한민국에만 있는 낙후된 제도이다. 다빈치 코드로 유명한 레오나르도 다빈치는 과학자요, 발명가요, 화가요, 조각가요, 건축가이다. 이렇게 나누었을 때 가장 큰 피해자는 이과, 문과, 예능이 골고루 갖춰져야 하는 건축과에 입학하는 이과 학생들이다. 이과 교육만 받고 올라온 학생들은 일단 문맹의 '사람맹'이다. 그렇다면 문과는 반대로 '사물맹'일 가능성이 높다. 우리나라 정치가들이 자고 나면 큰소리 뻥에다가 말만 많고 되는 일이 없는 것은 사물맹이 큰 몫을 한다. 최근 학문에서의 최대 관심사는 '융합'이다. 서양 학문 과학이 현재 각 분야에 깊이 들어가다 보니 전체를 보지 못하는 부분전문가 바보가 됨을 인식하여, 분야끼리 특히 과학과 인문학의 융합을 이루어나가고자 하고 있다. 일본에서는 '국제 (國際)'에서 따라서 '학제 간(學際間)'이라고도 얘기하고 특히 자연과학과 인문학의 결합을 '통섭(通涉)'이라고도 얘기한다. 한편 건축학은 근본부터 인문학과 공학과 예술의 융합체였다. 어찌 되었던 과거부터 건축물은 온전하게 수천 년 그대로 있는데 다만 부분전문가 건축학자들이 좁게 보이는 자기 대롱 안경으로 세상을 보고 있을 뿐이다.

　건물 죽서루는 나무 기둥, 기왓장으로 볼 때는 물질이고, 무너지지 말아야 하는 공학에 바탕을 두고 있으나 수많은 시인 묵객들이 남긴 시로 볼 때는 경치 감상과 사색의 무대가 된다. 오십천 절벽 꼭대기 바위 위에 자리 잡은 죽서루는 우리 선조의 자연관 사상 철학에 깊이 뿌리를 두고 있다. 또한 조선시대 관청인 객사 부설 누정으로서 당시의 생활을 그대로 담고 있다. 우리가 지금도 올라가 보는 죽서루는 이 모든 것을 한 건물에 다 담고 있다. 어느 것 하나가 빠져도 죽서루를 볼 수도 이해할 수도 없다. 공학교육을 충실히 받은 대부분의 기성 건축학자는 자기도 모르게 유물론자가 되어서 뼈다귀로서의 건물만 보게 된다. 서양건축 또는 서양사조 베끼기에 여념이 없는 기성 건축가들에게 우리의 죽서루는 보이지 않는다.

〈그림 1-1〉 오십천 절벽 위 죽서루. 이른 봄

〈그림 1-2〉 절벽 위 숲에 묻힌 죽서루. 여름 　　　　　〈그림 1-3〉 절벽 위 죽서루. 겨울

　해마다 학교에서 세계 각국의 대학생들을 대상으로 여름학교를 개설하는데, 필자는 그중 한국건축을 강의했다. 외국 학생들에게 여러 건물을 보여주는데 유독 죽서루에 관심을 가지고 어디에 있는지 물어보며 꼭 가보고 싶어 한다. 과감히 말한다. 죽서루를 모르면 건축을 말하지 마라. 죽서루를 모르면 한국건축을 모르는 것이고 건축을 모르는 것이다(그림 1-1, 1-2, 1-3).

　무엇보다 먼저 이 책이 바탕으로 깔고 있는 '관찰'에 대하여 얘기하자. 유홍준의 문화유산 답사기가 처음 나온 이래 답사가 유행처럼 번져 남녀노소 우리 유적에 관심을 갖게 되었다. 필자가 30여 년 전 물어물어 겨우 찾아갔던 대한민국 최고의 조경 담양 소쇄원도 요즈음은 그 앞에 관광버스가 수십 대 주차하며 아줌마, 아저씨들을 쏟아낼 정도로 좁은 공간에 많은 사람이 바글거린다. 소쇄원(瀟灑園)은1) 양반집 별서(別墅), 요즈음 말로 오두막 별장이다. 몇 사람 고즈넉이 구경 가야지 버스 한 대 인원만 쏟아 부어도 앞사람, 옆 사람, 사람 구경만 하게 된다. 집주인 양 선생은 혹시나 둑이 무너져 내릴까 걱

---

1) 소쇄원의 어려운 한자 瀟灑는 맑고 깨끗한 기운을 나타내는 말.

정이 태산 같다. 한결같이 구경하고 나오면서 "뭐 볼 게 없네"다. 유행 답사기의 폐해 중 하나이다. 달변의 문장력으로 대한민국에 남녀노소 유적답사를 유행시킨 공적은 높이 사지만, 베스트셀러 덕에 문화 교주가 될 만큼 영향력이 크지만, 또 대중 상대니 어쩔 수 없는 면도 있겠지만 얄팍잡다한 흥미위주서술들이 대중을 오도하고 전문가들을 불편하게 만든다.

'본다'는 것은 무엇인가? 현대 서양 학문의 바탕이 바로 '본다'에서부터 시작되었다. 르네상스 이 전까지 그리스 문명에 시원을 둔 서양학문은 '안다'는 것에 기초하고 있었다. 지식은 머릿속에 있었다. 수많은 그리스 철학자, 이론가들이 그러하다. 르네상스에 들어 머리에서 눈으로 지식의 중심이 옮겨갔다. 중세 기독교 암흑시대를 거치면서 도그마 교리를 '군말 말고 믿어라'의 시대가 지배하게 된다. 현대 한국 개신교 교회의 맹목적 '믿씁니다' 시대와 별반 다를 바가 없다. 갈릴레오가 종교재판정에서 화형당할 뻔하다가 집행유예로 겨우 풀려나오며 중얼거렸다는 '그래도 지구는 돈다'는 유명한 이야기가 있다. 아마 실제 들은 사람은 없는데 나중에 지어낸 얘기일 것이다. 갈릴레오는 평생 박해를 받았다. 근래 십수 년 전 로마 교황이 직접 가톨릭교회가 4백 년 전 저지른 잘못에 대해 수차례 사죄했다. 갈릴레오가 어떻게 지동설을 알아냈는가 아는 사람이 그리 많지 않다. 그리스의 톨레미설을 이어받아 당시 중세 기독교의 움직일 수 없는 교리였던 천동설은 이 세상의 중심에 평평한 지구 땅이 있는데 해와 달이 동쪽에서 떠올라 서쪽으로 진다는 천체관이다.

목성은 태양계에서 제일 큰 행성이다. 1610년 당시 갈릴레오가 자신이 손수 제작한 망원경으로 목성을 관찰하였다. 우연히 목성 주위

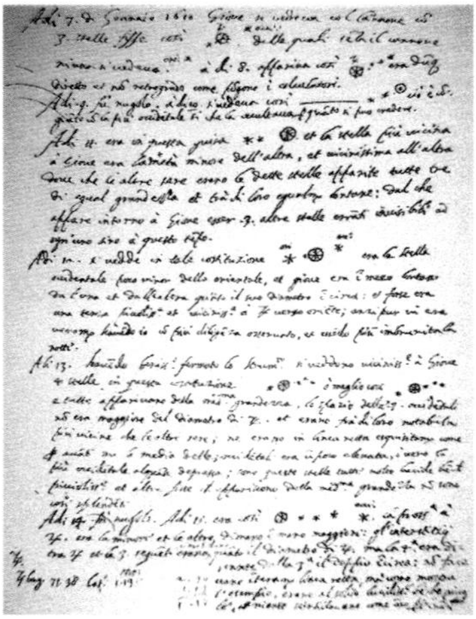

목성은 〇, 달은 ✱로 표기

〈그림 1-4〉 갈릴레오의 목성 관찰 노트

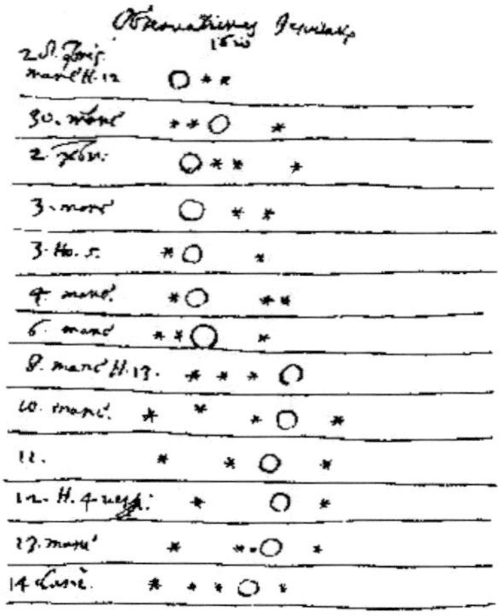

〈그림 1-5〉 갈릴레오의 날짜별 목성의 달
위치 변화 관찰 정리표

의 몇 개 작은 별들이 시기에 따라 순서와 위치가 달라지는 것을 발
견하고 흥미를 갖고 꼼꼼히 기록하였다(그림 1-4). 나중에는 위치 예
측까지 할 수 있게 되었다(그림 1-5). 드디어 결론은 '돈다'이다. 작
은 별들이 큰 별 목성 주위를 돈다. 곧 목성의 주위를 도는 것은 현재
언어로 '위성'이고 쉬운 말로 곧 '달'이다. 목성의 달을 지금도 천문
학에서 '갈릴레오의 달'이라 부른다. 갈릴레오는 목성의 큰 달, 즉 이
오, 유로파, 가니메데, 칼리스토의 네 개만 보았지만(그림 1-6) 실제

〈그림 1-6〉 목성과 주변 4개의 달 실제 관측 사진

로는 60여 개의 아주 작은 달
이 더 있다. 갈릴레오는 목성
관찰을 바탕으로 유추하여,
마찬가지로 달이 지구 주위
를 돌며 지구가 태양의 주위

를 돈다는 인류역사상 획기적인 결론을 내렸다. 여기서 흔히 어설픈 과학 지식 초보자는 관찰만으로 자동적으로 결론이 나온다고 생각하는 사람도 꽤 있는데, 컴퓨터 데이터만으로는 아무 결론이 나오지 않는다. 마치 우리 기상청이 세계에서 가장 성능 좋은 컴퓨터를 도입하여도 예보가 틀리다고 자주 욕먹는 것은 결국 자료의 해석문제이다. 결국은 관찰 결과를 사람이 '해석'하는 것이다.

'관찰'은 르네상스를 대표하는 힘이다. 시대정신이 종교로 덧씌워진 콩깍지를 벗겨내는 것이었다. 머릿속을 믿는 것이 아니라 직접 보고 있는 그대로를 믿는 것이다. "Seeing is Believing." 보는 것이 믿는 것이다. 『다빈치 코드』로 유명한 다빈치 노트북에는 수시로 세상 사물을 관찰하여 그린 스케치가 가득하다.[2] 예술가는 물론 과학자, 공학기술자 모두 반드시 한번 읽어보기를 권한다. 음악의 원조는 신에 바치는 종교음악이듯이 현대에 액자 속에 들어가 전시되는 미술 그림의 원조는 성당 건축의 벽화와 천장화였다. 중세 그림에서 사람 모습은 그냥 사람임을 보여주기만 하는 유치한 모습으로 그려졌다(그림 1-7). 르네상스에 와서 완벽한 비례를 기본 바탕으로

〈그림 1-7〉 〈유다의 키스〉. 중세

2) 최근 Anna Suh, 편집 *Leonardo's Notebooks*, 2009가 있고 옥스퍼드 대학 출판부의 *Leonardo Davinci: Notebooks*가 있다. 국내 번역판도 2종 있다.

<그림 1-8> 보티첼리. <비너스의 탄생>. 르네상스 　　　　<그림 1-9> 루카 시뇨렐리. <최후의 심판>. 르네상스

사람 모습대로, 남자는 이두박근, 삼두박근 근육의 울퉁불퉁한 모습
그대로, 여자는 나올 데 나오고 들어갈 데 들어간 쭉쭉빵빵 모습이
실감나게 그려진다(그림 1-8, 1-9). 물론 중세에서는 금기에 해당하
는 누드화가 처음 나타난다. 중세 기독교 시대에 여자가 맨 젖을 그
대로 드러낸 채로의 벌거벗은 모습을 공식 그림으로 내걸었다가는

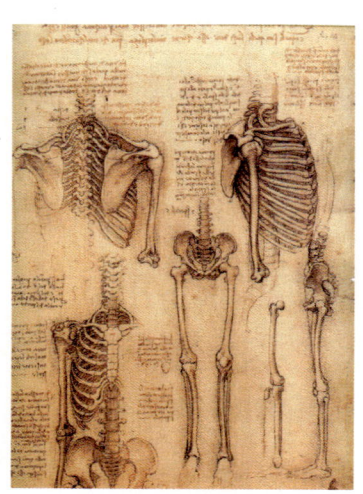

<그림 1-10> 다빈치의 인간 뼈 탐구 스케치

화형에 처해졌을 것이다. 르네상스
그림의 밑바탕에는 사람의 겉모습
속을 파헤쳐 뼈다귀와 근육을 관찰
한 데서 비롯되었다(그림 1-10).
다빈치는 가방 안에 탐구용 사람
뼈를 넣고 다니다가 불심검문에 걸
려 마법사로 오인 받아 역시 처형
될 뻔하다가 신부님의 신원보증으
로 겨우 풀려나기도 했다. 르네상스
해부학은 오늘날 미술과 의학으로
이어져 내려온다. 동양의학에서는

〈그림 1-11〉 다빈치의 물 흐름 　　　〈그림 1-12〉 다빈치의 폭풍 바람 관찰 스케치
　　　　소용돌이 관찰 스케치

없는, 사람 자체를 관찰의 대상으로 보는 자세이다.

다빈치는 흐르는 물이 장애물을 만나 생기는 저항 소용돌이를(그림 1-11), 또 폭풍의 바람을 관찰하여 그린다(그림 1-12). 르네상스의 발명품 중 하나는 투시도법이다. 시점과 시선을 연결하여 스

〈그림 1-13〉 투시도 기법의 그림 〈약혼자의 만남과 순례여행의 시작〉 비토레 카르파초

크린 상에 만나는 점으로 표시하는 그림은 오늘날도 통용되는 인류역사상 획기적인 발명품이다(그림 1-13). 투시도는 가까이 있는 물체는 크게, 먼 데 있는 물체는 작게 보이는데 일정한 비례대로 작아지다가 소실점으로 사라지는 관찰 승리의 그림 표현 방법이다.

르네상스 시대의 관찰은 현대 학문 방법으로 확고히 자리 잡게 되었으며 더 나아가 행태주의, 실증주의와 경험주의로 나가게 되었다.

관찰은 관찰 주체 사람이 사물 대상을 관찰하는 방식이다. 그러나 사람이 사람을 관찰하는 것은 쉽지 않다. 몰래 카메라라면 몰라도 사람 대상이 독립되어 있는 것이 아니라 관찰자가 관찰하는 동안에 관찰대상 사람이 관찰을 의식하면서 영향을 받아버려 관찰이 되지 않는다. 모르모트 관찰 같은 동물 대상 관찰은 어느 정도 가능하다. 필자가 국민학교(초등학교 옛 이름) 시절 제목은 잘 생각나지 않지만 학습 관찰인가 뭔가 해서 수업공개 시범 학급으로 선정된 적이 있었다. 외부에서 우리 수업을 참관한다는 것이다. 그 한 2주 전부터 전체 학교가 난리가 났다. 전체 학교 곳곳을 대청소하는 것은 기본이었다. 요즈음처럼 영악하게 수업 대비 사전 각본을 짜지는 않았지만 그래도 대강 사전에 어떤 식으로 한다는 교육은 받았다. 당일 교육청 장학사들을 비롯하여 여러 학교 선생님들이 교실 뒷벽과 책상 사이 통로를 가득 메우며 우리가 수업 받는 것을 관찰하는데 불편하기 이를 데 없었다. 옆에서, 뒤에서 누가 보고 있으니 행동거지 하나하나 모든 것이 부자연스러움 그 자체였다.

그래서 자연과학과는 달리 인문학이나 사회과학에서 관찰에 영향을 주지 않기 위해 '참여관찰'이라는(participant observation) 것이 개발되었다. 필자는 건축 박사논문을 쓰면서 인류학을 부전공으로 하여 인류학자 James Spradley의 누구나 따라 하기 쉬운 방법론을 사용하였다. 그리하여 계량적 연구방법과 함께 학문방법의 양대 산맥을 이루는 '질적 연구방법'에 달통하게 되었다. 학술진흥재단 후원으로 『문화탐구를 위한 참여관찰방법』이라는 제목으로 국내에 번역 소개하였다.[3] 그 방법을 바탕으로 건축학과 학생들을 지도하였다— 흔히 하듯 껍데기 건축 중심, 사진발 조형미 중심 건축이 아닌 사람 중심의 인본건축(人本建築)을 만들기 위하여─. 또 건축 전공을 넘어 간호학과, 경영학과 학생들의 논문을 지도하기도 하였다.

다시 건축으로 돌아와서 필자는 건축과 3학년들에게 한국건축사를 35년간 가르쳤다. 시험 외에 반드시 학기말 답사 리포트를 과제로 내준다. 전국에 널려 있는 한국건축 아무거나 하나를 택해 직접 가서 보고 자세히 관찰하고 왜 그렇게 생겼는가를 해석하여 가져오는 리포트이다. 대체로 한국 표준 대학생들은 리포트를 내어주면 여기저기서 글을 찾아 짜깁기하여 내는 것으로 알고 있다. 필자 리포트의 철칙은, 절대 다른 글을 베끼지 말 것, 기존 설을 믿지 말 것, 미리 다른 글을 참조하지 말 것 등이다. 실제로 기존 학자 대가들의 설이란 그 안에 잘못이 너무 많다. 필자는 필생 사업으로 거슬러 올라가 일제 때부터 뿌리내린 우리 학문에 잘못된 숱하게 많은 선행연구의 오류를 바로잡는 것이다. 그러다 보니 기존 세력의 저항이 만만치 않다. 안티가 많다는 소리를 많이 들었다. 그러나 필자는 아무렇게나 막소리, 큰소리로 학문하는 것이 아니라 하나하나 움직일 수 없는 증거를 들어가면서 결론을 낸다. 비공식 술자리에서 오류 비판에 대한 당사자 혹은 그 제자들로부터 불평은 많이 들었으나 정식 공개 반론을 받은 적이 거의 없다. 우리 학문의 맹점은 토론을 기피한다는 것이다. 서양 학문은 테제─안티테제─진테제, 즉 정─반─합의 비판과 반론에 의해 꾸준히 발전하여 왔다. 우리 썩어빠진 학계는 대가가 자리 잡으면 저절로 주위에 학맥이 형성된다. 필자가 존경하는, 부총리를 지낸 동향인 경제학 석학 조순(趙淳) 교수께서 학파를 형성하지 않았느냐고 방송 기자가 물으니, 학파는 무슨 학파 하면서 오야붕─꼬붕 같은 학파는 없다고

---

3) James Spradley, *Participant Observation*, 이희봉 역, 『문화탐구를 위한 참여관찰방법』, 대한교과서, 1988.

잘라 말했다. 통쾌한 지적이다. 우리나라의 소위 학파라는 것은 오야붕 원로 주위에 오로지 학맥으로 마치 조폭처럼 배타적 집단을 형성하여 교수 채용, 제자 취직, 용역, 자문 등등 자기들끼리 각종 혜택을 독점한다. 원래 학파라 함은 비슷한 이념으로 뭉쳐 같은 방법론으로 작업하여 공통성향의 결과를 내는 집단을 말한다. 우리는 먼저 권력 잡은 개인이 곧 학파 행세를 한다. 한국 사람의 뿌리는 어디 가지 않는다. 조선시대 유교와 비슷하다. 조선 건국의 이념이 된 참신한 유교 성리학이 나중에 비판을 금지하는 교조주의로 변하면서 망국의 학문으로 전락하게 된다. 그 한가운데 서인 노론계 대부 송시열(宋時烈)이 있다. 조선 역사상 가장 영향력 있었고 오래 해먹은 학자이다. 전국 수많은 향교 서원 정자에 송시열의 기문이 걸려 있다. 주자의 책을 어려서부터 달달 외웠던 그는 세상에 주자를 나보다 더 잘 아는 사람 나와보라고 큰소리칠 정도로 주자 박사였다. 문제의 유교 성리학 중 하나인 주자학(朱子學)은 우리의 고려시대에 해당하는 중국 송나라 때 유행했던 학문이고 조선시대 중국은 이미 명나라 양명학(陽明學) 유교 시대로 접어들어 있었다. 양명학을 받아들였던 윤휴(尹鑴)는 주자를 뛰어넘어 독창적 해석을 하려 하였다. 송시열은 사발통문을 돌려 당대의 학자들을 충청도 황산서원에 모아 윤휴를 비판한다. 주자는 일점일획도 틀림이 없는데 당신이 주자보다 낫다는 것이냐 하고 겁박한다. 윤휴는 주자를 넘어 진리를 탐구해야 한다고 역설하고 공자가 살아 돌아온다면 내 편을 들 것이라고 하지만 아무도 그를 거들어주지 않는다. 결국 사문난적으로 찍히고 만다. 결국 나중에 다른 건으로 죽음을 당한다. 다만 윤선거(尹宣擧)가 그를 옹호하다가 같이 핍박받게 된다.4) 서인이 소론과 노론으로 분리되는 계기가 된다. 조선 유교의 산실

서원의 역사는 학문의 역사에서부터 교조주의 역사가 되고 만다. 비판이 허용되지 않는 당시 사회의 학문은 당쟁의 도구로서 결국 조선 망국의 역사가 되어버리고 만다. 오늘날 한국 학자들 사회는 조선 유교 시절 사회와 아주 흡사하다고 할 수 있을 것이다.

비판이 없음은 곧 토론이 없다는 것이다. 장유유서 사회에서 권력 핵심 원로에게 신참 학자가 감히 질문을 잘못했다가는 눈 밖에 나서 평생 골로 가는 수가 있다. 우리 학문에서 질문이 없는 또 하나의 중요 이유는 어려서부터 익숙한 주입식 교육 덕이다. 책에 있는 것을 달달 외우는데 잘 훈련되어 있어 의심을 품지 않는다. 학생들은 책에 나와 있는 것은 곧 진리라고 착각들을 한다. 책에 얼마나 구라가 많은데. 필자가 대학원생들에게 수업 입문 시 시작하는 작업 중 첫 번째는 서로 정반대되는 주장을 읽게 하고 의견을 말하도록 하는 것이다. 또 하나의 큰 문제는 번역 전문서이다. 영어에서 한글로 글자를 옮기는 것이 아니라 내용을 완전히 이해하고 쉬운 우리말로 옮겨놓아야 할 터인데, 실상은 그렇지 않다. 자기도 모르는 것을 적어놓으니 독자는 죽을 지경이다. 더 심한 것은 이제는 많이 없어졌지만 대학원생들에게 번역시키고 교수가 이름만 내걸어 직접 번역자로 자청하거나 아니면 감수자로 등록한다. 오히려 학생들은 원어로 된 교재를 보는 것이 더 이해가 빠를 때가 많다.

현장 답사 시 필요하면 최소한의 배치나 평면도 정도 기본만 가져가라고 한다. 기존 책이나 글은 엉터리일 가능성이 많으니 절대 믿지 말라고 한다. 본인이 직접 가보고 느끼고 수집한 자료를 가지고 자기

---

4) 재야 사학자 이덕일의 『송시열과 그들의 나라』 참조. 김영사. 206~211쪽.

힘으로 해석해내는 것이 리포트의 요점이다. 처음에는 다들 곤혹스러워한다. 다행히 학교에 전자클래스라고 수업보조 과목 홈페이지가 있다. 주제를 선정하는 작업부터 개인지도가 가능하다. 개인 질문에 일일이 답해준다. 대상 선정에서 가능한 한 그리 유명하지 않은 건물을 택할 것, 규모가 너무 크지 않은 것을 택할 것, 너무 멀지 않은 자주 가볼 수 있는 곳을 택할 것 등이다. 그 기준에 많이 벗어나는 것은 다시 선정하도록 권한다. 요즈음 전국 시군 홈페이지는 관광객 유치를 위해 지방문화재까지 상세하게 올려놓았다. 그리고 답사 횟수는 최소한 3번이다. 대상지 선정을 위해 몇 군데 탐색 '예비답사'를 하고 나서 한 곳이 선정되면 본격적 '본 답사'는 최소 하루의 반나절 이상은 소요할 것, 그리고 마지막에 리포트를 쓰다 보면 반드시 빠진 부분이 나타나게 되는데 가서 확인하는 '정리답사'가 필수이다. 관찰이 기본이고 건물 종별에 따라 가능하면 거주자와 면담도 적극 권장한다. 매주 교재로 나눠주는, 대부분 기존 설을 뒤집거나 보완하는 필자의 학회 논문집에 실린 본격 논문을 읽고 방법을 참고하도록 한다.

학기말에 결과물을 받아보면 성적을 위해 할 수 없이 때우는 리포트도 없지는 않지만 대부분 자기 힘으로 황무지를 개척하여 독특한 결론을 내서, 자료를 이리저리 짜깁기해 내놓는 수많은 국내 석·박사 논문보다 창의적이고 우수한 리포트들이 탄생한다. 좀 심하게 얘기하면 근래 대학마다 경쟁적으로 논문 편 수를 늘리기 위하여 쏟아내는 교수들 논문보다도 내용이 있다.

학문은 무엇보다 의문으로부터 시작한다. 호기심이 있어야 한다. 수년 전 가족사회학 연구 대가 고려대 최재석(崔在錫) 교수께서 은퇴할 때 학문을 시작할 때 가장 중요한 자세는 뭡니까 하는 방송기자의 질문에 '묘심(猫心)'이라 답을 주었다. 즉, 고양이 마음이다. 고양이가 물건을 가지고 노는 모습을 가만히 보면 잠시도 가만있지 못하고 이리저리 본 다음 만져보고, 툭툭 쳐보고, 굴려보고 하는 호기심을 말함이었다. 우리 인간도 타고나면서부터 고양이 못지않게 호기심으로 이루어져 있으나 한국적 주입식 교육 탓에 어려서부터 학교교육의 훈련에 의해 질문의 싹이 싹둑싹둑 잘려서, 주는 것만 얌전히 받아먹어야 우수 대학에 가는 바보들의 집단으로 변질되고 말았다.

아는 만큼 보인다는 문화유산 답사기의 폐해는 작지 않다. 책에 나오는 얘기를 따라 대충 확인 한 번 하고는 답사 끝이다. 남의 장단에 춤추다가 온다. 가서 관찰을 한다는 것이 우리가 훈련이 안 되어 있어서 있는 그대로를 관찰해내지 못한다. 대부분 머릿속에 들어 있는 보고 싶은 것만 보게 된다. 건축학부 기초설계 과목에서 건축가가 되기 위해 아주 중요한 스케치 훈련을 할 때, 그림 잘 그리기 위한 책 중 베티 에드워드의 『우뇌로 그림 그리기』만한 책이 없다.[5] 이성, 논리를 담당하는 좌뇌가 작동하여 그리면 자기가 그리고 싶은 것을 골라 그리게 되고, 감성 상상을 담당하는 우뇌가 작동하여 그리면 있는 그대로를 그리게 된다. 그림 그릴 잠시 동안 좌뇌를 유보하고 우뇌로만 그리면 누구나가 그림을 그릴 수 있다. 저자는 사람, 작곡가 스트라빈스키 상반신 원본 그림을 거꾸로 놓고 따라 그리면 다 잘 그리는데 바로 세워놓고 그리면 엉망이 되는 원리로 잘 설명한다. 미술대학 출신이 운영하는 대부분 미술학원 선생들이 애들의 그림을 애들 세계에서 보는 것이 아니라 어른 자기 관점에서 교정하여 주어 자기도 모르게 화가가 될 싹을 처음부터 잘라버린다. 대학 입시 점수를 따기 위한 공식 틀에

---

5) Betty Edwards, *Drawing on the Right Side of Brain*.

맞춘 그림을 그리도록 지도하여 한국에서 위대한 화가가 나올 수 없게 만든다. 그래서 미술로 유명한 홍익대학교 입시에서 기계적 그림 시험을 아예 보지 않도록 했다고 한다. 정말 잘한 일이다. 졸업생들이 아우성쳐서 전통적 실기 시험 모집과 병행하기로 절충했다고 한다.

르네상스 대가들이 관찰한다는 것은 곧 머릿속 지식을 유보하고 눈앞에 보이는 그대로만 그리는 것이다. 답사 관찰도 똑같은 원리이다. 이 책의 씨앗이 된 죽서루 학위 논문을 위하여 해당 대학원생이 처음에 가서 관찰해 가지고 온 것을 보니 기둥 위치조차 제대로 파악하지 못했었다. 죽서루에서 마루 밑에만 있고 위에는 없는 기둥을 제대로 못 보아 오히려 건축 구조역학상 있을 수 없는 아래는 없고 위에만 있는 기둥으로 잘못 그려왔었다. 심지어는 칸 수도 제대로 파악되지 못하였다. 그 이유는 머릿속으로 믿는 바를 관찰했기 때문이다. 시행착오를 거쳐 나중에는 선행연구자들이 보지 못했던 것을 죄다 보는 관찰의 대가가 되었다.

눈의 망막에 비치는 것을 '본다'고 한다. 보는 것 자체를 관찰이라 하지는 않는다. 망막의 상을 뇌가 인식하는 것을 지각(知覺)이라 한다. 흔히 답사라고 하면 우리가 가보았더니 건물이 '이렇게 생겼더라'고 하는 것은 답사 자료에 불과하다. 건축쟁이들이 공기로 숨 쉬듯 너무나 익숙하게 사진으로 있는 그대로 생긴 모습을 카메라 화면으로 찍어내는 것이다. 그러나 이미지 자체는 아무것도 아니다. 생긴 모양을 바탕으로 다른 곳과는 다른 이 건물의 특성은 무엇인가를 찾아내는 것이 1차 임무이다. 다음으로 지각한 것의 의미를 찾아야 한다. 왜 그런 특성을 갖게 그렇게 생겼는가 하는 질문을 던지고 답을 찾아내는 것이다. 건축은 순수학문이 아니라 집 짓기로 연결되는 응용학문이다. 과거 건축을 보고 왜 이렇게 설계했는가에 대한 답을 찾아내야만 현재 설계로 옮겨갈 수가 있다. 전통건축 답사가 바로 현재 설계에 답을 줄 수 있는 것이다. 따라서 1차 자료의 해석이야말로 답사의 완결이다. '보기→특성 파악하기→해석하여 의미 찾기'로 완결된다.

'본다'에 영어 seeing과 watching이 있다. seeing은 보이는 대로 보는 것이지만 watching은 텔레비전 보듯 찾아서 보는 것이다. 관찰은 '대상을 열심히 보기'의 observing이라 한다. 그러나 의미를 찾으려면 보이는 표면을 넘어서 보이지 않는 속을 보아야 한다. 즉, 꿰뚫어보아야 한다. '안을 들여다보기'를 영어로 insight라 한다. 번역은 '통찰'이 된다. 이러한 것이 서양 현대학문의 왕, 행태주의, 실증주의의 기반이 된다. 우리말에도 '백문이 불여일견' 백번 듣는 것보다 한 번 보는 것, 그만큼 보는 것이 중요했다. '너, 봤냐?'에서 '그래, 봤다'라고 하면 상황 종결이다. '보지도 못한 게 까불어' 하면 일단 질 수밖에 없다. 그만큼 건축에서 답사가 중요하다.

그런데 동양문화권에서는 '본다'의 차원이 훨씬 더 올라간다. 눈으로 보는 것을 '육안(肉眼)'이라 하여 감각을 최하등으로 쳤다. 마음으로 보는 눈 '심안(心眼)'이 그 위에 있다. 통찰의 아래 단계이다. 제일 위에 지혜의 눈 '혜안(慧眼)'이 있다. 자료의 종합 해석을 거쳐서 예지의 능력까지를 일컫는다. 우리 문화에서 본다는 것은 르네상스 이래 발전한 서양 행태주의자들의 '본다'보다 훨씬 차원이 높고 깊다.

더 깊게 들어가 불교에서의 '본다'를 보자. 불교에서는 감각의 '본다'를 그다지 믿지 않는다. 진리에 이르는 여덟 단계의 바른길 팔정도(八正道)가 있다. 제일 첫째 길이 '바로 보자' '정견(正見)'이다. 불교에서 '본다'를 따로 독립하여 놓지를 않고 '본다'와 '생각한다'와 함께

'본다'로 보았다. '정사유(正思惟)', 즉 순수한 생각이다. '정견'+'정사유'를 합쳐서 단순 '본다'를 넘어 '깊이 헤아려본다'의 '관(觀)'이라 하였다. 세계관 할 때의 관이다. 관은 다른 말로 혜안의 '혜(慧)'가 된다.6)

불교 팔정도 얘기를 좀 더 하면 우리가 책 읽기 '독서삼매 무아경지에 빠졌다'고 말하면서 이게 불교용어라는 것을 아는 사람은 많지 않다. '무아(無我)'는 범어로 '아트만(atman)', 즉 '자아(自我)' 나 자신이 없어지는 것, 곧 나라는 집착을 넘는 것이다. 속세에서 제일 어려운 것이 나의 욕심 곧 나를 버리는 것인데, 삼매(三昧)는 범어 samadhi로서, 바르게 나아감의 '정정진(正精進)'과 바르게 마음 다함 '정념(正念)'을 바탕으로 '바르게 집중하는 것', 곧 '정정(正定)'을 말함이다. 정(定)을 '지(止)'라고도 번역한다. 정리하면 불교에서 본디부터 '본다'는 '생각한다'와 결합하여 있는 것이고, 진리에 이르는 길은 단순 '본다'에서 한 단계 더 나아가, 마음 다하여 바르게 '집중'하는 데에 있다. 이것이 학문의 길, 또 건축에서 설계의 길과 그다지 다르지 않다. 즉, 좋은 설계는 지금은 애들 급식 문제 투표로 싱겁게 그만둔 오세훈 전 서울시장이 '디자인 서울'이라는 구호로 내 걸 때의 전시효과 사진발 형태 쇼가 아니라, 바르게 보고 바르게 생각하면서 바르게 집중할 때 창조적 작품이 나온다.

경주 옥산서원 뒤에 우리나라 대표적 이형(異形)석탑 정혜사지 13층탑이 있다.7) 정혜사의 '정혜(定慧)'가 바로 깊이 헤아려본다와 마음

---

6) 불교 기본 개념을 쉽게 이해하기 위해서는 오히려 기독교 학자가 쓴 오강남, 『불교, 이웃 종교로 읽다』가 가장 쉽다. 65~70쪽.

7) 전국에 定慧寺 이름의 절이 예산과 순천에도 있다. 국보 정혜사지 13층탑은 한자로 淨慧寺로 쓴다. 마음을 깨끗하게 한다는 淨·마음을 한곳에 집중한다는 定과 별반 다르지 않다. 옥산서원 바로 뒤에 있는 이 절은 지금은 폐허가 되어 기록이 없으나, 조선시대 옥산서원의 후원 사찰로서 서원 기록에 定慧寺로 나온다. 이수환, 『조선 후기 서원 연구』, 91~93쪽.

다해 나아가 집중한다로 이루어진 단어이다. 득도하기 위하여서는 '정혜쌍수(定慧雙修)', 정과 혜 두 날개로 수련해야 한다는 것이다. 정혜의 다른 말은 얼마 전 돌아가신 스님 이름도 되는 '지관(止觀)'이다.

이 모든 것은 인도 발생 불교가 중국을 거치면서 한자로 번역되어 한국에까지 들어오게 되었다. 그런데 이천 년 가까이 전에 중국으로 들어온 불교라는 것은 자기네 재래의 도교(道敎) 틀 속에서 받아들인 도교화된 중국 불교이다. 그래서 원래의 불교가 가진 성질이나 수련 방법을 상당히 놓치고 있다. 근래에 불교계 내에서 원래 불교에 더 가까운 원래 정신이 그대로 남아 있는 남방 소승불교에서 직접 배워 오고자 한다. 중국식 추상 단어인 '관' 또는 '혜'의 원어 요가의 원조 '위빠사나(vipasyana)'를 현지에서 직접 배워오고자 하는 움직임이 있다. 숨 쉬는 호흡까지를 세밀하게 '봄'으로써 수행을 한다. 영어로 insight meditation, '통찰 명상법'으로 번역된다.

이제부터 죽서루 보기, 육안에서 심안을 거쳐 혜안으로 올라가고, 깊은 생각과 더불어 온 마음을 다해 집중하는 여행을 떠나보자.

02

죽서루 훑어보기

관동팔경 경승지 죽서루는 강원도 삼척시 성내동 9-3번지에 있다. 국가 지정 보물 213호의 중층 누각이다. 삼척도호부 객사 부설 관영 누정으로서 수많은 시인 묵객들의 창작 무대가 된 곳이다. 한국건축에서 드물게 보는 7칸의 긴 건물이다(그림 2-1). 지붕은 처마가 네 방향으로 뻗어 있는 팔작지붕이다. 측면 지붕 위에 삼각형의 박공이 여덟 八 자처럼 생겨 팔작지붕, 일명 합각이 있어 합각지붕이라고도 부른다(그림 2-2). 오십천 개울의 벼랑 절벽 위에 높이 서 있다. 태백

〈그림 2-1〉 죽서루 양 암반에 다리처럼 걸린 누. 전면 동쪽

〈그림 2-2〉 암반 위의 북 측면. 팔작지붕
지붕 꼭대기 삼각형 박공 부분이 八 자처럼 생겼다고 팔작지붕, 혹은 합각지붕, 학각지붕이라고도 한다.

산맥에서부터 발원하여 50구비 굽이쳐 흘러내린다고 해서 붙은 이름 오십천이다. 암벽 절벽 위에 서향, 정확히는 서남서향하여 남북으로 길게 뻗어 우뚝 솟아 있다. 누에서 아찔한 낭떠러지 절벽 바로 아래를 내려다보면 짙푸른 오십천이 보이고, 고개를 들어보면 가까이 모래사장 너머 원당 마을이 보이고 멀리 산들 그리고 가장 높은 태백산맥이 눈에 좍 들어온다. 절벽 반대편 동쪽은 관아가 있었다.

오십천 50km 전체 물줄기 중 깎아지른 절벽 바위는 딱 이 한 곳뿐이다. 우주의 기가 맺힌 듯한 기막힌 절경의 이 장소는 심상치 않다. 죽서루 바로 남쪽 암반 가운데 용문(龍門)이라 글씨가 새겨진 구멍 뚫린 바위가 있다(그림 2-3). 그 바위 위에 선사시대 성혈(性穴), 즉 여성 성기 구멍 추정 암각화가 새겨져 있다(그림 2-4). 구멍은 직경 3~4㎝, 깊이 2~3㎝ 정도로 10개가 파져 있다. 즉, '구멍 바위 위에 구멍 파기'

로서 다산 생식을 상징하는 바위로 추정한다. 이 바위의 민간신앙은 지금도 이어져 젊은 신혼부부들이 많이 찾아와 득남의 소원을 빌고 간단다. 이곳은 죽서루 이전 태곳적부터 신성한 장소였으리라 보인다 (그림 2-5).

〈그림 2-3〉 용문 구멍 바위

〈그림 2-4〉 용문 바위 위 구멍 새김

〈그림 2-5〉 용문바위 쪽에서 보이는 죽서루

〈그림 2-6〉 김상성 화첩
삼척 읍내를 굽이쳐 가는 오십천이 잘 그려져 있다.

조선 영조 때 김상성(金尙星, 1703~1755)이 강원관찰사로 부임하여 고을을 순시하며 화원에게 명승지를 화첩에 그리게 하고 시를 쓴다(그림 2-6). 그림 한가운데의 절벽 위 죽서루를 개울이 바위 끝에서 한 번 더 크게 휘감아 돌아간다. 죽서루 뒤 쌍 S 자로 개울 뒤편의 모래사장은 과거 1950~60년대만 해도 사대광장이라 하여 각종 줄다리기를 비롯하여 공공 민속 행사, 서커스, 체육대회장이었다. 1970년 8년간의 공사 끝에 오른쪽 산허리를 잘라 개울 줄기를 직선으로 변경하였다. 당시 동양시멘트 회사에서 새 물길을 내기 위해 산허리를 잘라 거기서 나오는 돌 석회석을 시멘트 원료로 쓰고, 과거 개울 물속이 땅으로 변해 신시가지 중심이 되었고, 무엇보다 몇 년에 한 번씩 대홍수, 필자도 어렸을 때 경험한 현지 언어로 '개락'이 나서 고을 전체가 물속에 잠기고 떠내려가기를 반복했었는데, 물길 돌리기로 모든 것이 한꺼번에 해결되었다. 그림 위편의 휘도는 물줄기 멋은 없어졌지만, 꿩 먹고 알 먹고 도랑 치고 가재 잡은 격이다.

한국건축을 대표하는 건축 유형 누정에서 보통 누(樓), 대(臺), 정(亭)이 있는데, 누는 아래 한 층이 들려 있는 이층 마루 건물을 말한다. 경복궁 경회루를 생각해보면 알 수 있다. 대는 좀 높은 전망대 개념으로 강릉 경포대, 낙산 의상대, 양양 하조대 그리고 평양 을밀대가 있다. 대는 보통 마루 아래로 사람이 들어갈 수 없다. 정은 조금 작은 규모를 나타내는데 그다지 구분하지 않고 섞어 쓰기도 한다. 어쨌든 누, 대, 정 모두 기둥만 남고 사방이 탁 트이는 경치 감상 풍류용 구조물이다. 고을의 큰 누각으로 진주 촉석루, 남원 광한루, 밀양 영남루가 유명하다.

죽서루는 바위 암반 자연 기초 위에 들쭉날쭉 제각각 높이 기둥으로 유명하다(그림 2-7). 동쪽 땅 쪽 긴 정면으로는 한 층 떠 있어서 들어갈 수 없고 남북 양 측면으로 들어간다. 한 층을 바위로 올라가서 바위에서 직접 들어가게 되어 있다. 앞의 <그림 2-1>처럼 마치 남북 양쪽 바위 사이에 다리처럼 꼭 낀 듯이 걸려 있다.

〈그림 2-7〉 들쭉날쭉 암반 위 기둥들. 절벽 쪽

〈그림 2-8〉 예술적 멋진 필체의 죽서루 현판. 삼척부사(1710~1711) 이성조 작품

〈그림 2-9〉 죽서루 객사와 관아 배치
객사 관아 터가 옛 죽장사 터로 추정된다.

죽서루라는 이름은(그림 2-8) 죽죽선녀(竹竹仙女)라는 당대 명 기생집의 서쪽에 있다는 설과 폐사된 죽장사(竹藏寺)의 서쪽에 있다는 설이 있다. 사람들은 낭 만적으로 기생설을 믿고 싶어 하지만 당시 기생의 사회적 위 치가 관영 정자의 이름을 붙일 정도로 그렇게 높았을까는 의문이다.

한편 예부터 문인들이 죽서루 팔경(八景)을 노래했는데 그중 고려 말 안축(安軸, 1282~1348)의 시 제목에 나오는 '죽장고사(竹藏古寺)'의 '죽장'이 절 이름 고유명사라기보다는 뜻을 풀어서 "대숲 속의 옛 절" 로 볼 수 있다. 옛 절이라는 제목도 그렇지만 "쓸쓸한 대나무 숲 오랜 세월 울타리가 되었는데(脩篁歲久己成圍: 수황세구기성위)", "손수 심은 스님 지금은 이미 살지를 않네(手種居僧今已非: 수종거승금이비)"라는 구절로 보아 그 당시 이미 폐허가 된 것으로 보인다. 죽서루 위치는 이미 서쪽 제일 끝 벼랑인데, 죽장사 서쪽이 죽서루라면 절은 반드시 동쪽 관아 자리에 있어야 한다(그림 2-9). 숭유억불의 조선시대에 들어 이미 폐허가 된 절 자리에 관아를 자리 잡았을 것으로 추정한다. 그렇지 않다면 '죽장사 서쪽 죽서루설'은 성립할 수 없다.

여기서 잠깐, 관동팔경이란? 험준한 태백산맥 동쪽 동해안은 지세에 따른 기후가 서쪽 영서와는 아주 다르다. 서울을 비롯해 영서에는 해가 쨍쨍 나도 영동엔 비가 올 때가 많고, 2011년 올해 6월 말에도 서울은 30도 무더위이지만 영동은 최고온도가 20도밖에 안 되도록 추워서 농작물이 냉해를 입었다. 그냥 따뜻한 4월 봄에도 영동은 최고기온 30도를 오르내리는데, 이유는 높새바람이라 하여 동해 바닷바람이 산맥에 막혀 일어나는, 전문적으로 푄현상이라 한다. 무엇보다 이 지역은 폭설이 자주 내린다. 일기예보에서 '영동지방'이라 하여 전국 유일하게 도 단위가 아닌 작은 지역의 별개 기후대로 취급하는 곳이다. 태백산맥에 가로막혀 사람들의 왕래가 드물어 거의 별개 나라처럼 독자적 풍속이 유지되었던 이 좁고 긴 지역을 들어가는 관문인 대관령을 기준으로 영동 혹은 관동지역이라 불렀다. 관동은 북한의 북쪽 안변부터 남쪽 경상도 평해까지로서 예부터 예맥국으로서 신라시대 명주였고, 고려시대에는 오늘날 이름의 동해방위사령부 '동계(東界)'였는데, 중앙 정부에서 관리들이 파견되어 내려올 때 독특한 경관에 감탄하였다.

이 지역을 노래하고 그린 묵객들이 무수히 많지만 특히 조선 가사 문학의 대가 송강 정철의 「관동별곡」이 국어 교과서에 실려 있을 정도로 유명하다. 또한 그 이전 고려 말 안축의 경기체가 후렴이 "景긔

〈그림 2-10〉 경포대 그림틀로 내다보는   〈그림 2-11〉 옥계휴게소 화장실 앞. 그림틀 바다 전망
            호수, 바다, 강문, 초당마을

엇더 ᄒᆞ니잇고- 한문으로 경기하여(景幾何如)"로 끝나는 「관동별곡」
이 있다. 북으로 휴전선 이북의 금강산 통천 총석정, 흡곡의 시중대가
있고, 이남의 고성 삼일포, 간성 청간정, 양양 낙산사(의상대), 강릉
경포대, 삼척 죽서루, 울진 망양정, 평해 월송정으로 모두 9개이나 시
중대나 월송정을 빼서 8경으로 친다. 남한의 북쪽 꼭대기 청간정에서
부터 남쪽 끝 월송정까지 7번 국도를 따라 죽 내려오면, 바다나 혹은
경포대처럼 드넓은 호수를 정자에서 바라보는 경치가 그만이다(그림
2-10). 그중 죽서루만 유일하게 산과 강이다. 현대 서양 조경이나 건
축에서 강조하는 '그림액자틀(picture frame)' 조망 수법의 원조 방식
인 관동팔경 누정의 액자틀을 통하여 내다보는 망망대해는 숨을 멎
게 한다. 독자들에게 추천하건대 이 명장면을 제대로 현대건축으로
풀어낸 명작 동해고속도로 상행선의 옥계휴게소를 꼭 들러보기를 권
장한다(그림 2-11)(나중에 찾아보니 건축가 이충기 작품이다. 2005
건축문화대상 우수상을 탔다). 무엇보다 그 바쁜 고속도로 잠깐 들르

는 휴게소 화장실에서 사람들이 볼일보고도 떠나지 않고 앞에서 반드시 사진을 찍고 머뭇거린다는 것은 하나의 작은 사건이다.

다시 죽서루로 돌아와서, 죽서루는 공식적으로 삼척의 옛 지명인 진주에서 온, 객사(客舍) 진주관(眞珠館)의 부속 누정이다. 그러면 삼척은 어떤 고을인가? 옛 상고시대 독립 실직국(悉直國)이었다가 신라에 합병되고 고구려 세력이 팽창했을 때 고구려 땅이 되었다가 다시 신라에 복속된다. 고려시대 전국을 5도와 준군사지역인 양계(兩界)로 나누었을 때 함경도 원산에서부터 경상도 울진까지 태백산맥 동해안의 긴 띠 지역의 동계(東界)에 속한다. 동해로 일본과 해류로 연결되어 왜구의 침입이 잦았다. 조선시대 삼척의 특성은 한마디로 서울 한양에서부터 멀리 떨어진 별천지였다는 것이다. 지금은 고속도로로 서울서 4시간이면 도착하나 옛날에는 괴나리봇짐에 짚신 신고 걷고 걸어 한 달 가까이 걸리는 거리였다. 기후와 문화가 영서지방과 아주 다른 독특한 지역이었던 이곳은 삼수갑산이나 제주도처럼 귀양지는 아니나 피신, 은둔, 좌천의 땅이었다.

고려 명종 때 전국 방방곡곡을 유람하며 수많은 시를 쓴 김극기(金克己)의 <삼척군 제목에 부쳐(題三陟郡)>라는 시가 남아 있다.[1]

水雲藏一郡(수운장일군) 물과 구름이 한 고을을 감추고 있어
塵鞅[2]往來稀(진앙왕래희) 때 묻은 속세 사람들 왕래가 드무네.

삼척을 감추어진, 그래서 사람 왕래가 드문 고을로 읊었다. 우선

1) 박성규 역, 『김극기 한시선』, 124쪽. 원래 『신증동국여지승람』 44권 삼척도호부 제영.
2) 진(塵)은 티끌, 앙(鞅)은 말 가슴걸이. 속세의 더러운 먼지에 휩쓸림을 말한다.

조선을 건국한 태조 이성계와 관련이 깊다. 죽서루에서 오십천을 거슬러 태백산맥 쪽으로 올라가면 차로 30분 거리에 준경묘(濬慶墓)가 있다. 준경묘는 태조 이성계의 고조부 목조(穆祖) 이안사(李安社)의 아버지, 즉 5대조 이양무(陽茂)의 묘다. 전주 이씨 이성계의 조상 묘가 왜 전주에 있지 않고 삼척에 있는가? 거기에는 이성계가 왕이 되는데 운명적 역할을 한 기막힌 사연이 있다. 서울 한가운데 종로에 가면 종묘가 있다. 사극에서 '종묘사직이 위태롭다'고 하는 바로 국가를 대표하는 말 종묘다. 조선 이씨 왕조 모든 왕을 제사 지내는 사당이다. 세계문화유산인 종묘 건축은 태조로부터 시작하여 한 분 돌아가실 때마다 한 칸씩 배당하니 중앙 19칸 양 날개 6칸이나 되어 너무 길어 정면이 사진 한 장에 다 안 찍히는 대한민국에서 제일 긴 건물이다. 종묘 주 건물 영역 뒤로 조금 더 가면 또 다른 제2의 작은 사당 영녕전 영역이 있다. 태조의 4대조까지 그러니까 왕은 아닌 조상 목조, 익조, 탁조, 환조를 모시는 곳이다. 고려 말 전주 유지 호족이었던 이안사에게 어느 날 갑자기 큰 사건이 발생했다. 송도 서울에서 전주로 부임해온 산성별감이 환영연회장에서 하필이면 이안사가 사랑하던 기생을 차지하려고 하여 말리다가 뺨을 얻어맞자 별감을 주먹으로 한 방 후려쳐 버렸다. 호탕한 성격의 소유자였던 모양이다. 암만해도 이성계가 그 할아버지로부터 반란 유전자를 물려받은 것 같다. 후환이 두려워 식솔을 이끌고 야반도주하여 전주로부터 머나먼 삼척까지 피신을 왔다. 잘 정착해 살아가는데 운명은 기구한 것, 얻어맞은 그 별감이 하필이면 삼척 안렴사로 온다는 소문에 다시 북쪽 변방 함경도로 도피한다. 이안사는 거기서 원나라 군대로 들어가 오천을 거느리는 장군이 되었다. 여진족과 친교를 맺어 세력을 넓혀나가 후일 고손

자 이성계 출세의 발판이 된다. 이성계
와 절친하여 큰 힘이 되어 나중에 조
선 개국공신이 된 퉁두란은 바로 여진
족 실력자이다. 고려에 귀화하여 이지
란(李之蘭)이 되고 오늘날 청해(靑海)
이씨의 시조가 된다. 함경도 피신 이전

〈그림 2-12〉 궁촌리의 공양왕릉
두 아들의 묘와 함께

삼척에서 돌아가신 이안사 아버지의 묘가 바로 준경묘, 어머니의 묘가
인근의 영경묘이다. 비록 왕릉은 아니지만 조선시대에는 철저히 잘 관
리되었을 것이다.

삼척은 피신과 은둔의 지역으로서 이성계와 또 관련이 있다. 삼척
시내 조금 남쪽에 궁촌(宮村)이라는 마을이 있다. 근래에 사람들이 많
이 찾는 동해안 해수욕장으로 모래사장이 훌륭하다. 이성계가 그 유
명한 위화도 회군을 하여 실권을 잡고 나서 고려 우왕(禑王)을 폐위하
고 창왕(昌王)을 세우나 곧 둘 다 죽여버리고, 드디어 반대파 실권자
황금을 보기를 돌같이 하라는 격언으로 유명한 최영(崔瑩) 장군과 후
일 조선 유학의 시조로 떠받드는 정몽주(鄭夢周)를 핏자국으로 유명
한 개성 선죽교에서 때려죽인다. 고려의 마지막 허수아비 왕 공양왕
(恭讓王)을 내세운 지 몇 년 후 폐위해버리고 대신 왕 자리를 차지하
여 조선을 건국한다. 불쌍한 공양왕은 일차 원주로 쫓겨났으나 세상
이목이 있어 그랬던지 처음에는 그런대로 대우를 받다가 다시 삼척
으로 유배된 후 얼마 안 되어 살해되어 마지막 생을 마감한다. 공양
왕 묘가 있는(그림 2-12) 한적한 어촌 마을 궁촌은 왕이 살던 마을이
란 뜻에서 붙여진 이름이다.

어느 고을에나 관아와 객사는 이웃해 붙어 있다. 조선시대 삼척 관

아와 객사가 있던 땅끝 낭떠러지에 죽서루가 서 있다. 동네 이름이 성안인 성내동(城內洞)인데, 20세기 초 일본 놈들이 쳐들어와서 우리나라 성곽을 다 허물어버려 지금은 삼척성의 윤곽을 잘 알 수 없지만, 성 안의 서쪽 끝이 바로 자연 방어선이 되는 개울 절벽의 관아 지역이었을 것으로 추정된다.3) 관아(官衙)는 지금은 지상에서 흔적이 다 사라졌지만, 보통 지방 수령, 즉 삼척도호부 부사의 집무소 관청인 동헌(東軒)을 시작으로 그 안쪽에 식솔의 안살림 하던 내아, 아전들의 집회소인 질청, 군사와 관련된 장관청, 군관청, 군기청, 6방 관속 중 이방, 호방의 별도 사무소가 있고, 감옥인 뇌옥도 있었다. 명목은 자문 기관이지만 실제 권력을 행사했던 지방 유지들의 향청도 있다. 나중에 자세히 더 설명하겠지만 한국의 누정과 떼려야 뗄 수 없는 인연을 가진 관청 기생들의 공식 처소 교방(敎坊) 일명 기소(妓所)도 있었다 (그림 2-9 배치도 참조).

진주관(眞珠館) 객사는 요즈음 이름만 봐서는 여관 같지만, 당시 왕을 모신 고을에서 가장 중요한 상징적 건물이었다. 한자어 館은 객사이며 食(식) 자와 官(관) 자로 관원에게 식사를 제공한다는 원 의미를 가지고 있다.4) 보통 가운데 채가 높고 동서 날개 채가 낮게 3채가 나란히 붙어 있는데, 가운데 칸은 임금 칸으로 죽은 사람 제사 지낼 때의 위패와 마찬가지로 산 임금의 전패(殿牌)를 모셔두고 수령은 한 달에 두 번 임금을 향해서, 덕분에 임지에서 잘 다스리고 있음을 고하는 망궐례(望闕禮)를 행하였다. 상징적 중앙 채를 중심으로 실질적 좌

---

3) 삼척성은 고려 우왕 때(1368) 토성으로, 조선 성종 때(1489) 증축, 중종 때(1510) 석성으로 쌓음. 총 길이 5,044척(1.5km)이고 서쪽 죽서루 절벽 쪽 431척(130m)은 쌓지 않았다. 沈宜昇의 『삼척군지』, 1916, 고적 명승조.

4) 리윈허, 『중국건축의 고전적 원리』, 85쪽.

〈그림 2-13〉 안성 객사 백성관
가운데 높은 곳 주 채가 임금 궐패 모신 칸이고, 좌우 날개
채가 파견 관리 숙소 방과 마루. 고려 시기 목조 상세
흔적으로 가치가 있다.

〈그림 2-14〉 국보 51호 강릉 객사문. 객사 임영관의 문
수덕사 대웅전과 비슷한 초기 목조 주심포식 건물로 유명하다.

우 날개 채는 이름 그대로 파견 내려온 중앙 관리의 여관 숙소가 되었다(그림 2-13). 조선왕조 말년 일본 놈들이 침입해서 제일 먼저 없앤 것이 바로 객사였다. 마치 경복궁을 죄다 파괴하고 한가운데다가 자기네 총독부 건물을 짓고, 또 창경궁에 동물들을 집어넣고 창경원을 동물원 구경거리로 만들어 희화화하여 왕권의 무력화를 꾀했던 것이었다. 우리는 분하고 억울해하지만 인류 역사상 어디서나 다른 나라를 침략하면 권력 심장부에다가 자기네 새로운 권력을 심어 넣게 된다. 우리가 일본을 침략했더라도 저네 황궁 한가운데다가 마찬가지로 일본총독부를 지었을 것이다. 억울하면 국력을 길러야 한다. 임금 건물 객사 자리는 보통 경찰서나 헌병대가 되었다. 삼척 객사 진주관은 1908년 일제 침략 시부터 군청으로 사용되다가 1934년 헐고 그 자리에 신청사를 지었으나 6·25 때 파괴되었다.

각설하고, 객사의 휴식 오락 연회장소가 바로 죽서루였다. 객사가 전부 파괴되고 문만 남은 강릉 객사문은 나라의 보물 국보인데(그림 2-14), 우리나라에서 봉정사 극락전, 부석사 무량수전, 수덕사 대웅전 다음으로 4번째쯤 오래된 귀중한 목조건축물이다. 몇 년 전 보수

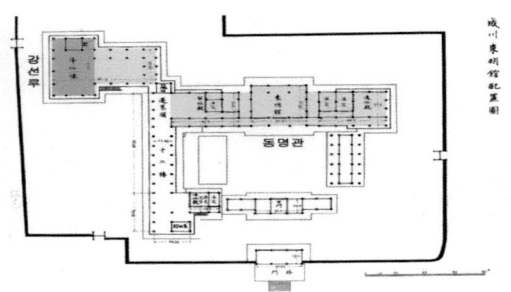

〈그림 2-15〉 성천 객사 동명관과 부속 누정 강선루
회랑과 누각으로 둘러싸인 안마당 객사 본 건물 옆 뒤편에
丁 자 평면의 강선루가 있다.

〈그림 2-16〉 성천 객사 동명관 전경
왼쪽에 누각 강선루가 보인다. 성천강에 면하여 있고 오른쪽
끝에 외삼문루 그리고 강에 배가 보인다.

했는데, 현대 재료로 현대 기법으로 현대식 공사를 하여 더 이상 국
보가 맞는지 의심스럽다. 문화재 보수 복원은 자칫 잘못하면 하나밖
에 없는 문화유산을 파괴하게 되므로 정말로 신중을 기하여 공사를
해야 할 것이다. 전국적으로 죄다 파괴된 객사는 몇 개만 겨우 그것
도 객사 본 건물만 달랑 복원해놓아 배치를 가늠할 수 없다. 다행히
일제 때 조선총독부에서 전국적으로 조사한 「조선고적도보」에 평안
남도 성천(成川)의 객사 동명관(東明館)과 부속 누정 강선루(降仙樓) 배
치도가 남아 있다(그림 2-15).5) 일본인 침략 건축예술 분야의 앞잡
이 역할을 한 동경제국대학 교수 세키노 다다시(關野貞) 주도로 조사
한 자료가 쓸모가 있으니 역사의 아이러니다. 성천강에 면한 객사 외
삼문루로 들어가면 회랑 누각으로 둘러싸인 안마당을 바라보고 좌우
날개를 갖는 객사 본 건물이 있고 그 북서쪽 옆에 丁 자 평면의 강선
루, 신선이 내려온다는 뜻의 부속 누각이 있다(그림 2-16). 배치를
비교해 가늠해보면 강선루는 객사 건물 영역의 귀에 붙어 있는 데 비

---

5) 조선총독부. 『朝鮮古蹟圖譜』 11권. 1931.

〈그림 2-17〉 남측 바위 사이로 진입 　〈그림 2-18〉 내부 마루로 들어감. 통 칸에 북쪽 끝은
가운데 기둥. 좌우 계자난간. 우물마루

해 죽서루는 절벽 쪽이므로 더 떨어져 있었을 것이다. 죽서루가 관동
팔경인 데 비해 강선루는 관서팔경의 하나이다. 6·25 전쟁 때 파괴
되고 그 후 누각만 복원된 것으로 보인다.

　건물 죽서루를 조금 더 보면, 남쪽으로 집채만 한 바위 틈새를 비
집고 올라오면(그림 2-17) 자연 바위 기단이 나타나고 올라가면 팔
작지붕 측면으로 건물로 들어가게 된다. 길게 뻗은 마루 안으로 올라
들어가면 내부는 기둥 없는 통 칸이다(그림 2-18). 반대편 북측만 가
운데 기둥이 있다. 마루는 우물마루에다 좌우 경치 감상을 위한 계자
난간이 잘 버티고 있다. 누정 건축의 생명은 안에서 밖을 보는 것이
다. 밖에서 감상하기 위한 건물이 아니다. 아니, 보는 것이 아니라 사
람들이 그 안에서 노는 것이다. 건축쟁이들이 밥 먹듯 저지르는 오류,
건축사 책으로부터 하도 세뇌되어 건축을 외형 위주 불뚝 세운 남성
처럼 보는 남근(男根)주의에 푹 빠져 있다. 노자(老子)의 도(道)를 통하
여 공간이라는 여성성을 회복해야 한다.

　우리도 한번 안에서 밖을 보자. 죽서루 액자틀을 통하여 어느 여름

〈그림 2-19〉 개울과 늪지와 먼 산 내다보기. 어느 여름날

날 개울과 늪지, 건넛마을과 먼 산이 잘 보인다(그림 2-19). 계자난
간과 대들보 서까래를 통하여 절벽 너머 눈 덮인 저 멀리 마을을 내
다본다. 절벽 쪽에서 비스듬히 북쪽을 바라보면 흘러내려 오는 개울
의 줄기가 그대로 한눈에 들어오고 멀리 두타산 자락까지 아련히 보
인다(그림 2-20). 절벽 반대편 동쪽으로는 멀리 시내의 봉황산이 한
눈에 들어온다(그림 2-21). 이런 정자 안에 들어오면 아무리 막돼먹
은 사람일지라도 차분해지고 고즈넉한 분위기에 압도된다. 저절로 시
심이 발동하고 막걸리 한잔 생각이 날 것이다.

　누정의 소유 및 관리 구분에 의해 공공정자, 문중정자, 개인정자가
있는데, 객사 부설 죽서루는 철저히 관영정자이다. 죽서루가 언제 처
음 지어졌을까는 설이 분분하다. 그 경치 좋은 유일한 명당 터를 우
리 선조가 그대로 두지는 않았을 것이다. 기록에 나오는 가장 오래된

〈그림 2-20〉 폭설 속 북쪽 개울 상류 내다보기   〈그림 2-21〉 전면 동쪽 난간 너머로 멀리 보이는 봉황산

건립 시기는 고려 말 원종 4년(1264) 동안거사 이승휴가 쓴 죽서루 시에 등장한다. 은둔의 고장 삼척을 말할 때 그 시조는 단연 字가 '쉬고 또 쉰다'는 뜻의 휴휴(休休)인 이승휴(李承休)다. 이승휴(1224~1300)는 고려 말 높은 관직을 다 거치면서 말년에 무신정권의 폭압정치와 몽고침입으로 어지러운 세상에서 왕의 실정에 충직하게 간언하다가 파직되어 홀어머니의 고향 삼척으로 내려온다. 죽서루 서쪽 두타산 속에 들어가 은둔하면서 『제왕운기(帝王韻紀)』를 저술하였다. 중국사, 한국사를 상하권으로 나누어 쓴 역사 저술서로서 단군신화로 시작하고 발해를 고구려의 계승국으로 서술하는 등 중국과는 확연히 구분되는 우리 민족의 독자성을 강조하여 당시 몽고의 지배에 대항하여 자주적 정통성을 내세우는 역사를 썼다. 그는 현재에도 삼화사 인근 두타산 곳곳에 족적을 남기고 있다.

  그의 문집 『動安居士集』에 시제, "陪安集使兵部陳侍郎(諱子俟)(배안집사병부진시랑) 登眞珠府西樓 次板上韻(등진주부서루 차판상운)": "안집사 병부시랑(휘자사)을 모시고 '진주부 서루'에 올라 판상의 시를 차운하다"6)로 보면, 그 고려 말 당시 객사 진주관 서쪽에 누각이 있었고 이미 앞 선 시인이 쓴 시 현판들이 여럿 붙어 있었음을 알 수 있다. 다만 '진주부 서루'가 곧 현재 죽서루였는지는 확실치 않다.

근래에 고려 명종 때 시인 김극기(金克己, 1148~1209)가 쓴 죽서루 시가 발굴되어 연대가 이승휴보다 근 백 년 전으로 더 올라간다. 당연하다. 이런 절경의 기막힌 장소를 그 윗대의 선조들이 무심히 그냥 지나쳤을 리가 없다. 시 한번 감상해보시라.[7]

道氣全偸靖長官(도기전투정장관)	도와 기 서로 통하여 고을 수령 편안하게 하는데
官餘興味最幽閒(관여흥미최유한)	관리의 공무 밖 여가 흥미는 그윽하고 한가로움이 최고로다.
庾樓夕月侵床下(유루석월침상하)	누각의 저녁달은 누마루 아래로 스며들고
滕閣朝雲起棟間(등각조운기동간)	물에 솟은 누각 아침 구름 마룻대에서 일어나네.
鶴勢盤廻投遠島(학세반회투원도)	학의 기세 찬 바위 소용돌이 먼 섬으로 내던지고
鰲頭屭贔抃層巒(오두희비변층만)	자라 바위 힘 불끈 써 층층 산봉우리와 박자 맞추네.
新詩莫怪清人骨(신시막괴청인골)	새로 쓴 시 뼛속까지 맑게 하니 괴이타 말게
俯聽驚溪仰看山(부청경계앙간산)	아래로 빠른 개울 소리 듣고 올려다 먼 산을 바라보네.

조선 건국 직후 태종 3년(1403) 삼척 부사 김효손(金孝孫)이 "옛 죽

---

6) 김일기, "이승휴의 생애와 유적", 『실직문화논총』 1집, 144쪽, 1989.10.

7) 전국을 유람하며 쓴 김극기의 시 문집은 남아 있지 않고 일부만 『신증동국여지승람』과 『동문선』에 있다. 『신증동국여지승람』 44권 삼척도호부 누정. 박성규 역, 『김극기 한시선』, 119쪽의 김극기 한시 번역본을 참조하여 필자가 일일이 사전에서 한자를 찾아가며 원뜻에 더 가깝게 시체로 다시 번역하였다.

서루 터에 새로이 짓는다"고 기록한 것을 보면 현 죽서루 건물 시작은 그때로 보아야 할 것이다. 그 후 조선 말까지 20여 차례 사소한 수리에서부터 중수한 기록이 나온다. 지금은 개나 걸이나 다 들어갈 수 있지만 조선 당시에는 철저히 관에 의해 관리되고 통제되었던 시설이었다. 관리책임자는 물론 삼척도호부사였다.

우리의 이 대단한 건축 죽서루를 서양 근대건축 거장 라이트의 낙수장과 한번 비교해보기로 하자. 오렌지를 아륀쥐 어린쥐 발음하면서 영어와 외래어를 구분 못하고 서양 문물을 최고로 치는 전 대통령인수 위원장이었던 어느 여자대학 총장이나, 우리말을 스스로 내팽개치게 하고 영어로만 강의하는 대학에 높은 평가점수를 주는 얼빠진 신문사의 일그러진 신사대주의에 깊이 빠져 허우적거리는 현실 속에서 산다고는 하지만, 우리 건축인이 낙수장은 아는데 죽서루를 모르는 것은 비극이 아닐 수 없다. 민족 자부심을 고취한 이승휴 우리 선조에게 현대의 후손들은 그저 큰 죄를 짓고 있는 것이다.

03

라이트의 낙수장과
우리의 죽서루

대학 건축과에 입학하면 건축학 개론 시간에 제일 먼저 배우는 것이 근대건축의 네 거장이다. 그중 르 코르뷔지에의 롱샹 교회당과 프랭크 로이드 라이트의 낙수장, 원명 **Falling Water**를 모르면 건축과에서는 간첩이 된다. 집 아래로 폭포가 흘러 떨어지고 그 위에 죽 뻗어 내민 흰색 사각 상자 집 사진은 절경이다(그림 3-1). 그런데 정작 외관

〈그림 3-1〉 낙수장 사진

사진 말고 왜 낙수장이 그토록 유명한가를 아는 건축전문인은 많지 않다.

필자의 대학 시절 당시 미국 팝송이 유행했었다. 당시 기숙사에서 아르바이트로 번 돈을 투자하여 손바닥만 한 일제 **SONY FM**라디오를 구입한 것이 재산목록 1호였다. 얼마 못 가는 손가락 건전지 대신 등에는 거북이처럼 몸체보다 더 큰 상자형 건전지를 업은 괴상한 모

양이었다. 젊은이들은 상상이 안 가겠지만 당시 우리나라에서는 라디
오 하나도 전혀 못 만들던 시절이었다. 밤 11시쯤 시작하는 FM 방송
국의 "별이 빛나는 밤에", 또는 "한밤의 음악 편지" 프로는 대학생들
에게 대단한 인기였다. "신촌에 사는 희야가 생일을 맞이한 돈암동에
사는 준이 오빠에게 보냅니다" 하고 간략하지만 절절한 사연과 함께
음악을 실어 보냈다. 학생들의 엄마, 아버지 세대의 정감 있는 통신
수단이었다. 마치 오늘날 휴대폰 메시지 보내듯 말이다. 그런데 팝송
중 "So Long Frank Lloyd Wright" "프랭크 로이드 라이트여, 안녕"이
미국 인기 가요 빌보드 차트에 나오지 않는가? 건축가 라이트가 죽자
그를 추모하는 곡이 대중들의 인기 팝송에 나오다니 말이다. 그 곡이
크게 유행하지는 않았지만 한 건축가가 대중들에게 얼마나 사랑을
받았으면 노래로 나오겠는가? 우리나라에서는 상상도 못할 일이었다.
요즈음은 그래도 건축가라는 직업이 대중들에게 어느 정도는 알려져
있다. 십몇 년 전부터 텔레비전 드라마에 제도판 위에서 커피나 마시
고 담배나 피우는 좀 멋스러운 불륜 주인공으로 단골로 등장하게 되
었고, 또 불쌍한 사람들에게 집을 지어준다는 쇼 프로그램인 러브하
우스로 건축가가 무엇하는 사람인지 겨우 알려지게 되었다.

이 글을 쓰면서 구글 검색했더니 당시 최고 인기 가수 사이먼과 가
펑클이 부른 So Long Frank Lloyd Wright의 음악이 뜨면서 라이트가
설계한 작품이 죽 이어 나온다. 한번 감상해보기 바란다. 그만큼 대중
가요에 나올 정도로 대단한 건축가였다. 라이트는(1867~1959) 그야
말로 20세기 전반부 세계 건축을 이끈 거장이었다. 요즈음 한국의 건
축가나 학생들이 흔히 베끼려 드는, 유행하는 현대 세계적 건축가들
로서 그와 상대가 되는 무게 나가는 급을 보지 못했다.

낙수장은 라이트의 집 설계의 완성판이고 그의 건축 이론의 완성판이다. 라이트가 젊은 시절 초기에 설계한 집들을 보려면 시카고에 가야 한다. 시카고 교외에 우리로 치면 서울 외곽 양평

〈그림 3-2〉 라이트의 로비하우스. 시카고

쯤에 Oak Park 우리말로 '떡갈나무 공원', 현재 아파트에서 유행하는 '빌' 자를 넣으면, '떡갈나무 빌'이 된다. 거기 가면 초기 습작에서부터 중기 작까지 죽 나열되어 마을을 이루고 있다. 어느 것은 아마 다른 건축가가 라이트를 모방한 작품도 있을 것이다. 시카고 대학 구내에 있는 로비하우스는 후기 작품이다 (그림 3-2).

라이트는 서양 사람이지만 실은 반쯤 동양 사람이다. 당대 잘나가던 건축가로서 일본의 도쿄 제국호텔 설계에 초청되어 수년간 일본에 머무르면서 일본을 여행하고 일본 건축을 섭렵하게 된다. 또 하나, 일본 풍속 목판화 그림 '우키요에(浮世繪)' 수집의 대가였다. 우키요에, '물 위에 뜬 세상 그림(picture of floating world)', 마치 물거품같이 부질없는 세상이라는 김삿갓 풍의 제목이 멋지다. 라이트는 일본에 가기 훨씬 전부터 이미 우키요에 그림에 심취하여 본격 수집하고 있었다. 일본에 가서 건축답사를 죽 하면서도 대대적으로 소문을 널리 내어 목판화를 싼 가격에 대량 수집하였다. 개인 수집그림을 가지고 제대로 된 전시회도 열 정도였고 중개상 노릇도 했다. 우키요에는 18~19세기 화가, 우리나라의 단원 김홍도, 혜원 신윤복, 겸재 정선 같은 대중화가인 히로시게(歌川広重, 1797~1858)(그림 3-3)와 호쿠사이(葛飾北斎, 1760~1849)(그림 3-4)로 대표되며 무수한 화가가 있었

〈그림 3-3〉 히로시게의 〈동해도(東海道)〉 연작

〈그림 3-4〉 호쿠사이의 〈후지산 36경〉 큰 파도

〈그림 3-5〉 우키요에 슝가
목판화의 생산적 그림

고 현대 작가들도 활발히 작품을 만든다. 우키요에가 세계적으로 더 알려진 것은 아마 독자들도 어디선가 한 번쯤은 보았음 직한 일본 춘화(春畵)로서 남녀가 붙어 거시기 하는 적나라한 장면의 그림인데, 국제어로 일본 만화를 '망가'로 발음하듯 '슝가'로 발음한다. 정말 아름다운 예술 그림인데 정말로 보기 좋은데, 여기다가 몇 장 올렸으면 좋겠는데 좀 거시기하여 하나만 올린다(그림 3-5). 대신 인터넷 구글 검색 "shunga"를 쳐서 한번 감상하시라. 남녀의 거시기를 조금 과장되게, 남자의 투구 머리 방망이와 여자의 벌어진 밤송이 털 오라기 하나까지 심지어 거기서 흘리는 눈물까지 정밀하게 사실적으로 그린 국제적 명성을 가진 유명한 생산적 그림들이다. 대한민국 남녀노소 누구나가 다 보았고 오늘도 보고 있을 야동에 비하면 간결하고 아름다운 색감의 기모노 또는 유카타 옷 가운데 앞만 슬쩍 벌리고 필요 부위만 노출하며 엉켜 붙은 작업 장면 그림은 정말 예술이다. 실제 위 두 사람을 포함하여 당대 명성을 날린 실명 예술가의 작품이라는 게 놀랍다. 당시 우리 조선은 근엄한 유학자들 시대라서 아무리 뒤로는 호박씨를 까더라도 앞으로는 어흠 하여 영화 속 음란서생이 발붙이기 힘들었던 반면, 일본은 교육적 자료가 비교적 자유롭게 대중들에게 퍼진 것으로 보인다. 더구나 우리 춘화는 실연 장면을 한 장 한 장 붓으로 그려내야 했기 때문에 생산성이 떨어지지만 그래서 희소가치가 높아 재벌 집에서만 보유하고 있다고 하지만, 일본 슌가는 최초로 정성들여 깎은 목판에다가 물감만 묻혀 구텐베르크식으로 그저 찍어내기만 하면 되니 대량보급이 가능했던 것이다.

각설하고, 몇 년 전 2004년 애리조나 주립대학의 동아시아 예술사 전공의 브라운(Claudia Brown) 교수가 서울 산업대 초청으로 "건축가 라이트와 동아시아 예술― 극동을 미국으로 끌어가다"라는 흥미로운 주제의 강연을 했다. 황보봉 교수가 주관하고 필자는 토론자로 참가했다. 우리가 일반적으로 알고 있듯이 라이트 건축이 일본 건축의 영향을 받은 것은 대지에 붙는 긴 수평선, 깊은 처마, 벽체의 파괴를 통한 공간의 연속, 자연으로의 열림, 나아가 장식의 단순성, 자연 재료 질감에의 집착 등이다. 브라운 교수가 발표한 내용은 막연한 일본의 영향에서 한발 더 나아가 라이트가 심취한 일본 민화 우키요에 목판화가 바로 그의 건축으로 직접 옮겨갔다는 것이다. 건축인들이 잘 모르고 있는 그러나 흥미를 끄는 주제임에 틀림없다.

라이트는 목판화 그림 외에도 도자기, 고가구, 병풍, 직물 등의 일본 예술품을 수집하였다. 그중 목판화에 관해서는 수집광 취미를 넘어 박물관에 공급하는 판매업자 중개상 수준까지 갔었다. 낙수장에 가보면 우리네 예전 집에서 흔히 보던 한국의 흑갈색 전통 궤가 설명까지 붙어서 복도에 놓여 있다. 라이트의 수집 예술품 전시회가 미국에서 여러 번 있었고, 최근에도 미국의 한 박물관(Elvehjem Museum)에서 라이트가 수집한 일본 목판화를 중심으로 한 전시회를 열었다.

라이트는 일본 그림에서 영향을 받아 동양화의 빨간 도장 낙관 모양 글씨를 포스터에서 사용하고(그림 3-6) 라이트가 손수 그린 유명한 투시도는 서양 그림처럼 화면을 가득 메우는 것이 아니라 동양화처럼 화면이 반이나 빈 여백의 과감한 생략 그림으로 그려낸다. 라이트는 일본 목판화를 통하여, 단순한 선과 고운 색감의 순수 간결한 추상적 미학을 보았고, 일본 특유의 묘사기법을 통한 장인정신을 보았고, 종이, 나무, 돌과 같은 재료의 철저한 탐구를 보았고, 그것들을 통하여 높은 철학과 가치를 추상해내었다. 라이트의 위대한 점은, 흔히 서양인이 자기중심으로 다른 문화를 보듯, 일본 전통 예술을 대하여 자기들과는 다른 괴상한 이국풍(exotic, ethnic)으로만 치부한 것이 아니라 통찰을 통해 원리를 발견해낸 것이다. 건축쟁이는 결과물인 건물에만 관심이 집중되지만, 건물의 창작에는 바탕이 되는 정신 작용이 숨어 있다. 라이트와 같은 초기 근대건축의 거장들은 오늘날 보다 더 최종결과물인

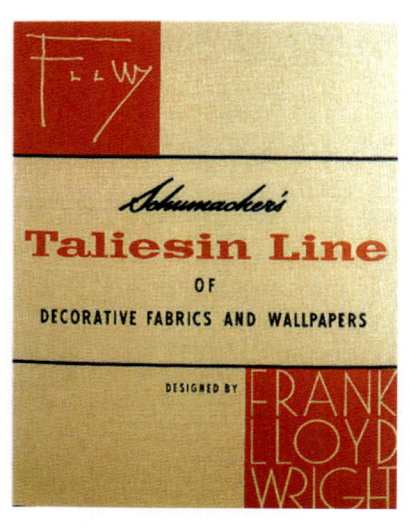

〈그림 3-6〉 동양화의 빨간 도장 낙관을 따라
한 라이트의 탈리에신 포스터

건축뿐 아니라 정신작용에 속하는 자기의 건축설계원리를 잘 표현한 건축이론가들이었다.

간단히 도식화해본다면, '동양 일본 예술품 수집→간결 추상의 철학과 원리 발견→라이트의 서양 건축으로 나타남'이다. 서양사람 라이트는 먼 나라 일본 건축에서 원리를 발견해내 자기 건축에 적용했다. 그런데 거꾸로 온몸과 마음이 서양화한 한국건축가, 건축학도들은 과연 한국건축을 보고 보편적 원리를 찾아낼 수 있을 것인가?

1915년 46세 때 제국호텔 설계에 착수하여 드디어 일본에 간다. 1919년 우리 삼일운동 해에 호텔을 착공한 지 2년 후 완공한다. 완공 후 관동대지진에도 호텔은 끄떡없이 버텨냄으로써 더욱 유명해졌다. 일본에 있는 동안 전역을 답사 여행하며 일본 건축을 섭렵하였다. 라이트 건축의 등록상표, 낮은 처마 수평선으로 쫙 뻗은 지붕. 라이트는 주택 설계 5원칙을 발표한다. 그중 하나가 지붕은 왜 가팔라야 하는가 하는 근본 질문이다. 미국 민가는 가파른 경사 지붕에 귀신 얘기에 빠지지 않는 다락방과 뻐꾸기 창이 필수로 따라 나온다. 세계 명작 소설 너세니얼 호손의 『일곱 지붕 이야기』는 보스턴 교외 초기 정착민 촌 양담배 이름의 셀렘 Selem이 민속촌으로 보존되어 있다. 근래 우리도 많이 들어온 '전원주택'이라는 해괴한 이름으로 북미산 목재를 수입하여 그대로 지어주는 집 지붕은 우리 실정과는 맞지 않게 이국적인 가파른 뾰족지붕이다. 라이트는 바보 같은 짓이라 했다. 젊은 시절 전통적인 뾰족지붕 따라 하기 설계를 하다가(그림 3-7) 나

〈그림 3-7〉 라이트 오크 파크의 중기 주택

중에 완만한 지붕의 수평선이 강조되는 처마로 바꾼다. 오크 파크에 가면 중기 작품 주거라도 현관이 어찌나 낮은지 키 작은 한국 사람도 손들면 그냥 닿는다(그림 3-8). 거구의 키 라이트에 전혀 어울리지 않는다. 낙수장에 가보면 사람이 겨우 비집고 다닐 골목 같은 꼬불꼬불한 진입 복도에 낮은 천장에 놀라게 된다.

〈그림 3-8〉 경사 지붕의 우람한 대저택이지만 인간적인 좁은 골목 현관의 손닿을 정도의 낮은 처마

서양건축은 20세기 초 세계 건축의 지축이 바뀐다. 그네들 2천 년 전통을 거부하고 산업혁명 후 철, 콘크리트, 유리 소재의 새로운 재료의 신건축, 이름 하여 당시의 '현대건축 운동'이 일어난다.[1] 그중 새로운 공간이론으로서 '안팎 공간의 상호 침투(inter-permeation of interior and exterior space)' 이론이 등장한다. 이를테면 서양 전통건축에서 주재료는 벽돌이나 돌로서 집은 구조체 벽으로 막혀 안과 밖의 구분이 뚜렷한 데 비해 현대 이론은 벽의 파괴이다. 특히 라이트는 6면체 상자를 파괴하고 아무데나 개구부를 두고 한 면 전체를 개방시킨다(그림 3-9). 거실 주 공간 넓은 방에서 한 면이 벽이 거의

---

1) Modernism을 오늘날 '근대주의'라고 번역하나 틀린 말이다. 영어 'modern'은 '지나간 과거'가 아니라 현재를 포함하고 있다. 그러므로 영어 대문자 고유명사 'Modern Architecture'는 당시의 현재를 포함하는 '20세기 전반부 현대건축'이 정확한 번역이다.

없이 기둥으로만 되어 통째 유리다. 세로 접이문을 열고 나가면 그대로 숲이 와 닿는 베란다가 된다. 물론 철근 콘크리트라는 신구조 재료가 있어서 가능한 일이었다. 푸른 숲에 대비해서 수평선의 흰색 콘크리트 베란다가 아래 위층에 서로 교차해 쫙 뻗어나가

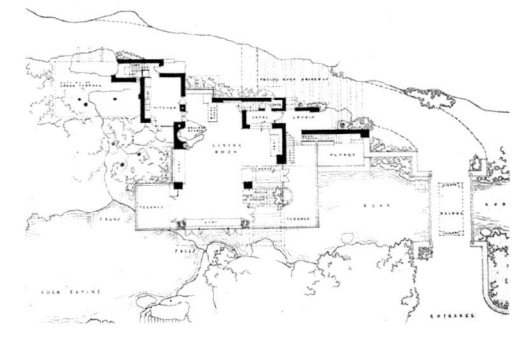

〈그림 3-9〉 낙수장 평면도
뻥 뚫린 거실 벽면의 벽난로 바닥에 자연 암반이 보인다.

있다. 아래 기둥 없이 폭포 위로 뻗어나간 캔틸레버 구조라 부르는 긴장감 넘치게 밖으로 내민 베란다에 서면 우거진 숲이 그대로 빨려들어온다. 숲이 베란다를 통해 거실로 들어오는 안과 밖의 공간이 서로 침투하고 서로 섞인다.

'안과 밖의 상호 침투'─한국건축에서는 이미 천 년 전부터 건축의 기본 상식이었다. 안방의 들어열개 분합문을 대청을 향해 걸어 올리면 한 공간이 된다. 담양 소쇄원 작은 계곡의 광풍각(光風閣)[2] 정자는 가사문학의 중심 전라도 대부분 정자와 마찬가지로 가운데 온돌방이 있지만, 연중 대부분 온화한 기후에서는 문을 접어 열어 들어 올려 처마 걸쇠 꼬챙이에 걸어둔다. 폐쇄된 방이 마루와 하나 되어 그대로 자연으로 열린다(그림 3-10). 계곡의 서늘한 바람과 폭포 소리와 풀 나무의 싱그러운 냄새가 그대로 들어와서 그야말로 밖 공간이 안으로 들어와

---

2) 소쇄원 광풍각은 제월당과 아래위 짝을 이룬다. 광풍제월(光風霽月)은 비 갠 뒤 맑은 바람과 밝은 달로서 천성이 맑은 선비의 인품을 나타낸다. 중국 宋代 학자 주돈이(周敦頤)를 나타낸 말에서 유래. 옛 우리 건축에는 모두 그에 걸맞은 고유 이름이 있었다. 대학에서 오늘날은 그저 '9차동'이니 '공학관'이니 하는 무미건조한 이름만 붙어 있다.

〈그림 3-10〉 정자 방 문 들어 올려 자연으로 열리는 안과
밖의 상호 교차. 소쇄원 광풍각

하나가 된다. 라이트 낙수장은 문을 옆으로 접어 활짝 열어 세워놓는 데 비해 우리는 접어서 위에 올려놓는 약간의 차이는 있지만 한 공간으로 만드는 데는 똑같다. 거실－베란다가 한 공간이 된다. 덤으로 숲을 그대로 코앞까지 끌고 온다. 우리의 원조 안팎 공간의 상호 침투는 모른 채 서양에서는 그게 20세기 발명품으로 알고 있다. 근대건축 옹호 이론가 기디온(Sigfried Giedion) 옹이 극구 찬양했던 근대건축 발명 이론이다. 콘크리트 구조방식으로 밑이 들린 사각 상자 베란다를 죽죽 내뻗어 평지붕과 더불어 수평선을 강조한다.

지금까지 얘기는 조금 공부한 웬만한 건축가, 건축학도들은 다 아는 얘기다. 그러나 더 중요한 지금부터 얘기는 아는 분이 별로 없을 것이라 본다. 왜냐하면 시각 동물인 건축가들은 아래로 폭포 떨어지는 낙수장 사진을 하나 본 걸 가지고 낙수장을 안다고 착각하니까.

낙수장은 미국 동북부 오지에 있다. 마치 우리 강원도 첩첩산중 골짜기에 있듯이. 필자가 유학 공부했던 펜실베이니아 대학 '유펜'이 있는 필라델피아와 피츠버그 사이에 있다. 정신없던 두 학기를 보내고 여름에 찾아갔다. 차로 거의 네 시간 걸리는 거리다. 주위에 이 건물 말고는 아무것도 볼거리가 없는 베어런(Bear Run)이라는 깡촌이다. 인근 도시 피츠버그를 기반으로 하는 예술을 이해하는 부자 카우프만의 별장으로 1935년 설계하여 60년대까지 별장으로 사용하다가 지금은

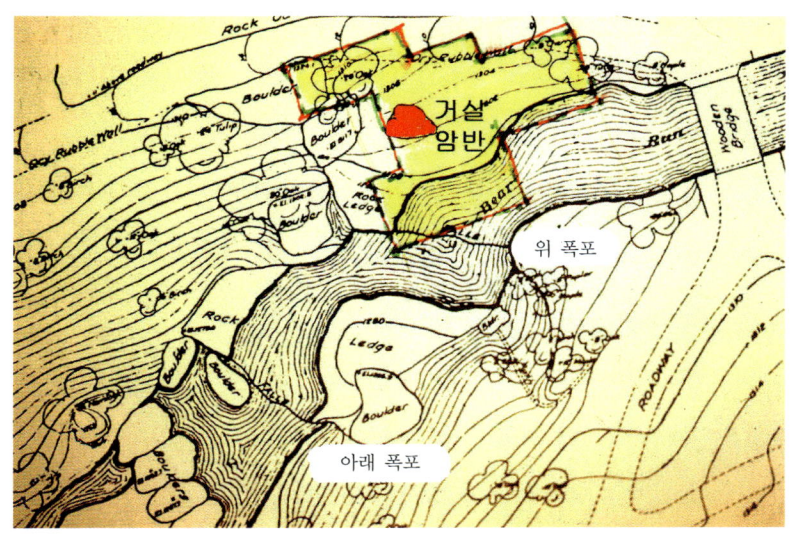

〈그림 3-11〉 낙수장 배치(원 지형도에서 필자가 앉힘)
양 폭포와 거실 벽난로용 암반이 집 앉히는 기준이 되었다.

세계 각국에서 건축가 학도들이 참배하는 건축 성지 박물관이 되었다.

낙수장이 지어지기 전 사진을 본 사람은 많지 않을 것이다. 마치 우리 강원도 강릉 소금강 골짜기에서 흔히 보듯 큰 바위와 그 사이로 졸졸 흐르는 실낱 줄기 계곡물 폭포가 전부였다. 라이트는 사방

〈그림 3-12〉 짓기 전의 위아래 두 폭포

숲으로 둘러싸인 곳 위아래 두 개의 폭포 사이의 바위를 집터로 찍었다(그림 3-11). 위 폭포 바위 위에 집을 앉히고 아래 폭포를 정원으로 이용한 것이다(그림 3-12). 무엇보다 낙수장 건축 배치 절정은 라

<그림 3−13> 거실 벽난로 앞 자연 암반. 오른쪽

이트가 집의 중심 거실을 암반 하나로 잡아냈다는 것이다. 서양에서 '집' 하면 곧바로 '벽난로(fireplace)'로 일컬어진다. 마치 우리 암사동 원시 주거 움집 한가운데에 강자갈로 둘러싼 불자리가 있듯이, 가족이 화톳불 앞에 모여 생활하던 것이 서양 거실이 되었다. 다시 강조하면 낙수장은 라이트가 대지 현장에서 널따란 암반 하나를 골라 거실 바닥 벽난로 자리로 찍은 건축이다. 지금도 가보면 벽난로 앞 거실 바닥에 바위가 튀어나와 있는 것을 볼 수 있다(그림 3−13). 천연 바위 위에 집을 지은 것은 낙수장과 죽서루가 똑같다. 낙수장의 좀스러운 자그마한 폭포 대신 죽서루는 냇물 위 낭떠러지 층암절벽을 기막힌 집터로 잡은 것이다. 죽서루에 가서 건물 누 아래로 들어가 보는 사람은 거의 없지만 건축쟁이로서 밑둥을 자세히 들여다본다면 들쭉날쭉 바위 천연 주춧돌의 더 기막힌 처리에 놀라게 된다.

바위 위에 올라앉은 집의 설계개념은 죽서루와 같다. 물이 낙수장은 폭포요, 죽서루는 절벽 밑의 깊은 소라는 점이 조금 다르다. 자연을 집으로 끌어들여 와 안팎공간이 상호 관입한다는 점은 똑같다. 그러나 라이트의 낙수장이 현대 건축가가 창의적 설계를 하여 잠깐 사용한 집이라는 점에 비하면 죽서루는 먼 산에서부터 시작하여 절벽 바위의 큰 스케일의 자연에서부터 집터의 미세 자연까지 구석구석 기운이 살아 있는 건축이다. 수백 년 동안의 인간의 생활 속에 역사가 누적되어 녹아 있다. 시와 그림으로 잘 나타나 있다. 그 유명한 낙수장은 폭포 위에 집을 지음으로써 건축주가 하도 시끄러워 도저히 잠을 잘 수 없다고 하여 라이트를 고소했다는 일화도 있다. 불행하게도 낙수장은 원래 의도, 사람 사는 집으로는 제대로 사용되지 못했었다. 두 건물 비교는 한마디로 유치원생과 대학생을 비교하는 것과 같다.

그러면 죽서루가 왜 대학생인지 하나하나 짚어가는 여행을 떠나보자.

04

죽서루 건축물
자세히 보기

서양 라이트의 낙수장보다 더 극적인 우리의 죽서루를, 무엇보다
먼저 건물이 뿌리내리고 있는 바위부터 보기로 하자. 낭떠러지 절벽
끝 단단한 바위 암반에 죽서루가 자리 잡고 서 있다(그림 4−1). 땅에
서 보면 벼랑 끝에 바위가 한 층 정도 높이로 솟아 있는 곳을 골라
집을 앉혔다. 앞에서 보면 누 전체가 보이지만 좌우로 들어갈 때는
키보다 훨씬높은 바위 사이를 비집고 통과하여 올라간다(그림 4−2).

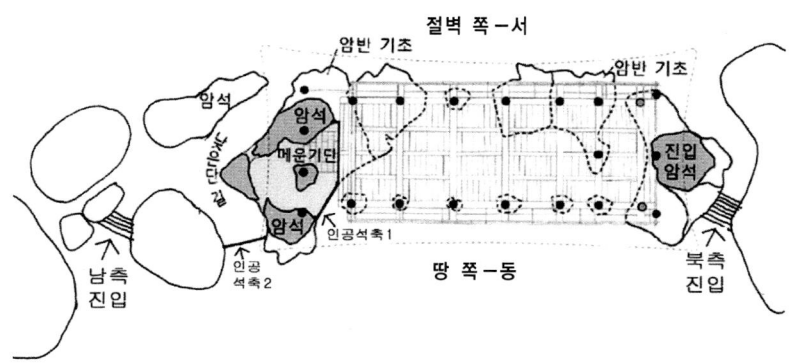

〈그림 4−1〉 죽서루 바위와 건물 배치. 남북 측 진입

〈그림 4-2〉 키보다 높은 바위 사이로 진입. 남쪽

〈그림 4-3〉 누에서 내려다보는 절벽 아래 개울 깊은 소

바위 오솔길 사이로 죽서루 건물을 절묘하게 반쯤 가려주면서 열어주면서 올라가는, 전형적인 한국건축의 보일 듯 말 듯 은근한 진입

의 과정을 잘 보여주고 있다. 뒤에 바위가 활 모양으로 우묵하게 배치되는 곳을 건물 앉힐 곳으로 골랐다. 3면을 제외하고 앞부분만 바위가 없는 맨 땅이다(그림 4-1). 그러면서 건물을 최대한 벼랑 끝에 바싹 붙인다. 서쪽 기둥 열은 절벽 끝 선에 있다. 누 난간에서 내려다

〈그림 4-4〉 전면 인공 암석 기초

보면 수직 낭떠러지 아래 강물이 바로 보이는 등골 서늘한 장면을 연출한다(그림 4-3).

활 모양 대형의 뒤 절벽 서쪽과 남북 측면 3면의 기둥들은 자연 암반에 뿌리내린다. 대부분인 열다섯 기둥은 별도의 주춧돌이 필요 없다. 다만 평면 <그림 4-1>에서 보듯 바위가 없는 땅인 전면 동쪽 앞 열에만 인공으로 주춧돌을 심은 후 기둥을 얹는다(그림 4-4). 앞 열 6개 기둥과 중간 열 한 개의 기둥이 그렇다(기둥 부호 2E~7E까지와 7C 총 7기둥). 왼쪽 두 개 주추는 나지막한 막주춧돌이나, 나머지 오른쪽 4개는 제법 큰 암석 기초인데 비록 인공으로 심었다고 해도 다듬지 않아 원래부터 있던 주변의 자연 암반과 별반 다르지 않게 잘 어울린다.

죽서루 기둥은 총 22개이다. 편의상 그림과 같이 남쪽부터 시작 1열에서 8열까지, 서쪽을 W로, 동쪽을 E로 기둥 부호를 부여하자(그림 4-5).[1] 중앙 기둥은 C(center)로 7열과 8열에 부여한다. 남쪽 끝에만 있는 2개 가운데 기둥은 1WC와 1EC를 부여한다.

죽서루는 자연 암반 위에 기둥이 뿌리박고 서 있다. 돌은 있는 그대로 두고 기둥 나무 밑만 깎은 것이다. 즉, 주추 바윗돌을 평평하게

---

1) 바탕 원도면은 『삼척 죽서루-정밀실측조사보고서』에서. 삼척시, 1999.

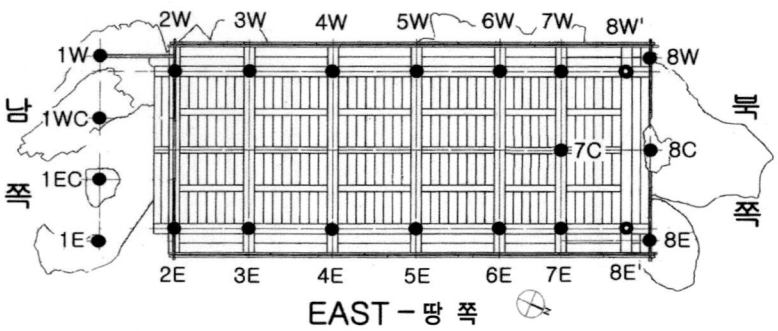

WEST-절벽 쪽

남 쪽

북 쪽

EAST - 땅 쪽

〈그림 4-5〉 평면 기둥 부호도

〈그림 4-6〉 자연 암반 기초와 그 위 기둥의 어울림(7W, 8W'). 마루 아래 기둥 사이로 내다보이는 개울

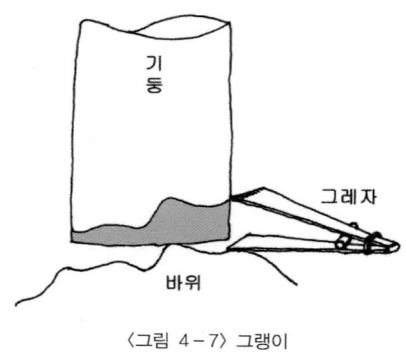

〈그림 4-7〉 그랭이

다듬은 것이 전혀 아니라, 울퉁불퉁한 암반에 이가 꼭 맞게 기둥 나무 아래만 정교하게 다듬어 세웠다. 마치 암반 바위와 나무 기둥이 사람이 손대지 않고 처음부터 천연덕스럽게 그대로 서 있었던 것처럼 보인다(그림 4-6). 한국건축의 특성을 자연과의 조화라고 흔히 말하는데, 구체적 핵심 기법 중 하나이다. 목수 용어로 '그랭이질' 또는 '그레질'이라 한다(그림 4-7). 콤파스처럼 생긴 그레자를 가지고 기둥 놓일 자리에서 한 발을 울퉁불퉁한

주춧돌 바위 표면 자연 굴곡에 맞춰 빙 돌리면 다른 한 발이 기둥밑둥에 금을 따라 긋게 된다. 나무 기둥 금 밑을 파내서 이가 꼭 맞게, 기둥 저 혼자도 딱 설 수 있도록 만든다(그림 4-8). 자연 상태의 돌을 전혀 건드리지 않고 무른 나무만 손댄다는 자연에의 귀화정신이다. 서양 근대건축 라이트의 낙수장 훨씬 전부터 천 년을 내려오던 한국건축의 원초적 철학이다.

〈그림 4-8〉 암반 기초에 이가 꼭 맞게 선 기둥(8E′ 8E)

대부분인 13개 기둥이 누하의 높고 낮은 암반 주추에서 시작하여 누상 건물 지붕까지 관통하여 서 있다, 일부 마루 위에만 있는 기둥도 7개나 있다. 암반 주추가 마루높이에서 시작되기 때문이다. 절벽의 높은 암반 위에 집이 그냥 올라앉은 것처럼 웅장해 보이는데(그림 4-9) 자세히 들여다보면 너무 짧아 잘

〈그림 4-9〉 바위에 직접 올라앉은 것 같은 누(숨어있는 기둥 2W, 3W)

보이지 않는 2W, 3W의 2개 기둥이 암반 속에 숨어 있다.

한편 북쪽 끝 8열 바로 안쪽 양 끝에 마루 위에는 없고 아래에만 있

〈그림 4-10〉 북측 진입 바위 마루로 파고 들어옴(8C)

〈그림 4-11〉 오른쪽에 위로 솟은 암반 기초 때문에 마루 아래 비껴서 엮은 마루 구조 장귀틀. 마루 아래만의 기둥 8W'

는 특이한 기둥이 2개 있다 (8W', 8E'). 북쪽 끝 누상 중앙 기둥(8C)의 기초 암반이 누각 마루로 파먹어 들어와 있으므로 (그림 4-10) 마루 아래 구조틀을 엮을 수 없기 때문에 그보다 안쪽으로 조금(77cm 정도) 더 들 어가서 바위에 걸리지 않게 마 루 구조틀을 엮기 위한 고육지 책이다(그림 4-11).

남쪽 끝은 더 재미있다. 남쪽 끝 칸의 가운데와 마당 쪽 동 쪽은 바위가 꺼져 있어서 마루 와 같은 높이를 만들기 위하여 바위 위를 인공적으로 흙으로 메워 돋우어 출입이 가능하게 한다. 죽서루 남측 건물 밖 마 루높이 자연 암석 세 개를 테두 리로 그 사이 삼각형 흙을 메워 (현재는 시멘트) 평평하게 단을 만든다(그림 4-12). 또 그 동쪽 끝에 인공 석축을 쌓아 꺼진 곳을 돋우어(그림 4-13) 퇴칸 바닥을 만 든다(그림 4-14). 바위와 흙으로 메운 삼각형 단은 건물 마루와 같은 면이지만 밖에서 보면 한 단 올라가서 보통 건물의 기단처럼 형성된

〈그림 4-12〉 남측 자연 암석 테두리에 메운 삼각형 기단

다. 죽서루 마당에서 건물을 향
해 남쪽으로 올라 들어갈 때 일
차 오솔길 계단으로 올라와(그
림 4-2) 마지막 높은 단 기단으
로 올라가기 위하여 낮은 단 좁
은 길을 형성한다. 그 길을 확보
하기 위해 마당 쪽 끝에 인공 석
축을 쌓았다(그림 4-15).

죽서루 누각의 완성된 건축을
위하여 대부분 자연 상태의 바
위 암반이지만 부분적으로 자연
을 보강, 인공을 가미하여 바닥
층단을 만드는 것을 마다 않는

〈그림 4-13〉 남측 측면 퇴칸. 1, 2열 칸

〈그림 4-14〉 남동쪽 인공석축 1. 퇴 공간 확보 위해 보강　　〈그림 4-15〉 남동쪽 바위: 낮은 단 길 확보 위한 인공석축 2

다. 결과적으로 집 죽서루는 절벽 바위 꼭대기 자연 암반을 기초로 올라앉아 있지만, 바위와 집은 자연과 인공을 합하여 떨어질 수 없는 완벽한 하나가 된다.

　바위를 올라탄, 바위와 하나 되는 작은 정자는 전국에 꽤 많이 있다. 예전에는 교통이 불편하여 오지였던, 역설적으로 그래서 옛 건축이 그나마 손때 타지 않고 그대로 남아 있는 경상도 함양, 거창은 정자의 고장이다. 대전-통영 고속도로에서 지평 IC로 빠지면 지리산에서 내려오는 계곡에 보기 좋은 정자들이 줄줄이 있다. 그중 개울가 바위를 기초로 하고 서 있는 정자 거연정(居然亭)은 편안하고 조용한 상태를 나타내는 뜻으로 죽서루와 똑같은 설계 개념이다. 기초가 따로 없고 자연 바위 암반에 기둥이 뿌리박고 있다. 바위와 집과 천연스럽게 원래부터 하나인 것처럼 보인다(그림 4-16, 4-17).

　다음으로 한국건축 구조상 가장 중요한 목조 뼈대 구조를 설명하자. 나무의 특성을 잘 살려 힘의 역학을 바탕으로 성립된 구조다. 목구조는 자기끼리 서로서로 맞물려 성립한다. 못을 쓰지 않는다는 말은 하나마나한 당연한 얘기이다. 한자에 울퉁불퉁한 것을 요철 凹凸

〈그림 4-16〉 함양 거연정 〈그림 4-17〉 거연정 하부 바위에 붙은 기둥

이 있다고 한다. 정확히 말하면 올록볼록한 것이다. 형태묘사 언어인 한자는 그대로 여자와 남자를 가리킨다. 좀 외설스럽지만 서로 꽉 결합하면 여자 몸 속에 들어간 남자 같은 모양이 된다(그림 4-18). 목구조가 자기끼리 결합하여 꼭 낀 모습 그대로다. 조물주가 사람을 만들 때 남녀 홀로서는 별 볼 일이

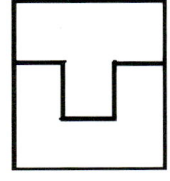

〈그림 4-18〉
목부재 암수 결합

없지만 둘이 결합하면 안정된 힘이 나오는 세상살이의 이치다.

목구조를 '가구식 구조(frame structure)'라 한다. 현대 철골조도 거기에 해당한다. 부재 간 접합부가 가장 중요하다. 영어로 조인트 'joint'라고 한다. 군대에서 흔히 말하는 '조인트를 깐다'는 말이 실은 정강이 촛대 뼈를 걷어차는 것을 가지고 조인트라고 잘못 말하고 있다. 실제 다리 부분의 조인트는 무릎 관절에 해당한다. 옛 목수들은 자연스럽게 천지조화 남녀 결합의 이치를 잘 터득하고 있었다. 참고로 학생들 중 나무 두 개에 못을 박으면 왜 나무가 결합하는가? 하는 질문에 답하는 사람이 거의 없다. 답은 마찰력이다. 못 빼기로 못을

〈그림 4-19〉 움집 단면

뺄 때 '끼익' 하고 나는 소리가 바로 마찰력의 소리다. 건물 지반이 쿨렁쿨렁한 땅일 때 마찰 말뚝을(friction pile) 잔뜩 박아 건물을 지탱한다. 개펄에 들어갔다가 발을 뺄 때 '뻐억' 하고 나는 소리다. 한국 전통 목조건축은 못의 마찰력을 필요로 하지 않는 나무끼리 저절로 건축이다.

이제부터는 역학적 힘을 견디는 구조에 대한 설명을 하고자 한다. 먼저 가장 중요한 것이 기둥이다. 기둥을 우습게 알지 마라. 기둥은 인간이 최초로 지구 중력에 저항하여 만든 물건이다. 나무 위에서 살던 털 없는 원숭이가 지상에 내려와 잡아먹히지 않기 위해 동굴 속에 숨어 살다가 어느 정도 자신감을 갖춘 뒤 평지에 최초로 만든 집이 바로 움집이다(그림 4-19). 서울 암사동에 가면 원시주거 집 자리가 여럿 있다. 집 정중앙에 불자리를 만들고 냇돌로 불이 번져 나오지 않도록 가장자리를 동그랗게 막았다. '불어귀', 즉 오늘날 '부엌' 어원의 원초형이다. 단어 '불'에서 'ㄹ'탈락하여 '부삽, 부지깽이'가 되는 것의 우리말과 마찬가지다. 그 바로 옆에 곡물 저장 토기를 묻었다. 집 주위를 원형으로 빙 둘러 빗기둥을 꼽았던 기둥 구멍이 있다. 먹고 자고를 한 방에서 해결하는 직경 5~6m 면적의 6평 남짓 되는 한 가족용, 오늘날로 말하면 원룸이다. 한강 변에 수차례 홍수가 나서 묻히고 또 묻힌 모래를 걷어내어 수천 년 전 세상이 드러났다(그림 4-20). 땅 밑으로 1m 정도 파 내려가 기어들어가야 방바닥이 된다. 그리 만든 이유는 인간 거주 원초적 집은 무엇보다 비를 피해야만 한다.

경사지붕을 만들어 풀을 얹어 빗물이 흐르게 만든 것이고 구조적으로 가장 쉽기 때문이다. 지붕은 곧 벽을 겸했고 서까래를 겸한 빗기둥 나무를 밑둥을 땅에 박고 원뿔형으로 쌓아 꼭대기 모임점에서 넝쿨로 묶어주면 그만이다. 몇 가지 흠이 있다. 한 방에서 먹고 자고 하므로 자고 일어나면 연기에 코끝이 새카매졌을 것이다. 그래서 보다 문명생활을 하기 위

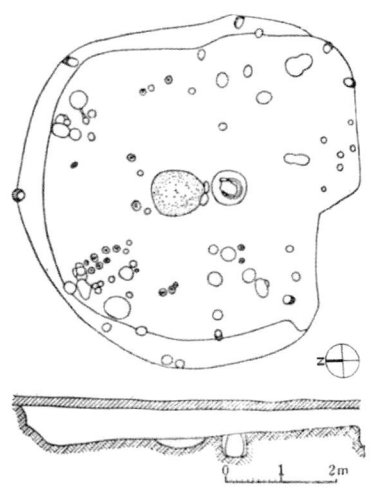

〈그림 4-20〉 움집 평면 단면. 평남 궁산리

해 나중에 취사와 잠자리가 분리되는 칸 분화가 일어나 방이 생기게 되었고, 바닥에 습기가 차므로 땅 위로 올라와야 했다. 더 중요한 것은 움집은 귀퉁이의 높이가 낮아 쭈그리고 앉을 수밖에 없으므로 서기 위해서는 키 높이가 필요했다. 인류가 움집에서 지상 기둥 집으로 나오는데 수천 년 아니 최소 만 년 이상 걸렸을 것이다. 왜냐하면 오늘날 아무것도 아닌 것처럼

〈그림 4-21〉 기둥의 탄생. XYZ축 부재의 단일점 접합의 문제

보이는 기둥은 지붕을 떠받치기 위해 좌우 수평부재와 XYZ축 한 점에서 접합하는 문제는 해결해야 할 보통문제가 아니었기 때문이다. 처음에는 그림의 새총처럼 Y 자로 갈라진 수직 기둥에다 좌우 수평부재

를 올려놓고 칡넝쿨로 동여맸을 것이다(그림 4-21).

나무끼리 결합시키기 위해서는 3부재가 서로 제 살 파먹어 가면서 딱 결합시키는 것이고 단면의 1/3만 남아도 아무 문제 없다(그림 4-22). 정교해야만 하는 작업은 쇠로 만든 끌, 자귀, 대패 같은 나무 가공 도구가

〈그림 4-22〉 부재 결합 위해 제 살 파먹기 가공한
보머리 부분

발달하면서 나온 것이다.

〈그림 4-23〉 이집트 신전 기둥 빽빽한 방.
카르나크 신전

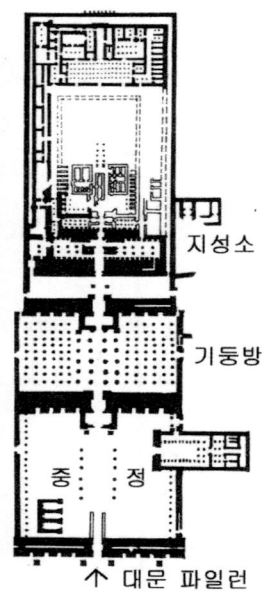

〈그림 4-24〉 기둥방.
카르나크 신전 평면

지성소

기둥방

중   정

↑ 대문 파일런

이 대목에서 한국 목조건축은 물론 세계 건축 역사상 가장 기본 구조 방식인 '기둥-보' 구조를 설명해야만 한다. 아주 간단하다. 쉽게 말해 두 개의 양쪽 기둥 사이에 보를 걸쳐 올려놓는 방식이다. 서양건축사에서 석조건축 위주로 나온다. 서양 돌 건축 그리스 신전이 유명하다. 그리스 신전의 기원은 이집트 신전으로 올라간다. 돌을 수평으로 길게 놓으면 중간이 뚝 부러진다. 이름 하여 돌은 인장력에 약하기 때문이다. 이집트 신전의 기둥이 촘촘할 수밖에 없는 이유이다(그림 4-23, 4-24). 이집트 신전 속으로 들어가면 '기둥방(Hypostyle Hall)'이 나오는데 그야말로 기둥 반, 빈 공간 반이다.

서양건축 신전의 기둥은 돌을 쌓았지만 원래의 나무를 돌로 모방한 구조라서 구조적으로 아주 취약하다. 이집트 기둥은 파피루스를 모방했다. 목구조는 기둥과 보와의 접합에 서로 맞물리게 하는 데 비해 돌 건축은 그냥 올려놓을 뿐이다(그림 4-25). 조적식 구조는 돌끼리 서로 맞물려 쌓아야 튼튼하다. 잉카 유적의 돌 쌓기를 보면 알 수 있다. 목조 기둥은 나이테 결대로 곧장 솟아서 웬만해서는 부러질 염려가 없다. 그런데 서양 문명이 자랑하는 그리스 신전 기둥은 동그란 돌들을 겹쳐 쌓았으므로 옆에서 센 힘으로 밀면 무너지게 되어 있다. 그리스 폐허에 가면 오뎅 토막처럼 잘라진 둥근 기둥 돌들이 여기저기 나뒹구는 것을 볼 수 있다. 누구나 다 아는 유명한 삼손과 데릴라의 성경 이야기를 해야겠다. 괴력의 장사 삼손이

〈그림 4-25〉 기둥-보 구조. 이집트 카르나크 신전

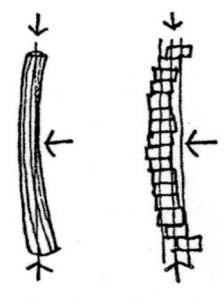
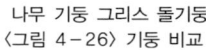

나무 기둥 그리스 돌기둥
〈그림 4-26〉 기둥 비교

〈그림 4-27〉 그리스 신전의 쓰러진 기둥 토막 파편. 델피 신전

엄청난 힘을 가져 도저히 이길 수 없으므로 적군 블레셋인이 데릴라 (일명 디라일라)라는 여인을 동원해 미인계를 쓴다. 미인에 취한 삼손은 잠자리에서 자기 힘의 원천이 긴 머리카락임을 애인에게 넌지시 알려준다. 마침내 정보를 얻은 적군은 자는 동안 삼손의 머리카락을 싹둑 다 잘라버린다. 깨어나 힘을 쓰려 하니 치욕스럽게도 마치 어린애처럼 아무 힘이 없었다. 두 눈을 뽑고 사슬에 묶어 감옥에 가두어두었다가 축제날 백성이 보는 앞에서 처형하기 위해 끌고와 온갖 모욕을 준 뒤 신전 양 기둥 사이에 세웠다. 감옥에 있는 동안 머리카락이 다시 자란 삼손은 큰 소리로 울부짖으며 두 팔로 양쪽 기둥을 힘껏 밀었다. 드디어 기둥이 부러지고 지붕이 무너져 고관대작들과 백성 삼천 명이 함께 깔려 죽었다. 복수의 자살 테러를 훌륭히 수행한 셈이다. 기둥이 쉽게 무너진 이유는 힘도 장사였겠지만 나무 기둥을 모방하여 만든 신전건축의 돌을 쌓아 만든 돌기둥이 옆에서 미는 힘에는 매우 취약하기 때문이다(그림 4-26, 그림 4-27).

한국 목조건축은 기둥을 세우고 그 사이의 칸으로 이루어진다. 기둥과 기둥 사이 위에 보를 얹어 내부공간을 만든다. 앞뒤 기둥 칸 제일 큰 보를 대들보라 한다. '집안의 대들보'라든가 집안이 망하는 것을 '대들보가 무너졌다'고 표현할 만큼 건물에서 제일 중요한 부재이다. 그 무거운 지붕의 무게를 받아서 바깥 양 기둥으로 전달한다. 건물의 폭 길이는 오로지 대들보 나무 길이에 따라 결정되었다. 큰 건물이라면 대들보 단면이 우람하게 굵어야 한다. 한국건축은 기둥과 기둥 사이를 '칸'이라 한다. 죽서루는 통 칸 길이 곧 대들보 길이는 무려 5.54m, 대략 18자나 된다. 보통 집들이 7자(2.1m) 내지 8자(2.4m) 크기 방인 데 비해 엄청나게 큰 칸이다. 보 높이도 한 자 반 45cm로 보통 전봇대 굵기의 두 배가 넘는다. 보 나무 단면은 세로로 길쭉해야 한다. 납작한 단면은 힘을 받지 못하고 휘어진다. 책을 세우면 힘을 잘 받고 평평하게 눕히면 휘어져 버리는 것과 같은 이치이다. 중고교 시절 선생님으로부터 출석부로 얻어맞을 때 눕혀서 넓은 면으로 맞는 것보다 곧추 세워서 맞는 것이 더 아프고 내 머리보다 출석부가 이기는 것과 같은 이치이다. 전문적 구조역학으로 '단면 2차 모멘트(moment of inertia)'라 하고 대학 시절 무조건 외웠다. 4각형 단면의 폭을 b, 높이를 h라 할 때 $I = \frac{bh^3}{12}$이다. 폭보다 높이의 세제곱에 비례하니 보 단면은 무조건 높은 쪽을 세워야 한다. 대들보 단면은 직사각형, 단지 모양, 종 모양이 있다. 마루 밑 구조틀인 장선 동귀틀도 마찬가지로 세워서 받친다.

대들보 위에 삼각형 경사 지붕틀을 만든다(그림 4-28). 그래야 눈비가 흘러내린다. 대들보 위에 짧은 종보, 일명 마루보가 올라앉는다. 대들보 위에 종보를 받치는 짧은 기둥을 대공(臺工)이라 한다. 대공은 기둥이 짧다고 해서 '동자대공' 혹은 포작 모양의 '포대공' 또는 꽃무늬의 '화반대공'이 있다. 한자 臺工의 원 우리말을 추적하면 짧은 막대기나 식물의 줄기를 '대'라고 하고 방언으로 '대궁'이라고도 하는 데서 나온 말로 짐작된다.

삼각형 정점에는 종도리, 일명 마루도리가 길게 놓인다. 한자로 '마루 宗'인데, 종갓집 할 때의 마루 종은 제일 높은 꼭대기를 가리킨다. 고어는 'ᄆᆞᄅᆞ'였다. 건물의 앞뒤 방향 부재를 '보'라고 하고 좌우 방향 천장 구조 부재를 '도리'라 한다. 도리는 한자로 道里(윤장섭, 신영

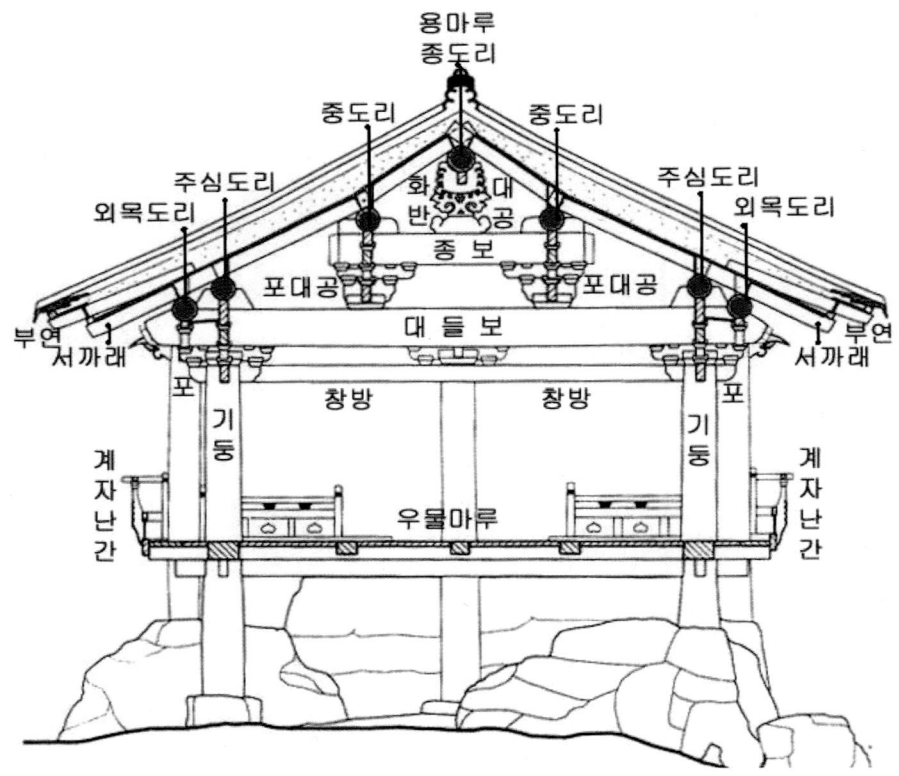

〈그림 4-28〉 죽서루 목구조틀 종단면도 (바탕도면은 「삼척 죽서루-실측조사 보고서」에서)

훈, 김동현), 道理(장기인은 두 개 다 씀)로 표기한다. 목조건축 연구 1세대 장기인 선생은 그래도 "道理는 차음자로 표기한 것이며 한문자의 자체의 뜻은 없다"는 것을 잘 알고 있었다.[2] 그런데 후진 2세대, 3세대는 한자 표기 용어가 무슨 심오한 뜻이 있는 것처럼 마구잡이로 사용하고 있다.

자 여기서 아무도 말해주지 않는, 한국건축 목구조 부재를 한자로 표기하는 것이 어떤 의미를 갖는가를 한 번 자세히 보기로 하자. 대한민국 국민으로서 만 원권에 나오는 세종대왕을 모르는 사람은 없다. 훈민정음 첫머리 한글 반포 제정 "나랏말ᄊᆞ미 듕귁에 달아 문ᄍᆞ와 서로 ᄉᆞᄆᆞ디 아니ᄒᆞᆯᄊᆡ" 국어교과서에 나오므로 다 알 것이다. 국사학자들의 역사의식 빈곤을 말해야겠다. 우리의 세계적 발명품을 금속활자라고 한다. 서양 구텐베르크보다 무려 2백 년이나 앞섰다고 자랑한다. 서양 금속활자 발명이 무엇인가? 중세 암흑시대 수도원 성직자들에게 독점적으로 갇혀 있던 지식을 1450년경 금속활자를 발명함으로써 해방시켰다. 무엇보다도 성서를 대량 찍어내어 대중들에게 폭발적으로 공급함으로써 종교개혁을 이루게 만든 세계를 변화시킨 획기적 발명품이다. 우리 금속활자는 무엇인가? 세계 제일 오래된 1234년 자동연도로 외운 금속활자는 직지심경(直指心經), 고금상정례문(古今詳定禮文) 기껏해야 불경 몇 개 찍어낸 것뿐이다. 한국 사회에 끼친 영향은 미미하다. 콩나물 장수가 앞에서 "콩나물 사려" 소리 지르니 양반 체면상 같이 소리 지를 수 없어 뒤따라가면서 "나도" 했다는 얘기와 비슷하다. 얌체처럼 서양 역사상 획기적 구텐베르크에 올라타서 "내가 더 앞섰어" 하는 역사의식의 빈곤이다. 거북선, 화약, 첨성대와 더불어 뭐 측우

2) 장기인. 『목조』, 203쪽.

〈그림 4-29〉 불쌍한 첨성대

기 등등. 측우기는 정말 웃긴다. 아무거나 곧바른 통을 세워놓으면 비 온 양을 누구나가 깊이를 재서 측정할 수 있다. 일차원적인 도구가 발명품이라니? 단세포적인 한국 역사학자들의 작품이다. 다만 세종대왕이 왕립 규격품을 만들어 전국에 보급했다는 점은 조금이나마 헤아려줄 수 있을 것이다. 이해는 간다. 일본 식민지하에서 독립하면서 무언가 우리가 위대한 민족이었다는 것을 내세우기 위하여 우격다짐으로 만든 얘기가 창피하게도 지금도 버젓이 애들 교과서에 실려 외워서 시험 보게 되어 있다. 식민지 역사를 아직도 극복하지 못한 바보교육에 다름 아니다. 첨성대, 동양 최고의, 즉 제일 오래된 천문대라고 역시 외우면서 시험 봤다(그림 4-29). 보자. 첨성대 돌은 겉만 번드르르하게 가공했지 속은 삐죽삐죽한 미가공 상태 그대로다. 별을 관측하기 위하여 감옥과 마찬가지인 그 좁은 통 속에 들어간다는 것은 미친 짓이다. 더구나 꼭대기는 막혀 있었다. 산이 발달한 우리나라는 별을 잘 보려면 오늘날 소백산 천문대처럼

〈그림 4-30〉 마야 천문대
높은 기단에 원통과 돔형 천문대

산꼭대기로 올라가면 된다. 경주에서는 남산으로 올라가면 되었을 것이다. 국사책 어디에도 사람이 첨성대 어느 공간에서 어떤 자세를 취하며 관측했다는 사실적 언급은 전혀 없다. 서양 합리적 교육에 익숙한 외국인 관광객들은 질문을 잘한다. 만약 어떤 자세로 별을 관측했을까를 묻는다면 말문이 꽉 막힐 수밖에 없다. 마야문명의 천문대는

〈그림 4-31〉 인도 천문대 잔타르만타르 자이푸르
해시계와 특정 별 고도로 된 계단 외에 각종 정교한 장치들이 두루 갖춰져 있다.

오늘날 천문대와 마찬가지로 상부 원통 둥그런 돔으로 되어 있다(그림 4-30). 또한 인도의 천문대 잔타르만타르(그림 4-31), 실제 태양과 별을 관측했던 정교함에서 비교가 되지 않는다. 국사는 결국 세계 속에서 우물 안 개구리 국수주의적 바보 만드는 교육을 지금도 하고 있다.

그렇다면 우리는 무엇을 내놓을 수 있을까? 세계에 자랑할 가장 창의적 발명품으로 단연 '한글'만 한 것이 없다. 세종대왕이 중국은 물론 몽고, 서역, 인도까지 학자들을 파견하여 소리와 글자를 연구한 결과물이다. 오늘날같이 현대 과학이 발달한 시대에도 "연구란 어떻게 하는 것인가?"의 모범답안으로 세종대왕과 집현전 학자들을 본받아야 한다. 우리가 세계에서 인터넷 왕국이 된 것은 세종대왕의 숨은 공이 크다. 우선 휴대폰 입력기의 모음 단 세 개 'ㆍ' 'ㅡ' 'ㅣ' 이름 하여 천지인(天地人)의 초간편 방법이다. 미녀들의 수다, 미수다 TV 프로에 나오는 외국인들이 한글 입력의 절대 우수성을 인정했다. 천지인 방식이 2011.3.7일 휴대폰 입력 통일안으로 채택되었다는 보도가 나왔다. 같은 계열의 소리를 잘 분류하여 같은 모양으로 만드는 세계적 유례가 없는 과학적 글자다. 같은 계열 혓소리 ㄴ ㄷ ㅌ은 같은 모양에서 한 획씩 추가되나, 영어 알파벳으로 n d t 해봐야 아무 일관성이 없다. 입술소리 ㅁ ㅂ ㅍ, 잇소리 ㅅ ㅈ ㅊ, 어금닛소리 ㄱ ㅋ ㄲ, 홀로소리 ㅇ ㅎ 이보다 더 체계적이고 과학적일 수가 없다. 어렸을 때부터 한글의 우수성을 가르쳐야 하는데 우리 교육은 엉뚱한 것만 외우게 만든다.

각설하고, 나랏말이 중국 글자와 서로 맞지 아니하여 백성이 고생하는 것을 보다 못해 세종대왕이 위대한 한글을 창제하였다. 그런데 문제는 당시 선진국 중국을 숭상하는 유학자들의 격렬한 반대에 부딪쳤다. 결국은 한글은 언문 혹은 여자들이 쓰는 암클이라 하여 오랫동안 구석에 처박혀 있었다. 한글 반대의 대표적 인물이 최만리(崔萬理)다. 결국 조선 육백 년 역사는 세종대왕 패배의 역사이고 중국 사대주의 유학자 승리의 역사다. 만약 조선왕조가 망하지 않고 지금도 계속되었다면, 한글은 없다. 조선이 망하고 나서야 겨우 몇몇 한글 학자, 이를테면 주시경 선생에 의해 한글이 살아났고 독립신문도 나올 수 있었다.

자, 문제는 지금도 철석같이 쓰고 있는 한국 고건축 용어가 모두 목수들의 순우리말을 고리타분한 유학자들이 한자로 옮겨 적어놓아, 좋게 말해 이두식(吏讀式) 오류투성이의 언어로 되어 있다. 조선시대 각 시기 글 쓴 유학자에 따라 같은 것임에도 불구하고 각기 다른 표기를 한다. 마치 신라시대 이두처럼 어떤 때는 발음을, 한자로 어떤 때는 뜻을 한자로 옮겨서 제각각이다. 문제는 현재의 목조건축 전문가 학자들이 아무 생각 없이 굳이 학파라 할 것도 없지만 집단별로 마구잡이로 이것저것을 쓰고 있다는 것이다. 나중에 알고 보니 같은 것인데 책마다 용어가 달라서 공부하는 학생들의 고생이 이만저만이 아니다. 현재 고건축 용어라는 것은 옛 순우리말, 뜻 번역 한자, 소리 번역 한자, 뜻+소리 합성 한자, 현대 목수들이 집단별로 단편적으로 이어온 말, 현대 학자들이 창안한 용어들이 뒤죽박죽으로 섞여 있다. 학회라는 데의 임무는 초보적 용어는 통일시켜야 하는 것임에도 불구하고 직무를 유기하고 있다. 하나하나 짚어나가기로 한다. 참고로 구한말 일본에 대항한 의병장에 유일하게 양반 아닌 상것 출신 신돌석이 나온다. 강원도 경상북도에서 일본군을 공격하며 싸웠다. 돌석 한자 '乭石', 돌 石 자 밑에 ㄹ 자 넣은 '乭' 자는 원래 한자에 없는 우리가 만든 글자다. 마치 '우물 井' 자 가운데 점 찍으면 무슨 글자냐의 퀴즈 답이 '퐁당 퐁' 자라는 것같이. 짐작컨대 우리말 '돌쇠'를 유학자가 그리 표기한 것으로 보인다. 고서에 나오는 한자로 된 목구조 건축용어는 상상력을 최대로 동원한 해석이 필요하다.

다시 도리로 돌아와 한자 표기 道里나 道理는 '길의 동네'나 '길의 이치'의 뜻과 아무 관계없는 뜻 없는 발음기호에 불과하다.[3] 우리말을 최만리 후예 조선 유생들이 한자 발음기호로 적은 것에 불과한 것을 오늘날 다시 한자로 옮긴다는 것은 할 필요가 전혀 없는 무의미한 짓이고, 더구나 일부 고건축 연구자들이 하듯 한자의 뜻으로 다시 풀이하는 것은 정말 미친 짓이다. 이 세상 모든 언어는 아무리 원시 언어라도 그 집단 내에서 사물과 사건을 정확하게 지칭하도록 되어 있다. 길 잃은 고건축 용어, 정말로 정비가 시급하다. 학문하는 데 있어서 기초 용어가 혼동된다는 것은 학문이 저급한 갓난아기 유치한 단계에 머물러 있다는 것과 다름 아니다. 한국 고건축 용어는 거대한

---

3) 목조건축 연구자 1세대인 장기인 선생도 "도리(道理)도 차음자로 표기한 것이며 한문자 자체의 뜻은 없다"는 것을 분명히 알고 있었다. 『목조』, 203쪽.

누더기 쓰레기통 속에 들어 있다. 하루빨리 쓰레기통을 비우고 깨끗이 일목요연하게 정리해야 하는 것이 3세대 후진들의 몫이다.

'도리'는 '돌다'의 어근을 갖는다. '도리'는 옛말 사전에 의하면 차축에 끼우는 쇠 '굴대'이다. 즉, '돌이'이다. 타작도구 '도리깨'도 같은 어원이다. 도리는 별도로 사각형으로 가공하는 수고 없이 원형 단면 생긴 그대로의 통나무를 쓰는 것이 유리했을 것이고, 경사지붕에 그대로 둔다면 굴러 내렸을 것이므로 '돌'의 어근을 갖는 것으로 추정한다. 중종 때의 한자 학습서 훈몽자회(訓蒙字會)에 도리를 '돌보' 힝(桁)으로 설명한다.4) 그런데 고건축 용어에서 원형 단면 도리를 '굴도리' 사각 단면을 '납도리'로 부르는 것이 정설로 되어 있다. 납도리의 '납'은 지금은 잃어버렸지만 '도리'와 같은 옛말이다. 한자사전에 '납 름(檁)'의 훈이 '납'이고 '옥상횡목(屋上橫木)', 즉 '집 위 가로지른 나무', 곧 도리의 뜻으로 풀이하였다.5) 도리의 한자 표기는 중국에서 '름(檁), 형(桁), 단(槫), 동(棟)' 등 여러 글자가 시대별로 또는 혼용되어 쓰였다.6) 중국 도면의 '름'은 사각이 아닌 원형 도리이다. 납은 도리와 똑같은 말이지, 납이 사각 단면 도리를 뜻한다는 말은 결코 없었다. 만약 '납'이 '납작하다'의 '납'이라면 목부재는 단면을 곧추세워야 힘을 받는 원리에도 어긋나서 성립할 수 없다. 도리의 고어 '납'이 어느 사이엔가 목수들 사이에서 도리의 원뜻은 사라지고 도리 앞에 붙어서 사각 단면 도리로 잘못 부르지 않았나 추측되고, 더 확인해야겠지만, 목수와는 상관없이 오히려 1세대 연구자들이 오해하여 잘못 붙인 명칭일 가능성도 크다.

---

4) 훈몽자회 예산문고본.

5) 『四聲通解』(下 74), 남광우 편저, 『敎學古語사전』, 교학사, 1997, 412쪽.

6) 李允鈺 『華夏意匠』, 이상해 외 역, 『중국 고전건축의 원리』, 시공사, 2000, 496~503쪽 도면을 보면 도리를 송 시대 단, 청 시대 형, 시대 구분 없이 름으로 표기하고 있다.

장기인 선생의 『한국건축사전』에 '납도리'를 방형 도리, '굴도리'를 원형 도리로 분명히 구분하고 있다.[7] 당연히 3세대 김왕직 교수도 『한국건축용어사전』에서 그대로 따라 하고 있다.[8] 1세대가 잘못 제정하여 마치 철칙처럼 굳어진 현재 교과서는 하루빨리 고쳐져야 한다. '납도리'는 '도리·도리'의 두 번 반복이 된다. 우리도 모르는 사이 짝짜꿍을 하고 있는 것이다. 현재 원형 단면을 지칭하는 '굴도리' 용어 역시 '구르다·돌다'의 이중 표기가 된다. 따라서 굴도리, 납도리의 어원을 잃어버린 전문가 방언 용어를 폐기해야 할 것이다. 대신 '원형 도리', '사각 도리'로 뜻도 분명한 현대어로 부를 것을 제안한다.

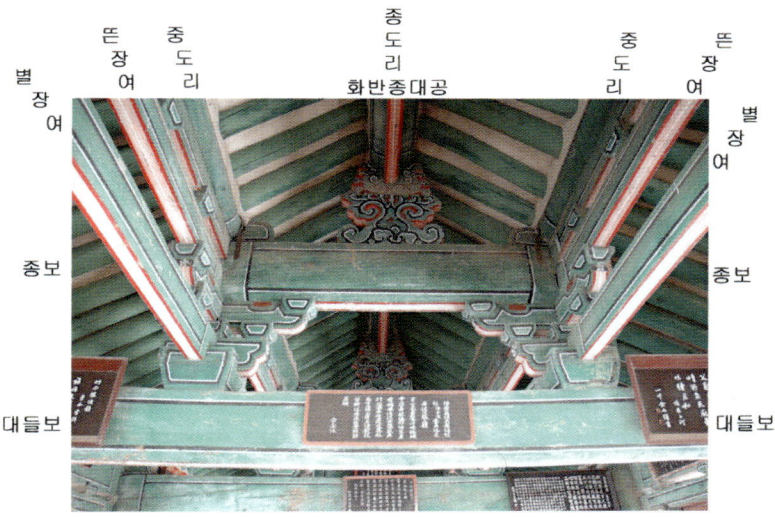

〈그림 4-32〉 죽서루 목구조틀

7) 장기인, 『한국건축사전』, 97쪽. 김동현, 『한국목조건축의 기법』, 212쪽. 윤장섭, 『한국건축사』, 233, 243쪽. 신영훈·김동현, 「목조건축의 부재와 결구」, 190쪽.

8) 김왕직, 『알기 쉬운 한국건축용어사전』, 156쪽.

나라의 재목이 될 젊은이를 '동량(棟梁)'이라 부르는데, 곧 건물의 꼭대기 종도리 '동'과 대들보 '량'이다. 종도리, 일명 마룻도리의 고어는(古語) 'ᄆᆞᄅᆞ'이다. '마루'는 판장 깐 바닥 뜻도 있지만 으뜸, 근원, 꼭대기의 뜻이 있다. 용마루는 지붕 밖에서 본 명칭이다. 죽서루 실내 내부에서 천장 쪽으로 올려다보면 한눈에 구조가 다 파악된다. 통 굵은 대들보가[大樑] 우람하게 기둥마다 수평으로 좍 가로질러 가고 그 위에 짧은 종보가 올라가 천장 속 삼각형 공간을 형성한다(그림 4-32).

천장을 올려다보면 보에 직교하여 도리가 짜여 가장 중요한 구조틀을 만든다. 그림의 앞뒤 방향을 도리가 뻗어 있어서 '도리통'이라 부른다. 제일 꼭대기에 종도리가 죽 관통한다. 꼭대기를 의미하는 마루 종(宗)의 '마루도리'라고도 한다. 그 좌우 아래에 중도리가 관통하여 삼각형 천장틀을 만든다. 대들보 위에 높이차가 있는 종보를 올리기 위해 대공을 포로 짜서 포대공을 만든다.

〈그림 4-33〉 화반종대공

종도리와 중도리에 서까래가 촘촘히 걸려 있다. 지붕 경사를 만들기 위해 천장의 서까래는 한 번 꺾인다. 종도리와 중도리 사이의 지붕 정상부의 삼각형은 급한 경사의 짧은 서까래(短椽)로, 중도리와 바깥 주심도리는 보다 완만한 긴 서까래(長椽)가 나란히 놓여 천장을 받쳐준다. 대들보+종보+화반대공의 조합은 기둥마다 겹쳐 반복되어 입구에서 보면 장관을 이룬다.

제일 꼭대기 종보 위에 꽃무늬 화반종대공이 종도리를 화려하게 받치고 있다(그림 4-33). 죽서루 누정은 전체적으로 그다지 화려하지는 않은 건물이다. 딱 한 군데 천장의 가장 높은 정점에 집중적으로 화려한 장식을 넣는다.

〈그림 4-34〉 제일 간단한 사다리꼴 판대공. 안성향교

구조 기능적으로는 꼬마기둥 동자기둥이나 아니면 사다리꼴 판대공으로 단순히 받쳐주기만 하면 된다(그림 4-34). 그러나 죽서루 화반종대공에서는 기본으로 제일 바닥에 있는 작은 싹에서 시작하여 넝쿨이 위로 위로 점진적으로 뻗어나가 최종적으로 화려하게 만발한다(그림 4-35).

넝쿨 뻗어나간 무늬를 한국 미술사에서 당나라 풀 무늬라는 뜻 '당초문(唐草文)'이라 호칭한다. 우리가 붙인 것이 아니라 식민지 시대 일본인들이 붙여준

〈그림 4-35〉 화반종대공 넝쿨무늬 뻗침

사이비 명칭이다. 문명 전파상 최후진국이었던 일본은 좋은 것은 무조건 당나라 것, 唐樣(가라요우)로 불렀다. 세계는 동서양을 넘어 서

로 통한다. 로마에서는 포도넝쿨이었고 중동에서는 종려 나뭇잎 '팔메트'라 불렀고 우리는 '인동초무늬'라 했다. 그리스, 로마는 물론 페르시아, 인도 문명에서도 기본 문양이었다. 일제 식민지 학문을 검증하지 않고 그대로 이어받은 대부분 한국 미술사학자들이 여전히 일본 명칭 당초문이라고 철석같이 부르고 앉아 있는 것은 정말로 통탄스럽다. 강우방 원로 미술사학자는 고구려 고분벽화에서부터 회화 조각 공예를 거쳐 우리 한국 목조건축의 전반적 장식까지를 망라 검토하여 신령스러운 기운 무늬 뜻의 '영기문(靈氣文)'으로 지칭하는 금세기 동서양을 통틀어 획기적 연구를 해내었다.[9] 건축쟁이도 이제는 그의 연구를 반드시 읽어보아야 한다. 필자를 포함하는 건축쟁이는 오랫동안 공학교육 전통 아래서 나무를 나무로만 보는 유물론자의 함정 속에 빠져 있다. 동서고금 모든 문명은 무엇을 표현하기 위한 수단으로서 당시의 소재를 이용할 뿐이다. 넝쿨의 소재가 어떤 때는 포도, 어떤 때는 야자 잎, 어떤 때는 인동초 등 다양하게 나타난다. 개개 풀 넝쿨로 뻗어나간 자체 장식을 넘어 그 속에 들어 있는 의도된 정신이 중요하다고 본다. 한국건축 목구조의 나무는 단청 문양이 되어 신령한 기운을 표현하고자 했다. 생각해보면 거슬러 올라가 옛 시대에는 온전한 하나의 통일된 마음으로 집을 지었을 것이나, 오늘날 소위 각 전문분야에 따라 그림, 조각, 건축을 따로 떨어뜨려 보고 또 당시의 이념과도 동떨어지게 사물의 형상만 보게 된다. 나무만 보고

---

9) 강우방 교수의 영기문 연구의 완성은 『한국미술의 탄생-세계미술사의 정립을 위한 서장』, 솔출판, 2009 이다. 그에 대한 필자의 서평이 있다. 「서평 『한국미술의 탄생』」, 『건축역사연구』, 2008.10. 145~148쪽. 또 한국건축역사학회에서 「한국 목조건축 형태적 기원과 상징」, 2004.6.의 한국건축역사학회 춘계학술발표를 했고, 필자의 논문이 있다. 이희봉, 「강우방 교수 논문, '고구려 벽화의 영기문과 고려 조선 공포의 형태적 상징적 기원'에 대한 독후 소감」, 『건축역사연구』, 2005.12. 311~316쪽.

숲을 보지 못하는 현대 전문가 병이 깊다. 지금까지 한국건축 연구는 예외 없이 목조건축을 나무 쪼가리로서만의 반신불구의 상태로 연구해왔다. 실측단면도 입면도에는 외곽 윤곽선만 있고 안에 문양 그림은 일체 없다. 그러다 보니 건축 전문가라는 학자들이 오해를 한다. 나무를 먼저 잘라놓고 그다음에 단청쟁이를 불러 문양을 그려 넣고 칠하게 한 것으로. 그런데 한번 생각해보자. 종이도 아닌 나무를 왜 힘들게 올록볼록 오려내어 잘라냈을까? 죽서루 화반종대공에서 보듯 소기의 목적을 위한 넝쿨 문양이 먼저이고 그에 맞춰 윤곽 나무 자르기를 한 것뿐이다. 건축쟁이들이 무생물 나무만 들여다보니 온 정신작용의 집합체 집이 제대로 보일 리가 없다.

여기서 강우방 선생의 이론을 바탕으로 건축을 설명하기로 하자. 제일 기본은 '영기의 싹'이다(그림 4−36). 고사리처럼 도르르 말린 나선 형태가 제1 영기 싹으로 우주 생명의 기본이 된다. 모든 식물의 탄생은 점으로부터 회전하며 성장하여 잎으로 나오고 사람을 포함한 모든 동물은 알에서부터 머리를 중심으로 웅크린 상태로 마치 신라 왕관의 곡옥(曲玉) 장식모양으로 성장한다. 나선 외부에서 팔이 하나 뻗쳐 나와 제2 영기 싹이 되고, 다시 두 개의 갈라진 틈으로부터 제3 영기 싹 봉오리가 삐죽 내민다. 앞서 그린 죽서루 종대공처럼 복잡한 모든 넝쿨 문양의 기본 소자인 셈이다. 고구려 고분벽화에서 찾아낸 이 문양 원리는 한국 전통건축에서 가장 중요한 포작의 살미 모양을 결정하고 쇠서라 일컬어지는 뻗쳐 나온 촛가지도 제2 영기 싹에 다름 아니다. 그동안 일본인들이 이름 붙여 한국 학자들도 따라한 소위 '쌍 S 자 중괄호'의 뾰족한 끝은 갈라진 틈으로부터 삐죽 내민 제3 영기 싹 연 봉오리가 된다(그림 4−37). 건물 내부 내출목에서 천장 꼭대기까지

〈그림 4-36〉 넝쿨 내뻗침 영기 싹
제1, 제2, 제3 영기 싹

〈그림 4-37〉 연 봉오리

뻗어가는 넝쿨무늬는 무생물 나무로 된 부처님이나 왕의 집에 생명 기운을 불어넣는 작용을 한다. 문양은 문양이 아니라 생명이 된다. 검소한 모양의 죽서루는 내부 천장 꼭대기 화반종대공에 화룡점정(畫龍點睛) 용 그림 마지막에 눈을 그려 넣어 생명을 불러일으켜 의장이 완성된다.

한국 목조건축 공포 살미 끝의 촛가지 사이 갈라진 틈에 나타나는 뾰족 내민 연꽃 봉오리를 아무 의미 없이 중괄호 '}'라거나 '화두자(華頭子)'라고 불렀다.[10] 일본인 부여 명칭 그리고 1세대가 따라 한 '쌍 S 자'는 넝쿨 영기 싹이 갈라져 나가는 형상에는 눈감은 채 나무 윤곽선만 보고 붙인 명칭에 불과하다. 뾰족 내민 제3 영기 싹의 실제 단청은 연꽃 봉오리와 똑같이 분홍색깔로 칠한다(그림 4-38). 연꽃 봉오리는 후에 연꽃으로 피어날 잠재태이며 정중앙 하단에서부터 피어나는 화반종대공 전체 문양의 근원 샘이 된다. 화반대공을 파련(波蓮)대공이라고도 한다. 파련, 즉 '물결치는 연꽃무늬' 뜻인데, 물에서 솟아난 연꽃은 알다시피 수직으로만 올라가지 넝쿨식물이 아니다. 이 식물은 넝쿨과 연꽃이 합성된 상상 속의 식물이다. 넝쿨 내뻗침이야말로 건축에서 가장 중요시 여기는 쇠서, 촛가지, 살미, 익공 등등으

---

10) 윤장섭, 『한국건축사』, 동명사, 1973, 234쪽. 한자 뜻은 '꽃 머리', 즉 꽃봉오리를 가리킨다.

〈그림 4-38〉 연속 뻗어나가는 넝쿨무늬와 갈라진 틈새의 뾰족한 연 봉오리와 피어나기 직전으로 뻗어나간 연 봉오리와 밖으로 내뻗친 촛가지. 삼척 영은사 포작. 강화 전등사 약사전 포작

로 다양하게 부르는 결과물로 나타난다. 문양에 맞춰 나무를 오려낸 것이다. 또한 화반(花盤: 꽃받침 무늬), 안초공(按草工: 풀 무늬), 초엽 (草葉: 풀 이파리), 파련대공(波蓮臺工: 물결 연꽃무늬), 운공(雲工: 구름 무늬), 익공(翼工: 새 날개 모양) 화염문(火焰文: 불꽃 무늬) 등등 다양 하게 부른다. 모든 것은 같은 내용이 다양한 표현으로 외부로 나타남 에 불과하고 관찰자에 의해 다르게 인식됨에 불과하다. 실제 대공 모 양을 파련, 화반, 운공으로 형태 구분하는 것은[11] 구분도 어렵거니와 전혀 불필요한 구분이다. 선불교 우화에 달을 가리켰더니 달은 보지 않고 손가락만 보더라는 내용과 다르지 않다.

천장 속에는 단면도 그림에서 보듯 기와 사이에 두툼하게 흙을 넣 는다. 잠열이 큰 흙 덕택에 여름에 직사광선이 쪼이더라도 한옥 기와 지붕 밑은 언제나 시원하다. 반대로 겨울에는 단열효과가 크다. 단원

---

11) 김왕직, 『한국건축용어사전』 163쪽. 각각 대공 형태를 구분 설명하고 있으나 구분 자체 설명이 모호할 수 밖에 없다.

〈그림 4-39〉〈기와 얹기〉, 김홍도
흙 반죽덩어리와 기와를 던져 올린다.

김홍도의 〈기와 얹기〉 그림에 아래에서 기왓장을 던져 올리는 재미있는 장면과 함께 호박만 하게 빚은 흙 반죽을 망태기에 넣어 밧줄로 올리는 장면이 그려져 있다(그림 4-39).

도리는 단면이 보통 원형이므로 그 아래 반드시 좁은 사각 단면의 '장여'로 받쳐준다. 일명 '장혀'는 조선시대 유학자들이 우리말 발음을 이두식 한자 표기한 '장설(長舌)'의 현대 한글 재번역 오류이다. 장혀의 한자 뜻 '긴 혓바닥'으로 설명할 수 있는 분, 나와 보시라. 혓바닥은 아무 지칭하는 의미가 없다. 대한민국에서 장여의 뜻을 아는 사람은 아무도 없다. 그래서 필자는 어원학적 추정을 한다. 큰 돌 밑에 작은 돌을 고여 받치는 것을 '쟁이다'로 부른다. '쟁이다'는 사전에서 '차곡차곡 포개 쌓다'로 나온다. '쟁이다'의 다른 표기 '장이다'에서 '장여'가 나온 것으로 추정한다. 도리 밑에 장여가 반드시 결합하는 이유는 굵은 도리를 손바닥같이 생긴 작은 '소로'로 잡을 수 없기 때문이다. 굵은 도리를 밑에 가늘게 만든 장여로 고여 받쳐서 소로 속에 쏙 집어넣어 잡아준다. 도리+장여 결합 단면은 꼭 열쇠 구멍처럼 생겼다(그림 4-40).

뜻 없는 발음기호 '장여'를 한자 뜻으로 풀이함은 정말 곤란하다.

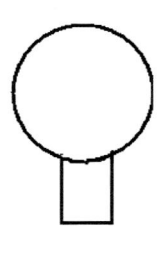

〈그림 4-40〉
도리+장여 단면

장은 한자어 '길 長'과는 아무 상관이 없다. 부석사 무량수전이나 수덕사 대웅전같이 초기 주심포 건축에서 포작 폭만큼의 짧은 장여를 '단(短)장여'라 부른다. 그러다 보니 도리 전체를 받치는 긴 장여를 할 수 없이 '통(通)장여'라 부른다. 그런데 김왕직 교수는 마치 장여의 '장' 자가 길다는 의미로 오해하여 '장여'와 '단여'로만 구분하여 보자고 주장한다.[12]

'짧은 장여'의 '단장여'는 있을 수 있지만 '단여'라는 말은 결코 있을 수 없는 말이다. 다시 강조하지만 '장여'의 한자 표기 '長舌'은 길다는 한자 뜻과는 전혀 무관하게 지어졌다는 것을 잘 모르는 데서 비롯된 주장이다.

중도리 밑 장여 아래에 대들보와 직교하여 사각 단면의 장여와 같은 긴 부재가 2개 더 있다. 이름 하여 뜬장여 (혹은 별장여)로서 높이 차를 조절하면서 도리 보조 구조재 역할을 한다. 시각적으로 길이 방향으로 시원하게 쌍 직선이 좍 뻗어 가로지른다.

이렇게 속이 훤히 다 보이는 천장을 관행적으로 '연등천장'이라 부른다. 죽서루 7칸 천장은 양 끝 칸을 제외하면, 가운데 5칸 중 4칸이 속이 훤히 보이는 '서까래노출천장'이다(그림 4-41). 보와 도리의 구조재도 있지만 촘촘한 서까래가 눈에 제일 많이 들어온다. 일명 북한에서도 부르는 '통천장', '삿갓천장'의 우리말이 훨씬 더 알기 쉽다. 여기서 억지 한자 이두식 합성용어 '연등천장' 용어를 보자. '서까래 연(椽)'은 알겠는데 '등'은 무슨 등인지 어디서 왔는지 잘 모르겠다. 장

---

12) 김왕직, 『한국건축용어사전』, 159쪽.

〈그림 4-41〉 서까래노출천장 올려다봄. 중앙 종도리에 촘촘히 걸려 있는 서까래. 좌우 대들보,
상하 중도리 아래 별장여

기인 선생은 『한국건축사전』에서 등을 등짝 '배(背)'로 보고 한자어 '연배(椽背)천장'으로 표기하기도 한다.13) 하루빨리 학계에서 고리타분한 죽어버린 고건축 용어를 뜻이 닿는 쉬운 현대의 용어로 바꾸어야 할 것이다. 윤장섭 선생은 최초 한국건축사 교과서에서 연등천장을 '철상명조(徹上明造)'라고 지칭한다.14) 예전에는 이 말이 무슨 뜻인지 몰랐었는데 알고 보니 중국 용어였다.15) 위로 뚫어 훤히 다 보이게 만든다는 뜻이다. '철(徹)'이 '통하다, 뚫다, 훤하다'의 뜻을 가지고 있으므로 '통천장'과도 잘 통한다. 필자는 연등천장이라는 반신불수의 전문가 방언 대신 '통천장' 혹은 서까래를 살려 '서까래노출천장',

---

13) 장기인, 『한국건축사전』, 115쪽.

14) 윤장섭, 『한국건축사』, 167, 169쪽.

15) 리원허, 325쪽.

줄여서 '서까래천장'으로 쉬운 우리말로 부를 것을 제안한다. 서까래 사이 보이는 면은 보통 고운 붉은색 흙 마감으로 하나 죽서루는 더 고급으로 흰 회반죽 마감한다.

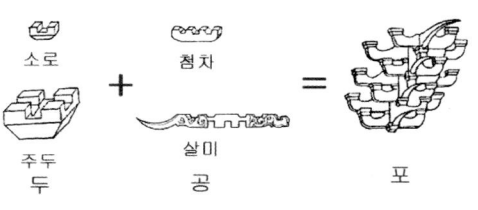

소로

첨차

주두
두

살미
공

포

〈그림 4-42〉 두공 그림

한국건축의 특징은 멀리 뻗어나간 깊은 처마에 있다. 비가 들이치거나 햇볕 내리쬐는 것을 막아주는 것이 일차 목적이다. 팔작지붕은 네 방향으로 처마가 뻗어나간다. 한쪽 끝은 기둥에 고정되고 다른 끝은 자유롭게 내뻗은 구조물을 구조역학에서 '캔틸레버(cantilever)'라 한다. 우리말로 '내민보'가 적합할 것이다. 처마가 나간 데다 더 멀리 나가기 위해 겹처마로 만든다. 마치 여자들 홑치마보다 주름 겹치마처럼 보다 더 화려해 보이게 하는 것이다. 지붕 아래 홑처마는 둥근 서까래가 뻗어나가고 그 위는 사각 단면 서까래 부연이 겹처마를 받아준다.

한국 목조건축의 가장 큰 구조적 특성은 이와 같이 처마가 많이 뻗어나가기 위해 기둥에서 한 번 더 나가 잡아주는 역할을 하는 '공포'에 있다. 공포는 '포작' 또는 간단히 '포(包)'라고 부르는 작은 부재들이 결합한 한 세트의 구조물이다. '두공(斗栱)'이라고도 한다(그림 4-42). 기둥 위 주두와 주두 새끼 모양의 소로는 쌀 됫박처럼 생겼다고 '斗'라 하고 받치는 판재를 '栱'으로, 즉 '포'는 '두+공'의 됫박과 판재의 조합으로 이루어진다. 판재 '공'은 건물 평행 방향 부재 '첨차'와 건물 앞뒤 방향 부재 '살미'의 열十 자 조합으로 이루어진다. 지붕의 모든 무게는 기둥으로 전달되어야 한다. 기와를 잔뜩 이고 있는 처마는 무거워서 기둥머리를 중심점으로 하여 밑으로 처지려고 한다.

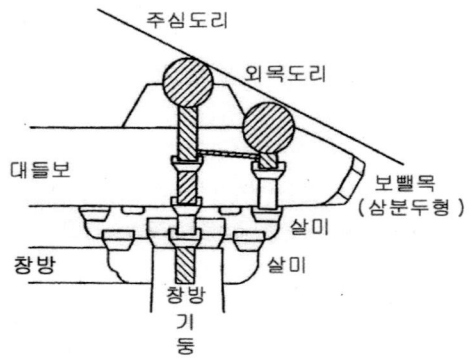

주심도리
외목도리
대들보
보뺄목
(삼분두형)
살미
창방
살미
창방
기둥

〈그림 4－43〉 포작 단면도
아래 살미를 헛첨차라고도 한다.

〈그림 4－44〉 포작－서까래－부연 겹처마

손을 멀리 내뻗어 잡아주는 것이 유리하다(그림 4－43). 전문 건축 구조역학에서 휨모멘트로 표시한다. 포작은 힘을 받기 위한 구조물이지만 한편으로는 한국건축을 볼 때 제일 잘 보이는 처마 밑을 형성하므로 보기 좋게 만들어야 한다. 그래서 나무를 온갖 모양으로 꾸미고 단청을 칠한다(그림 4－44). 세계 건축역사에서 건축물 형태는 언제나 건물이 무너지지 말고 힘을 견디고 서 있어야 하는 '구조'와 동시에 보기 좋게 또 의도된 의미를 전달해야 하는 '장식'의 둘을 한 몸에 지니고 있다. 이것이 바로 건축물 감상 기본요소이다.

목구조 건축에서 처마가 멀리 뻗어나가기 위해 반드시 포작을 만들어 내민보 캔틸레버로 해야 하는 것은 아니다. 한중일 목구조 방식은 한 뿌리에서 진화해 나왔으므로 같은 방식이다. 그러나 네팔을 가보았더니 목구조로 우리와 같이 멀리 뻗어나간 깊은 처마를 만드는데, 전혀 다른 방식이다. 멀리서 보면 귀솟음의 곡률만 없는 직선 처마일 뿐 우리 목조건축과 별반 차이가 없어 보이나 가까이 가보면 방식이 전혀 다르다. 깊은 처마 지붕의 무게를 뭐 복잡한 포작 필요 없

〈그림 4-45〉 깊은 처마의 전혀 다른 목구조 방식. 네팔 파탄

이 45도 일자로 된 버팀목으로 받치는 간단한 구조로 잘 지탱하고 있다(그림 4-45). 압축력만 받는 처마 밑 버팀목은 정교한 조각을 하여 장식한다. 이 단순한 구조 방식은 우리처럼 오랜 세월이 지나 처마가 처질 걱정을 안 해도 되는 우수한 구조이다. 네팔 도시 파탄의 다바르 광장의 이 건물은 불교 탑처럼 보이나 사실은 힌두교 사원이다. 깊은 처마라는 공통의 목적을 위해서도 진화의 방식에 따라 이 세상에 전혀 다르게 나타남을 볼 수 있다.

죽서루는 각 기둥 위에서 대들보가 쭉 빠져나와 '보뺄목'을 형성한다. 나무 위아래를 탁탁 쳐서 삼각형 모양 끝을 갖는데, 세 번 탁탁 쳐 자른 머리 뜻의 '삼분두(三分頭)형식'이라 부른다(그림 4-46). 기둥 바깥으로 보뺄목 위 외목도리를 걸어 처마 서까래를 조금이라도 더 바깥에서 받쳐주어 처마가 주저앉으며 회전하려는 힘을 더 견디게 만든다. 기둥 중심에서 살미의 소로가 두 눈금 밖으로 나가서 '출목첨차'가 외목도리를 받아주므로 '2출목(出目)' 나갔다고 부른다. 기둥주두 위 포작이 형성된다.

죽서루 실측조사보고서에 보면, "기둥머리에 보 방향으로 '소첨차'를 결구하고 주두 위로 도리 방향, 보 방향, 양 방향으로 '대첨차'를 직교하여 짜 맞추었다"고 나온다.[16] 여기에 과연 한국건축사가 제대로 된 학문이 맞느냐 하는 심각한 문제가 들어 있다. 부재의 호칭이 통일되어 있지 않고 학자마다 제각각이다. 학자들이 서로 모이는 학회에서는 통일시키려는 노력도 없다. 명백한 직무유기다. 전문가 학자들은 서

〈그림 4-46〉 포작 외부
위에서부터 3분두형식 보뺄목, 외목도리를 받치는 행공첨차.
소로 기준 2출목 나간다

로 다른 용어로 말해도 그게 무엇을 얘기하는지 알므로 의사소통에 별로 불편을 느끼지 않는다. '바담 풍' 해도 '바람 풍'으로 서로 알아 듣는다. 문제는 대다수 학생이다. 교과서마다 서로 다르게 씌어 있어서 혼란의 극치이다. 교수도 문제다. 어떤 것을 채택하고 어떤 것을 배제할 것인가, 아니면 하나의 부재를 놓고 서너 가지 명칭을 학생으로 하여금 습득하게 해야 할 것인가? 교수의 문제는 이러한 불편한 진실을 모른 척한 채 과거 수십 년간 또 앞으로도 계속 반복할 것이라는 점이다. 학생들에게 고문을 행하고 있다. 아니 어찌 보면 소기의 목적은 달성했다. 즉, 한국건축은 무지하게 어려우니 함부로 범접하지 말지어다 하는 기득권 방어에는 대성공했다. 학문에서 본격적인

---

16) 『삼척 죽서루-정밀실측조사보고서』, 1999, 80쪽.

내용이 아니라 지칭 용어가 서로 달라서 혼동을 가져온다는 것은 지극히 후진적인 학문, 아니 학문도 아니다. 왜 이런 일이 벌어지고 있는가, 그 원인을 한번 보자. 해방 후 일본인들이 가고 나서 몇몇 1세대 연구자들이 각각 제 나름으로 연구했다. 기존 일본인들이 물려준 설에다가 한자로 된 고전 조선시대 설계자료집성인 의궤(儀軌)를 찾고 그리고 대목수들의 작업 용어를 받아들여 조합하였다. 여기까지는 잘못된 것이 하나도 없는 개척자 1세대의 지대한 공로이다. 문제는 그다음이다. 이분들이 각자 자기식 연구 업적을 쌓았는데 문제는 그 제자들이다. 한국건축역사학회가 학회 논문집 1호가 1992년에 나왔으니 태동한 지 20년이 된다. 학문을 하려면 각자의 소굴에서 나와 교류를 하고 소통을 해야 하는데 다른 말로 하면 비교하고 검증하고 부딪쳐서 더 타당한 것을 가려내서 하나의 체계를 세워야 하는데 전혀 그렇지 못했다. 이론으로 무장된 학파도 아닌 것이 다만 우연히 어느 문하에 들어가서 공부했다고 그냥 그들 집단의 용어를 각자 그들 멋대로 쓰고 있다.

그러면 하나하나 보기로 하자. 첨차는 건물 평행 방향, 즉 도리통 부재만 첨차라고 부르는 큰 원칙이 하나 있다. 그러므로 외부로 돌출된 소첨차는 첨차가 될 수 없다. 건물의 직교 방향, 즉 보 방향 부재는 '살미'로 부르는 원칙이 또 하나 있다. 따라서 위 살미, 아래 살미로 호칭하면 된다. 아래 살미는 1세대 몇 연구자들이 '헛첨차'로 호칭해놓았다. 즉, 기둥머리 주두 아래 창방 위치에서 밖으로 돌출한 부재를 헛첨차라 한다. 수덕사 대웅전 헛첨차가 유명하다. 근래 신진 연구자 가운데 건물 직교 방향인 헛첨차는 첨차가 아닌 살미여야 하고 따라서 '헛살미'로 불러야 한다는 주장이 일리가 있다.[17] 장기인 선생은 직교 방향은 첨차가 아닌 원칙을 살려 초새김을 하지 않은 밑동 둥근 뜻의 '교두형 살미'로 부르고 있다.18) 기존 연구자들의 호칭은 혼란의 극치다. 그깟 용어 하나 통일 못 시키는 못난 선배들의 잘못으로 인하여 배우는 학생들에게는 고역이 아닐 수 없다. 그런데 또 문제는 살미를 '제공'이라고도 불러서 머리를 돌게 만들 지경이다. 한 자도 참으로 가지가지다. 諸貢, 齊工, 提栱 등등. 한글 발음 '제공'을 유생들이 한자로 각자 자기 멋대로 받아 적은 결과일지라. 살미나 제공의 우리말 어원은 전혀 짐작조차 못 하겠다. 혼란이 극에 달한다. 다시 말하지만 조선시대 유생 학자들은 물론 목조건축 전문가가 아니었고 다만 목수들이 우리말을 편한 대로 이두식 한자로, 어떤 때는 음을, 어떤 때는 뜻을 옮겨 적어서 중구난방일 수밖에 없다. 현재에 만신창이, 고전에서 근거를 명확히 가져왔다고 외쳐봐야 아무 의미가 없다. 살미의 끝은 보통 촛가지(일명 쇠서)로 뾰족하므로 죽서루 같이 밑둥 둥근 첨차 모양은 첨차의 이름을 살려서 '첨차형 헛살미'라고 부른다면 서로 상충된 주장들을 다 만족시킬 수 있을 것이라 본다. 어찌 되었건 교과서는 통일되어야 한다.

양 끝 칸을 제외하고 가운데 모든 기둥, 동서 각 5개씩 총 10개 기둥에는 이러한 '포작'이 올라앉는다(2W~7W와 2E~7E 기둥). 기존 학계 정설로서 이것을 형식 분류상 '주심포식'이라 한다. 한국의 아무 관광지 절이나 궁궐이나 향교에 가면 건물 앞에 서 있는 안내판에 "이 건물은 주심포식, 혹은 다포식, 또는 익공식으로서" 하고 반드시 나온다. 고건축 전문가들이 독점하여 일반인들이 알 수 없는 전

---

17) 김도경, 「한국건축 공포 연구의 문제점과 몇 가지 제안」, 한국건축역사학회 2002년 9월 월례학술발표회. 8쪽.
18) 장기인, 『목조』, 235쪽.

문가 방언을 남발하는 폐해가 작지 않다. 필자는 죽서루가 주심포식이라는 이 정설이 문제가 많음을, 아니 거의 사기 극수준임을 다음 7장에서 상세히 예증할 것이다.

죽서루 가운데 기둥들의 포

〈그림 4-47〉 익공. 남측 기둥

작은 모두 <그림 4-46>과 같은 모양이나 남북 양 끝 칸, 즉 남쪽 끝 4기둥, 북쪽 끝 3기둥 총 7기둥만은 다르다. 이름 하여 '익공식'이라 한다(그림 4-47). 포작을 따로 만들지 않고 주두 아래 기둥머리에서 넝쿨문양을 새긴 널빤지로 충량 보를 받쳐주면서 동시에 밖으로 내뻗는다. 조선시대 한자로 익공(翼工)이라 기록했으므로 현대 학자들이 날개 翼 자로부터 '새 날개 모양'이라고 닮지도 않은 한자 뜻풀이 억지 설명을 현재에도 계속하고 있다. 다시 강조하지만 '익공'은 뜻없는 발음기호에 불과하다. 익공의 원래 명칭은 입공(立工) 또는 엽공(葉工), 즉 풀 이파리 '잎공'이었다고 추정한다. '이파리'의 풀 초(草)자의 '촛가지'와 같은 말이었다고 본다. 죽서루에서도 익공은 새 날개가 아니라 넝쿨 풀 내뻗침이다. 제일 아래서 시작되는 덩굴 영기 싹은 그 위에 또 다른 두 번째 영기 싹이 갈라지고 그 틈새에서 뾰족한 영기 싹 연꽃 봉오리가 바깥쪽으로 아예 줄기까지 돋아 나와 있다. 그 바로 위에 제2 영기 싹이 밖으로 죽 내뻗친다. 그 촛가지가 바로 익공이다. 익공은 새 날개와 아무 관계가 없고 실증적으로 덩굴 사이에서의 풀 이파리 내뻗침이다. 익공이 하나 있는 초익공인데도 상부 충량 뺄목을 넝쿨 내뻗침 모양과 흡사하게 뾰족하게 깎아서 아래위 통일성을 주어 마치 이익공 같은 느낌을 준다.

삐죽 나온 촛가지 부재를 어느 사이엔가 대한민국 교과서에 쇠서라고 부르는 것으로 정착되었다. 조선 한자 표기 '우설(牛舌)'의 뜻 우리말이다. 혓바닥이 위로 올라간 간 것을 올라갈 仰의 '앙서', 밑으로 내려온 것을 내려뜨릴 垂 '수서'라고 한다. 학생들은 물론 일반인 자격 시험문제로 자주 출제된다. 죽서루 실측조사보고서에 '익공' 소절에서 "쇠서(牛舌)는 수서(垂舌)형이다"로19) 못 박혀 나온다. 자, 그런데 삐죽이 나온 모양을 대한민국에서 아무도 소의 혓바닥과 어떻게 닮아 있는가를 실증적으로 밝힌 것을 본 적이 없다. 위 그림에서도 분명히 풀 이파리가 죽 내뻗었는데 어찌하여 뜬금없이 소가 나오고 혓바닥이 나오는가? 귀신이 곡할 노릇이다. 기성세대 학자들은 전부 소의 혓바닥 모양이라고 강변한다.20)

'쇠서' 어원에 처음으로 의심을 품은 분이 3세대 연구자 이우종 교수다.21) 즉, 서까래의 고어가 '혀'이다. 우리 발음 '혀'는 '셔'와 서로 교환된다. 경상도 말에 "쎄가 빠지도록 일했다"는 말이 있다. 곧 혀가 빠지도록이라는 말이다. 필자도 그 후 고어사전을 찾아 고어 '혀=서까래'임을 확인하였다. 예를 들면 "ᄀᆞ음이 다 잇ᄂᆞᆫ냐 납 ᄆᆞᄅ '혀' 기동" 현대어로 번역하면 "감(재료)이 다 있느냐? 도리, 마룻대, '서까래', 기둥"이다.22) 다른 말로 하면 쇠서의 '서'는 이두식 한자 혀 설(舌)이 아니라 글자 그대로 서까래라는 말이다. 김동욱 교수의 "본래

19) 『삼척죽서루 실측조사보고서』, 106쪽.

20) 박언곤, 『한국건축사 강론』, 237쪽. 김동욱, 『개정 한국건축의 역사』, 168쪽. 장기인, 『목조』, 235쪽.

21) 이우종, 「고려시대 공포의 형성과 변천」, 서울대 박사학위논문, 147~148쪽, 2006년과 2006년 건축역사학회 춘계발표대회에서 전봉희와 공동발표, 「쇠서의 어원과 의미」에서 109~111쪽.

22) 고려 때부터의 중국어 학습서 『朴通事(박통사)』를 조선시대 한글로 풀어 쓴 『朴通事諺解(언해)』(下 12), 1667.

하앙이 있던 곳에 그 흔적만 남은 것"[23]의 추정에서 보듯 서까래 끝을 말함이다. 자, 학계에서 새로운 설이 등장하면 검토하여 부결하든가 아니면 기존 설을 폐기하든가 양자택일을 하여야 한다. 세월이 흘러가도 아무 일도 하지 않는다. 그 후 새로 나온 책도 여전히 쇠서에다 수서 앙서하고 있고 학생들에게도 그대로 가르친다. 안 될 일이다. 감히 말한다. 소 혓바닥 牛舌 쇠서는 아무 근거 없이 명백히 잘못 제정된 용어이므로 즉시 폐기하여야 한다. 대신 '촛가지'라는 좋은 우리말을 쓰도록 하자.

우리 학계가 얼마나 고리타분한가를 하나 더 들어보자. 죽서루 소위 주심포식 소위 헛첨차는 밑둥이 둥그스름하다. 첨차 끝 하단의 둥그스름한 마감의 민첨차형을 대한민국 일반인 아무도 쓰지 않고 뜻도 모를 어려운 한자 '교두형(翹頭形)'이라 학계에서 관행적으로 호칭한다(그림 4-48). '翹' 자는 한자사전을 어렵게 찾아보면 꼬리를 위로 들어 올렸다는 뜻이다. 사물의 명칭도 아닌 사물에 잘 맞지도 않는 고리타분한 형상묘사 용어가 여전히 21세기에조차 현대 학술용어로 관행적으로 통용된다는 것은 비극이 아닐 수 없다. 법조계와 마찬가지로 전문가 방언(jargon)을 필사적으로 지킴으로써 독점적 지위를 유지하려는 기득권 세력의 밥그릇 지키기에서 비롯된 것으로 본다. 사물과 일치하게 그냥 '밑둥 둥근형'

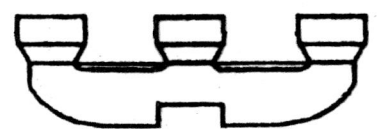

〈그림 4-48〉 위에 소로가 3개 놓인 첨차
뜻 모를 한자어 '교두형' 첨차라고 공식 호칭하나
'밑 둥근형'이라 부르면 족할 것이다.

23) 김동욱, 『개정 한국건축의 역사』, 168쪽.

〈그림 4-49〉 창방으로 둘러싸인 1칸만의 우물천장 칸

〈그림 4-50〉 북쪽 끝 칸 천장. 상부 눈썹천장과 하부 경사
서까래천장. 가운데 충량

을 줄여 '밑 둥근형'이라
불러도 충분할 것이다.

다시 천장으로 돌아와서,
전체 칸 천장은 서까래 노
출 통천장인 데 비해 특이
하게 북쪽 2번째 한 칸만
낮은 우물천장이다(그림 4
-49). 속 구조를 감추고 천
정(天井)의 사방 우물 井 자
모양 반자 뼈대를 만들고
그 사이에 반자 판으로 메
운다. 각 판에는 화려한 문
양을 그려 넣었다. 전체 7
칸 중 주인공이 앉는 가장
중요한 최상석 칸으로 판
단한다. 특히 건물 외곽으
로 기둥머리에서 기둥들을
연결하는 창방이 특이하게 이 한 칸만 실내 대들보 아래에 설치된
다. 다른 칸의 서까래노출천장에 비해 낮은 우물천장에 더하여 칸을
4방향 둘러싼 창방으로 인하여 더 '안'이라는 느낌을 준다.

남북 양 끝 두 칸의 천장은 측면 지붕경사에 맞춰 경사 서까래 천
장으로 되어 있다(그림 4-50). 팔작지붕 측면 합각부분 천장에서 흔
히 하듯 천장 꼭대기 삼각형 뾰족한 공간의 높이를 완화하고자 눈썹
천장을 둔다. 양 중도리와 외기도리가 결합하여 말 그대로 눈꼽재기

만한 천장을 만든다. 올려다 보면 눈썹천장의 그림 위쪽 외기도리 부분과 좌우 양 중도리 부분의 3면은 경사 서까래가 그대로 뻗어내려 오지만(그림 4−51), 양 귀 부분은 대각선 추녀를 중심으로 부챗살 모양으로 서까래가 딱 붙어 겹쳐져 돌아간다 (그림 4−52). 기존 전통건축 용어로 '선자연(扇子椽)'이라 한다. 알고 보면 선풍기에서의 부채 扇 자다. 현대 한국인이 아무도 부채를 '선자' 라 부르지 않는다. 용어도 고리타분한 선자연 대신 알

〈그림 4−51〉 북쪽 끝 칸 천장. 양 중도리+외기도리 결합 눈썹천장. 좌우상 3방향 평행 서까래와 양 귀 부챗살서까래. 가운데 충량 가로지름

〈그림 4−52〉 북쪽 끝 칸 부챗살서까래

기 쉽게 '부채살서까래'로 부르는 것이 좋을 것이다. 강조하지만 법률 용어를 그토록 쉬운 우리말로 바꿀 것을 숱하게 요구해왔지만 식민지 시대에 물려받은 일본식 한자 투의 관습이 지금도 그대로 유지되는 것은 판검사들이 일반 대중이 못 알아먹게 '전문가 방언'을 써야만 군림하는 특권이 유지된다고 생각하기 때문이다. 지금은 많이 나아지기는 했지만 절에 가면 수수께끼 같은 대웅전 설명 안내판의 한국건축 용어도 꼭 마찬가지다. 끝 칸 천장부분은 기존 정설인 기본 5칸에 나중에 끝 2칸을 달아내었다고 하는 '증축설'에 일조하고 있으므

〈그림 4-53〉 끝 칸 튀어나온 귓기둥 중심을 안기둥 외목도리로 연결

로 역시 7장에서 자세히 다룰 것이다.

한국 목조건축에서 특이한 죽서루만의 특징은 또 있다. 네 귓기둥이 다른 기둥보다 밖으로 약간 밖으로 튀어나와 있다는 것이다. 일렬로 늘어선 기둥들 상부 공포에서 두 눈금 나가서 외목도리가 처마를 받쳐주는데 끝 칸에서, 외목도리는 귓기둥의 정 중심에 꽂혀 다시 주심도리가 된다. 귓기둥이 일반 기둥과 외목도리를 매개로 결합하여 한 자 반, 45cm 정도 튀어나온 기둥이 된다. 가운데 5칸과 양 끝 칸은 외목도리 결합으로 절묘하게 한 몸체의 건물이 된다(그림 4-53). 그 이유는 7장에서 상세히 밝히기로 한다. 기대하시라.

〈그림 4-54〉 죽서루 우물마루

다음으로 마루를 보기로 한다. 전체 7칸 중 남쪽 1칸을 빼고 6칸만 마루이다. 남쪽 한 칸은 흙바닥이고 나머지 6칸은 우물마루이다(그림 4-54). 같은 건물 실내라도 남쪽 한 칸만은 실

<〈그림 4-55〉 마루 아래 마루틀. 장귀틀과 동귀틀>

외처리, 즉 퇴칸과 같은 처리를 한다. 우물마루를 짜기 위해서는 밑에 마루 구조틀이 있어야 한다(그림 4-55). 기둥과 기둥 사이에 굵은 큰 틀 '장귀틀'을 걸고, 장귀틀과 장귀틀 사이에 작은 '동귀틀'을 걸어 구조틀을 만들고 그 위에 널마루를 끼어 넣는다. 널쪽을 홈에 맞춰 옆으로 하나씩 밀어 끼워 넣는다.

경치 좋은 절벽 쪽의 서쪽과 땅 쪽의 동쪽 두 면은 기둥 밖으로 마루가 더 뻗어 자연 속으로 더 적극적으로 나아가는 효과를 주는 계자난간이다. 반면 짧은 쪽 측면 남·북쪽 두 면은 단순히 평난간으로 둘러진다. 고건축 용어 '계자(鷄子)난간'을 보자. 계자는 닭을 한자로 점잖게 표기한 것이다. 계자난간은 계자각(鷄子脚)으로 이루어진 난간이다. 계자난간은 난간 기둥이 닭다리처럼 생겼다고 이름 붙인 것이다. 계자난간은 곧 '닭다리난간'이다. 아무리 최만리가 살아 돌아온다고 하여도 현대 한국인이 '닭'을 '계자'라 부르는 사람은 아무도 없을

〈그림 4-56〉 계자난간 통해 내다보기. '제일계정' 현판 글씨가 보인다.

〈그림 4-57〉 죽서루
난간 닭다리 기둥 계자각

것이고, 더구나 '닭다리'를 뜯어 먹으며 '계자
각'을 뜯는다는 위선자는 더욱 없을 것이다. 난
간 기둥 곡선을 보면 닭을 삶아 내놓을 때 하
늘을 향해 솟은 두 개의 닭다리가 아래는 통통
하고 위로 가며 가늘어지는 것과 흡사하여 붙
인 이름으로 보이며 중국에도 유례가 없는 우
리만의 재미있는 명칭이다.[24] 마룻바닥 면에서
위로 가며 조금 더 밖으로 내밀어 난간대가 붙
는, 한국 누정이 경치 감상을 위해 채택하는 품
위 있는 개방형 고급난간으로서 전국적으로 양
식화되었다(그림 4-56, 그림 4-57). 중국에

[24] 리윈허(李允鉌) 저, 이상해 외 역, 『중국 고전 건축의 원리』의 7장 난간 항목에서 유례가 없음을 확인.
『中國古建築述語辭典』에도 계자난간 항목은 없음.

화려한 난간도 많지만 우리 계자난간으로 규격 양식화한 마루는 보지 못했다. 알기 쉽게 '닭다리난간'으로 부르면 품위가 떨어질런가? 예전에 손님맞이 밥상을 개다리소반에 차려 내왔다. 상다리 모양을 밋밋한 직선 일자가 아니라 꼭 개다리처럼 굴곡을 만들었기 때문이다. 한자어 '구족반(狗足盤)'보다 '개다리소반'이 더 보편적으로 사용된다. 한국건축사에서 쉬운 우리말보다 아무도 쓰지 않는 최만리식 고리타분한 한자어를 고집하여 일반인들에게 배타적 직업 밥그릇 유지 수단으로 삼는 전문가 집단의 폐해이다.

김왕직 교수의 『알기 쉬운 한국건축 용어사전』의 오류를 하나 짚고 넘어가자. 사실 학문의 용어사전은 학회에서 학자들이 모여 논의하면서 정해나가야 하나 한국 건축역사 60년 동안 무능한 학회가 아무 일도 하지 않음으로 해서 한 뜻 있는 젊은 학자가 학생들을 대상으로 알기 쉽게 만든 용어사전이다. 기존 용어들을 잘 정리한 순작용도 있지만 반대로 개인이 임의로 정리하다 보니 문제점이 많이 드러나는 역작용 폐해도 만만치 않다. '계자난간' 항목 설명에 "계자다리가 난간대를 지지하도록 만든 난간을 말한다"로 쓰면서 한자로 '鷄子多里'와 '欄干竹'으로 쓴다.25) 우리말 '다리'를 조선 유생들이 음을 빌려와 '多里'로 표기했을 것이고 난간대의 '대'는 뜻을 빌려와 대 '竹'자를 썼을 것이다. 순우리말 '다리'와 '대'를 한자 '多里'와 '竹'으로 오늘날도 쓰는 것은 순우리말→조선시대 한자음 표기→다시 현대 우리말로 재표기 과정에서 한자번역 오류를 그대로 답습하는 코메디가 아닐 수 없다.

---

25) 김왕직, 『알기 쉬운 한국건축용어사전』, 동녘, 2007, 278쪽.

계자각 닭다리 아래는 마루틀에 고정하고 머름판에 바람구멍을 [風穴] 장식으로 뚫는다. 곧 닭다리로 불리는 난간 기둥의 올록볼록한 곡선 모양은 넝쿨무늬에서 비롯된 것이다. 원래의 격식대로 된 것은 넝쿨무늬의 초각에 단청까지 있어야 하나 오랜 세월이 지나며 원래의 의미는 사라지고 올록볼록 몇 개의 혹 곡선만 남았다. 전국적 무수한 정자의 계자난간 몇 개를 보면, 상주 옥동서원의 문루 청월루의 난간은 원래 단청이 없었는지 세월에 다 벗겨졌는지 알 수 없지만, 곡선만 남아 있고, 경주 옥산서원 문루 무변루에는 단청은 없지만 풀새김[草刻] 흔적은 그대로 남아 있다. 한편 양양 동해의 절경을 내다보는 육각정 하조대 난간에는 넝쿨 뻗침 단청이 그대로 그려져 있다 (그림 4-58). 유심히 보아야 할 곳은 볼록 볼록한 사이 들어간 곳에 뾰족 튀어나온 부분이다. 한국건축사 목구조 포작 설명에서 'S 자 중 괄호 형식'이라 지칭한 것이 바로 난간에도 해당된다. 일본인들이 자기들에게는 없는, 한국의 넝쿨 내뻗침 단청에 따른 목구조의 절묘한 결합 내용을 잘 알지 못하고 외형적으로만 명명하였는데 불행하게도 1세대 연구자들이 그대로 따라왔다. 괄호의 뾰족한 끝은 아직 피지 않은 곧 피어날 연 봉오리 싹을 묘사한 것이다. 강우방 교수의 해석에 따라 영기(靈氣)의 싹이다. 단청에서 반드시 분홍색으로 칠하여 강조점이 된다. 죽서루 계자난간 닭다리에서는 뾰족한 싹은 상실한 채 3개의 볼록 혹으로만 되어 있다. 하조대에서도 자세히 보면 내부 단청의 모양이 외부 목부재 곡선을 결정해야 하는데, 아무 연관 없이 따로 놀고 있다. 본래 원리는 사라진 채 형태 흔적으로 명맥을 유지한다. 넝쿨무늬는 한국 목조건축 공포의 모양을 결정하는 핵심 문양인데, 난간에서까지 나타난다.

〈그림 4-58〉 닭다리난간. 왼쪽부터 상주 옥동서원 청월루, 경주 옥산서원 무변루, 양양 하조대

   죽서루 전체에서 최고 화려한 넝쿨무늬는 물론 천장 정점을 받치는 화반 종대공이고 다음으로 남북 양 끝 기둥과 귓기둥에 있는 익공이다. 그래도 죽서루 난간은 난간 위 둥근 가로 난간대를 닭다리 끝에 연꽃잎[하엽 荷葉] 모양을 제대로 조각하여 받는다(그림 4-58). 궁궐 돌난간에서 연꽃을 묶은 세로 기둥 하엽동자와 같은 의미로 연꽃이 나타나는데, 불교의 연꽃이 유교의 조선에서도 단절되지 않고 끈질기게 그대로 이어나가는 하나의 예가 될 것이다.

   각설하고, 절벽 쪽 난간은 기둥이 이미 절벽 끝에 서 있는데 마루 계자난간은 기둥에서 무려 3자가량(90cm) 더 밖으로 나가고 거기서 상부 난간대는 조금 더 밖으로 나아간다(그림 4-59). 따라서 마루 끝 난간에 기대 아래 절벽 바위와 개천을 내려다보면 마치 번지점프대에 올라간 것처럼 아찔하고 등골이 서늘한 장면을 연출한다.

〈그림 4-59〉 절벽으로 더 내뻗은 난간

반대로 남·북쪽은 단순 칸막이 성격의 평난간이다. 북쪽은 제일 끝 열(8열) 바깥에서 바위에 올라 누 안으로 진입하는 입구 좌우 경계를 막는 난간이다. 그러나 남쪽은 끝 칸 한 칸을 들어가서 마루가 시작되는 지점 제2 열에 평난간이 있다. 가운데 판을 댄 상하좌우의 머름틀 구조의 난간이다. 계자난간과 마찬가지로 난간대 받침은 연꽃모양으로 새겨져 있다. 그런데 유의할 것은 남·북쪽 널판 구멍의 모양

〈그림 4-60〉 측면 평난간 남쪽-북쪽

이 서로 다르다는 것이다. 북쪽은 복숭아 모양이고 남쪽은 가운데가 좁은 타원형에 중앙에 괄호 모양의 꼭지가 있다(그림 4-60). 시공상 실수로 다르게 한 것이 아니라 서로 급의 높낮이가 다름을 나타내기 위해 다르게 했다는, 뒤에 나올 해석의 하나의 도구가 된다.

05

옛 시와
그림의 죽서루

죽서루는 오십천 절벽 위에 있다. 오십천은 태백산맥 도계읍 백병산에서 발원하여 동해로 흐르는 50km가 채 안 되는 짧은 강인데 무려 50구비나 있다고 해서 오십천이다. 특히 바위 지형을 피해 휘감아 돌아 갈之 자 혹은 쌍S 자로 죽서루를 지나 삼척 읍내로 돌아들어 동해로 흘러간다. 바다는 불과 오리밖에 안 되는 가까운 거리다. 영동지방의 절경 관동팔경이 모두 바다를 면하고 있으나 정작 바다의 고장 어항이 있는 삼척의 죽서루는 강을 면하고 있다.

죽서루는 조선 가사문학의 최고봉, 지금의 도지사인 강원도 관찰사였던 송강(松江) 정철(鄭澈 1536~1593)의 관동별곡으로 국어 교과서에 나온다.

> 진眞쥬珠관館 죽竹서西루樓 오五십十천川 나린 물이
> 태太백百산山 그림자를 동東해海로 담아가니

1662년 현종 3년 삼척부사로 온 허목(許穆, 1595~1682)이 쓴 죽서루 기문에서 왜 죽서루가 단연 최고 경치인가를 정확히 잘 짚어주고 있다(그림 5-1).[1]

〈그림 5-1〉 관동제일루 현판. 숙종 때 부사 이성조의 글씨

동계(東界)에는 이름난 곳이 많지만 그중 8곳 명승지가 있으니 곧
통천의 총석정, 고성의 삼일포와 해산정, 수성의 영랑호, 양양의
낙산사, 명주의 경포대, 척주의 죽서루, 평해의 월송포이다.
유람해 본 사람들은 단연 죽서루가 제일이라 하니 무엇 때문인가?
대개 바닷가 고을은 대관령 말고는 동쪽으로 큰 바다에 닿고, 그
밖은 끝이 없으니 해와 달이 떠오르고 괴기 변화무쌍하다.
700리가 다 그렇지만 유독 죽서루가 으뜸가는 명승 절경인 것은
바다와 떨어져 높은 봉우리와 깎아지른 절벽이 있기 때문이다.
서쪽에는 두타산, 태백산이 있으니 높고 험준하여 짙푸른 아지랑
이 서려 있고 바위 골짜기가 그윽하고 어둑하다. 또 큰 하천 물이
동쪽으로 흐르면서 굽이쳐 50개의 여울을 이루고 그 사이사이에는
무성한 숲과 마을이 자리 잡고 있으며, 죽서루 아래에 이르면 높이
솟은 푸른 층암절벽을 만나 여울이 맑고 깊은 소가 되어 절벽 아래
를 감돌아 흐르니 서쪽의 지는 햇빛에 푸른 물결이 돌에 부딪혀 반
짝반짝 빛난다. 이처럼 독특한 암벽이 큰 바다를 구경하는 것보다
훨씬 빼어나다. 그래서 유람자들도 죽서루가 제일이라 꼽아 즐기
는가보다.

허목이 누구인가? 눈썹 늙은이 미수(眉叟)의 호를 갖는 그는 홀로
학문을 연마하다 효종 때 62세가 되어서야 비로소 조정에 나와 정4품
사헌부 장령에 임명된다. 효종이 죽자 당시 실세 서인 송시열 송준길
이 계모 자의대비 상복을 1년복으로 정하자 이에 왕의 적통성을 부정

---

1) 한자로 된 죽서루의 현판 기문을 필자가 자전 찾아가며 현대어로 쉽게 해석함.

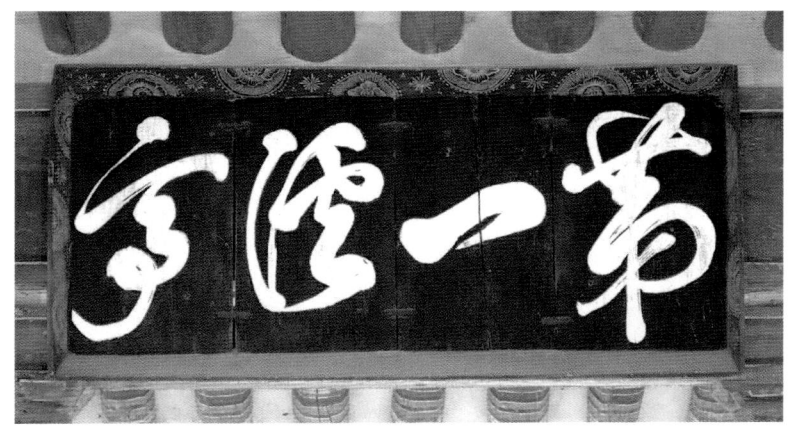

〈그림 5-2〉 허목이 썼다고 전해지는 내부 '제일계정'(第一溪亭) 현판

한다고 비판, 3년설을 제기하여 유명한 예송(禮訟)논쟁을 유발한다. 1660년 삼척부사로 축출된다. 기호(畿湖) 남인으로 분류된다. 삼척 지역사회에 여러 가지 공헌을 하고 큰 발자취를 남긴다. 삼척 읍지 『척주지』(陟州誌)를 발간하고 죽서루를 비롯 여러 기문을 남긴다(그림 5-2). 동해 조수가 밀려오는 재해를 물리치려는 척주 동해비를 세운다. 제방 저수지를 만들고 동네 간 줄다리기 시합의 협동정신을 고취한다.

강안의 절벽은 기묘하다. 정말 태백산 골짜기를 흘러오다가 딱 한 군데 높은 바위 절벽을 만나는 휘돌아가는 굽이처, 기가 막힌 오늘날 시쳇(時體)말로 죽여주는 절경을 형성한다. 반대편에서 올려다 보이는 암벽 위 죽서루는 옛 부터 화가와 시인들의 붓맛을 돋우었다. 물 아래로 거울처럼 반사되는 그림자를 띄우며 갈라진 층단 수평 띠를 위로 하여 위태롭게 바위틈에 겨우 걸린 질긴 생명의 나무숲들, 그 절벽 꼭대기에 죽서루가 서 있다(그림 5-3). 겨울에 보면 앙상한 나무를 뒤로 하고 우뚝 솟아 있고, 여름에 보면 숲 가운데에 파묻혀 있다. 수많은

〈그림 5-3〉 절벽 위 우뚝 솟은 누각

〈그림 5-4〉 숙종 어제 시 현판. 상석 칸 중앙 종보에 걸려 있다.

문사들의 시가 절벽과 물굽이를 노래한다. 특히 숙종과 영조의 어제시가 중앙 상석 칸 앞 종보에 걸려 있다(그림 5-4).

> 砕兀層崖百尺樓(율올층애백척루) 위태로이 우뚝 솟은 층암절벽 위
> 　　　　　　　　　　　　　　백 척 누각
> 朝雲夕月影清流(조운석월영청류) 아침 구름 저녁 달 맑은 냇물에
> 　　　　　　　　　　　　　　그림자 비추고
> 粼粼波裡魚浮沒(린린파리어부몰) 맑디맑은 물결 속 물고기 뛰놀고
> 無事凭欄狎白鷗(무사빙란압백구) 하릴없이 난간에 기대 흰 갈매기
> 　　　　　　　　　　　　　　를 희롱하네(숙종 어제시)

영조 때 강원관찰사로 도내 고을을 순시했던 김상성(金尙星)이 죽서루 경승을 화원에게 화첩을 그리게 하고 직접 쓴 죽서루 시 일부는 다음과 같다.

> 溪水深幾許(계수심기허) 오십천 계곡물 얼마나 깊을까
> 西樓斜日明(서루사일명) 죽서루 기우는 해 밝구나
> 江山猶雪色(강산유설색) 강산에 아직 흰 눈이 덮였는데
> 鷗鷺已春聲(구로이춘성) 갈매기 해오라기 벌써 봄소리 내는구나
> 舟子漁歌發(주자어가발) 뱃사공은 고기잡이 노래 부르네

시인들은 휘돌이 냇물 건너 층암절벽 위 누각 죽서루의 입지 환경과 풍경을 노래한다(그림 5-5).

> 川回斷岸縈紆處(천회단안영우처) 냇물은 절벽 굽이2) 휘돌아 흐르
> 　　　　　　　　　　　　　　네(서성 徐渻)

---

2) 영우(縈紆): 빙 돌아 얽힘.

〈그림 5-5〉 강 절벽 위 누각

縈紆何盤盤(영우하반반) 빙 돌아 얽혀 몇 번이나 구부러졌던고[3]
四十七回曲(사십칠회곡) 마 흔 일곱 굽이 돌아 흐르네(서성)

彫石鐫崖寄一樓(조석전애기일루) 돌 빚어 절벽에 새긴 기이한 누
각 하나(정조 어제시)

　여기서 잠깐, 죽서루 한가운데에 정조와 숙종이 지은 어제시(御製
詩)가 있다. 의아해 했었다. 요즈음 같으면 서울에서 전용 비행기나
자가용을 타고 오면 될 터이지만 예전에는 한 달이나 걸리는 기간을
왕궁을 비울 수는 없었을 텐데, 어떻게 험준한 태백산맥을 넘어 왕이
직접 이곳까지 와 보고 죽서루 시를 쓸 수 있었을까 하는 의문을 가
졌었다. 알고 보니 숙종과 정조 임금은 궁궐에 갇혀 직접 갈 수는 없

---

3) 반반(盤盤): 산길같이 구불구불 구부러진 모양.

〈그림 5-6〉 김홍도 그림. 휘돌이 개울 암벽과 그 위 죽서루가 사실적으로 잘 그려져 있다.

는 대신 아름다운 금수강산을 궁궐 화원에게 명해 절경을 그려오게
하여 감상하고 시를 지어 남겼다. 마치 오늘날 명승지를 사진 슬라이
드로 찍어와 방에 앉아서 감상하는 것과 진배없었다. 숙종 때는 누구
를 보냈는지 알 수 없으나, 정조는 당대의 유명 화가 단원 김홍도(金
弘道, 1745~?)를 강원도 동해안으로 보내어 경치를 그려오게 했다. 북
으로 금강산에서 남쪽 평해 월송정까지 관동팔경을 비롯 지역 여러
풍광을 오늘날 사진처럼 사실적으로 치밀하게 그린 60여 첩의 그림
이 금강사군첩(金剛四君帖)의 명화로 남아 있다(그림 5-6). 오십천이
S자 큰 굽이로 휘돌아 부딪쳐 맞닿는 암벽 절벽 꼭대기에 죽서루가
늠름하게 서 있다. 죽서루 북쪽, 즉 그림 왼쪽에 문간채를 비롯 안마
당과 주변 건물들로 둘러싸인 객사 건물군이 최소 여섯 채나 나무 숲
사이로 보인다. 그 가운데 절벽에 바짝 붙어있는 건물 하나는 기록에

남아 있는 진주관 객사의 세 개의 누정 중 또 다른 하나이었던 응벽헌(凝碧軒)임에 틀림없을 것이다. 죽서루 남쪽 오른쪽의 건물은 객사 세 번째 누정인 연근당(燕謹堂)일 것이다. 강이 휘돌아가는 암벽의 남쪽 끝은 지형이 낮아지는데 버드나무 숲 사이에 초가집 마을이 보인다.

樓下長川不盡流(누하장천부진류) 누 아래 진 내, 끊임없이 흐르네
　　　　　　　　　　　　　(최달식 崔達植)

蒼崖陡起架飛樓(창애두기가비루) 푸른 절벽 위태로이 솟아 날아갈
　　　　　　　　　　　　　듯 누각 건물(양정호 梁廷虎)

罨畵溪山起一樓(엄화계산기일루) 그림같이 아름다운 내와 산 그리
　　　　　　　　　　　　　고 솟은 누각 하나
削成環壁參差聳(삭성환벽참치용) 깎아질러 두른 절벽 높고 낮게
　　　　　　　　　　　　　솟았네
控引長川曲折流(공인장천곡절류) 당겨 늘인 진 내 굽이굽이 흐르
　　　　　　　　　　　　　네(심공저 沈公著)

누에서 내려다보면 바로 아래 깊은 소 절벽 반대편 냇가는 모래사장이다. 김홍도 그림에서 보면 넓은 모래사장이 잘 그려져 있다. 강의 자연법칙상 휘굽이 절벽 반대편은 흐름이 느려져 모래가 쌓이게 되어 있다. 지금은 제방 둑을 쌓고 현대 아파트가 보이지만 필자가 어렸을 때는 그저 자갈밭과 모래사장뿐이었다. 경관법을 고쳐서라도 문화재 누각에서 선인들이 내다보던 좋은 경치를 그대로 살려야 한다. 코앞에 아파트는 허가하지 말아야 우리가 명실상부 문화민족 문화국가가 될 것이다.

김홍도 그림으로 돌아가서, 잘 보면 암벽 위 죽서루에서 강을 가로건너 아래 모래사장까지 밧줄이 늘어뜨려져 걸려 있다. 죽서루 행사

는 건물 안에서 뿐만 아니라 강 건너 모래사장까지 확대되었을 것이다. 예를 들자면 뱃놀이를 하면서 건너 모래사장에 가서 놀 수도 있다. 죽서루와 모래사장의 사람 간에 의사소통이 필요했을 것이다. 얼마 전 같으면 무전기로, 오늘날 같으면 휴대폰으로 서로 대화를 주고받았을 것이나 그때는 밧줄을 통한 소통이 유용한 수단이었을 것이다. 중력이 높은데서 낮은 데로 작용하듯, 죽서루의 고관의 명령을 종이에 써서 줄에 매달아 내려뜨리면 아래 모래사장에서 받들었을 것이다. 오늘날 케이블카의 원시형일 것이다.

현재에도 잘 사용되는 케이블카는 관악산 과천 쪽에 있다. 워낙 가파른 바위산 꼭대기로 먹을거리 짐을 올려 보내기 위하여 작동되고 있다. 그런데 한국건축에 밧줄 케이블카의 원조는 무려 4백 년 전까지 거슬러 올라간다. 국어책의 오우가(五友歌)로 널리 알려진 조선시대 문인인 고산(孤山) 윤선도(尹善道)의 작품이다(1587~1671). 조선시대 선비라면 그저 나물 먹고 물 마시고 팔베개 하니 이 즐겁지 아니한가의 가난뱅이가 아니라 당시의 엄청난 부자 재벌이었던 윤선도는 남해안 섬 하나에 이상향 왕국을 건설한다. 이름 하여 보길도, 건축쟁이라면 꼭 한 번 가봐야 할 것이다. '지국총지국총 어사와' 후렴으로 끝나는 윤선도 어부사시사(漁父四時詞)의 고향이다. 땅끝 마을이나 완도에서 출발하는 배를 타고 한 시간쯤 가면 닿는데, 부두에 내려 또 30분쯤 걸어가면 입구의 세연정에 도착한다. 돌로 둑을 막아 큰 바위의 연못을 만든다. 애들에게 색동옷 입혀 바위 위에서 춤추게 하고 정자에 앉아 술 마시며 구경하며 즐겼다고 기록한다. 약 30분쯤 더 올라가면 양쪽 산 사이 골짜기가 나온다. 이름 하여 연꽃 뜻의 부용동이라 이름 짓고 독서실과 정자를 짓는다. 가파른 북쪽 산 중턱쯤 올라가면 하늘과 맞닿은 신선 동네라는 동천석실(洞天石室)이라는 정말 작은 단 한 칸짜리 정자가 나온다. 거기서 내려다보면 아래 부용동 골짜기 전경이 보이고 낙서재, 곡수정 건물이 건너편 언덕에 보인다. 해남에 가면 윤선도 집으로 알려진 녹우당이 있다.

효종의 가정교사를 했었지만 정치적으로는 남인이었던 그는 서인 20년간 반복된 귀양으로 점철되고 20년 은둔 생활을 한다. 그렇다면 선비 윤선도는 어찌해 부자가 되었는가? 지금의 해남 윤씨 종가집 녹우당은 윤선도의 고가로 알려져 있다. 연동 마을 입향 시조 어초은 윤효정 선조는 진사 급제하여 그 지역 부잣집 해남 정씨 딸을 맞이하여 부를 물려받는데, 그 5대손 윤선도 또한 부친으로부터 노비와 토지라는 기본 재산을 이미 많이 물려받았다. 노비는 무려 66명을 상속받았다. 토지는 기본적으로 소작을 주어 부(富)가 부를 낳아 점점 불어난다. 조선시대에는 보통 3·7제로서 소출의 10중 3을 소작인이, 7을 지주가 먹었다. 땅 없는 소작인은 뼈 빠지게 일해도 가난에서 해방될 수 없었고 지주는 가만히 앉아 있어도 부가 계속 늘어날 수밖에 없는 경제 구조였다. 윤선도는 노비 노동력을 이용해 서남해안 진도 완도의 방축을 쌓아 바다 개펄을 막고 개간을 하여 농지가 더욱 불어난다. 건축 연구에서 99칸 양반집 하면 그저 조상 숭배, 상하 위계, 남녀 구분의 유교적 질서로만 보아왔는데, 양반이 공기 먹고 사는 게 아니라 실질적 농업생산이 중요했으므로 집 건축은 그 결과물이라는 사실을 학계에서 처음으로 밝혀내었다. 지금 광주여대 교수로 있는 이향미는 필자 지도로 한국의 대다수 시시한 박사논문보다 훨씬 우수한 석사 논문을 탄생시켰다. 녹우당 해석 논문을 학계에 발표했다.4) 벼농사 모종 준비, 농기구 보관, 인분과 가축분을 사용한 거름 생산, 모내기 때 엄청난 인원 밥 지어 먹이기, 추수 때 벼 낫가리 보관, 탈곡 작업, 낟알 보관 두대통 만들기, 짚가리 쌓기, 안사람들의 별도 밭작물 농사와 수확물 저장, 누에실 뽑는 물래 돌리기, 곡물과 해산물 보관 창고 등등의 실질적 생산 농사작업을 흔히 양반집이라면 상식적으로 하는 남녀 내외 구분보다 우선하여 해석하였다. 흔히 드라마에서 보듯 양반집 종부는 손에 물 안 묻히고 생활한다는 것은 거짓말이다. 반 농사꾼이었다. 또 여성공간 안채에는 남성들이 얼씬도 하지 않는다는 남녀 구분 원리에 우선하여 농번기 때에는 남정네 일꾼들이 안채를 좍 점령하여 밥도 먹어 유교질서고 뭐고 뒷전이었다.

밧줄얘기가 길어졌다. 호사스러웠던 부자 윤선도는 보길도 산 중턱에 동천석실 정자를 짓고(그림 5-7) 바위 사이에 도르래와 밧줄을 매어 아래에서 술과 안주를 올려 보내는 밧줄 케이블을 고안해 운영했었다(그림 5-8). 동천석실이 올려보내는 용도라면 죽서루는 내려

〈그림 5-7〉 보길도 동천석실

〈그림 5-8〉 동천석실 밧줄 매었던 추정 바위에서 마을을 내려다 본 풍경.

4) 이희봉・이향미, 「상류주거 해남 녹우당의 해석- 거주자의 생활과 농업 경영으로」, 『건축역사연구』, 2002.3.

보내는 용도의 밧줄일 것이다. 죽서루 모래사장에서 백일장을 열었다고 한다. 아마 누각에서 밧줄로 시제를 내려보냈을 것이다.

다시 죽서루로 돌아온다.

樓下溶溶碧玉流(누하용용벽옥류) 누 아래 벽옥같이 푸른 물 도도히 흐르네(심영경沈英慶)

俯臨丹檻數魚行(부림단함수어행) 붉은 난간에서 내려다보며 헤엄치는 물고기 세어보네(이승휴)

檻前蒼壁帶淸流(함전창벽대청류) 난간 앞 푸른 절벽 맑은 냇물 둘렀네(정규형鄭奎亨)

川流自住逢層壁(천류자주봉층벽) 흐르는 냇물 스스로 층암절벽 부딪치네

蜃氣休侵障列巒(신기휴침장열만) 바닷조개 기운 천천히 밀려와도 늘어선 산봉우리가 막아서네 (서호순 徐灝淳)

독자들은 왜 갑자기 죽서루 건축 책에 시가 나오는가 의아해 할지도 모르겠다. 그 답은 "시가 곧 건축이다." 시와 건축은 하나다. 같은 창작 작업이다. 다만 시는 글자를 원고지 2차원에 채워 넣는데(요즈음은 컴퓨터로 치겠지만), 건축은 나무, 돌, 콘크리트, 철골로 3차원에 채워 넣는 것, 즉 재료만 다를 뿐이다. 상상력으로 세워나가는 것이 똑같다. 건축에 시 짓는 마음, 시심(詩心)이 필수다. 그런데 건축은 시보다는 복잡한 현실 속에서 해결해야 할 과정이 더 복잡하다뿐이다. 그러다 보니 건축을 산술적 공학이나 물건을 배열하는 기계적 작업으로 오해하기도 한다.

우리나라 건축과 학생들에게 제일 부족한 것이 무엇인가 하면 바로 상상력, 다른 말로 창의력이다. 유치원 때 창의력이 가장 왕성하고, 초등, 중등을 거치고 나서 대학입시 위주의 모범답안 주입식 고등을 지나면 창의의 싹이 싹둑싹둑 잘려서 골빈 대가리가 되어 대학에 들어온다. 필자가 고안하여 부르는 창의력 지수가 거의 빵점 수준이다. '지능 지수' IQ (Intelligence Quotient)는 지금도 여전히 인간의 능력을 재는데 맹위를 떨친다. 그러나 근래 머리만 좋은 것은 쓸모가 없고 훌륭한 사람이 되기 위해서는 '감성 지수' EQ (Emotional Quotient)가 높아야 한다고 새로이 각광받고 있다. 한술 더 떠서 필자는 건축가가 되기 위하여서는 필자가 고안한 '창의 지수' CQ (Creative Quotient)가 반드시 높아야 한다고 믿는다. 창의의 싹이 싹둑 잘려버린 만신창이 1학년 신입생들에게 건축학개론 강의에서 창의 지수 개발을 위한 프로그램을 고안하여 돌린다. 그 중 하나가 시 쓰기이다. 처음에는 시집을 아무거나 한 권 사서 읽고 마음에 드는 시 한 수를 감상하고 읊으라고 과제를 낸다.

마지막으로 본인이 직접 시를 하나 써오라는 과제를 내 준다. 다들 처음에는 엄청나게 어려워한다. 난생 처음 시를 써봤다는 학생들이 대부분이다. 현대 두뇌의학자 심리학자들이 좌뇌와 우뇌의 역할에 대해 완전히 파악했다. 왼쪽머리 좌뇌는 논리, 암기, 수학문제 풀기를 관장하는데, 오른쪽 머리 우뇌는 비논리적 상상, 창의를 관장한다. 건축은 차가운 왼쪽 머리와 뜨거운 오른쪽 머리 둘 다 필요하다. 설계 과정도 마찬가지로 냉탕에서 시작하여 반드시 뜨거운 열탕 속에서 창조적 도약(creative leap)을 이루어야만 한다. 그리스의 아르키메데스는(B.C. 287~212) 왕관이 순금인지 아닌지를 알아내라는 왕명을 받고 장시간 곰곰이 생각하다가 즉 냉탕에 푹 빠져 있다가 드디어 열탕에 들어가다 물이 넘치는 것을 발견하고 그 유명한 '유레카' 우리말로 '왔다'하고 큰 소리 지르며 발가벗은 채로 뛰어나왔다. 모든 물체는 물속에서 부피만큼 가벼워진다는 비중의 원리를 발견하여 은이 포함된 가짜라는 것을 증명했다. '왔다'는 흔히 핵심 콘셉트니 아이디어니 하는 것이다. 도약을 이루지 못한, 즉 '오지 못한' 대부분의 건축가 작품들은 개나 걸이나 아무나 할 수 있는 평범한 건물이 되고 만다. 도약 못한 약점을 덮으려고 애꿎게 건물 외피를 이리저리 비틀고 얄궂게 만든다. 마치 구역질나게 들입다 분칠 화장만 덕지덕지 바른 싸구려 술집 작부 같은 양태로 꾸민다. 억지 꾸밈을 디자인으로 착각한다. 근대건축 옹호 비평가 기데온이 '플레이보이 건축'이라 통탄한 건축들이 이 시대 시대정신이 되어 즐비하게 도시에 깔린다. 특히 요즈음은 턴키 경쟁 설계에서 메이저급 대형 설계사무소에서 핵심 아이디어는 없이 껍데기 장식술만 요란한 작품들을 쏟아낸다. 설계보다는 로비로 승부하다 보니 미안한 얘기지만 건축설계에 관한한 우리나라의 국제경쟁력은 최하 후진국을 벗어나지 못한다고 본다.

얼마 전 한겨레신문에서 건축 노벨상인 프리츠커(Pritzker)상을 왜 일본 건축가는 잔뜩 타는데 우리는 못 타는가에 일간신문 기자로는 드물게 건축 관련 평을 하는 구본준 기자가 분석 기사를 실었었다 (2011.2.10). 서울대 전봉희 교수의 외국 교수와의 인터뷰 해설도 덧붙어 있었다. 필자가 답답한 마음에 기자에게 다음과 같이 메일을 보냈었다.

구 기자 귀하

다름 아니라 건축노벨상인 프리츠커상을 일본인은 다수 수상하고 우리는 왜 못하는가 하는 기사에 대해 유익한 점도 많았지만 핵심을 비켜간 것 같아 건방진 얘기일지 몰라도 몇 자 적습니다.

노벨상을 왜 주는가? 그만큼 업적이 있기 때문에 주는 것일 겁니다. 무슨 국가지원, 외국과의 교류, 심지어 로비로 주는 것이 아닙니다. 건축노벨상 우리가 왜 못 받는가? 수치스럽지만 간단히 말해 건축가의 실력이 모자라기 때문입니다. 우리가 건축 물량은 엄청나게 많은데 내용 있는 작품은 거의 없다는 얘기입니다. 그게 본질이고 핵심이지 국가지원, 교류 등등은 부차적인 것은 될 수 있을지언정 헛다리짚는 처방이라 봅니다.

우선 예로 든 안도 다다오 – 우리 학생들을 비롯, 기성 건축가들도 열심히 따라하기로 한국건축계를 휩쓸었지만 정작 그의 처절한 장인 프로정신과 지적인 탐구에 관심 있는 한국 건축가는 별로 없었다고 봅니다. 지적 능력, 이걸 설계이론이라 부릅시다. 그걸 제대로 갖춘 한국 건축가는 그다지 없다고 봅니다. 일본 건축가 겐조 당케를 비롯 후미히코 마키 등 모두가 나름대로 이론가이면서 동시에 실천가입니다.

우리는 선구자 김수근, 김중업 하지만 지금 시대에 평가하면 요즈음 학부생들도 할 정도의 감각적 조형을 먼저 습득한 것뿐입니다. 나름의 철학이 바탕이 된 설계, 서양 근대건축 거장들이 대부분 그러한 바탕에서 설계가 우러나왔습니다.

본질적인 데서 비켜나 외적인 상황으로 보면,
1. 우리 건축가는 중견으로 접어들면 사업가로 변신합니다. 수주 로비가 주업이고 작품생산은 뒷전이 됩니다.
2. 일본은 건축 설계 역사가 우리보다 반세기는 더 됩니다. 겐조 당케는 우리 까마득한 일제강점기 시절, 국제건축가의회에(CIAM) 참석하여 활발히 활동했습니다. 우리는 급조한 50년 정도, 아직 모자랍니다. 공학 바탕의 교육에서 비롯되어 설계능력은 오히려 동남아 지역보다 떨어지지 않나 봅니다.

3. 사회적 저평가 - 문화부에 속한 것이 아니라 건설부에 스스로 속하여, 독자적 창작인으로 인정받지 못하고 있습니다. 그나마 근래 십년 동안 불륜드라마의 주인공으로 또 러브하우스를 통해 국민들이 건축가가 뭐하는지는 대강 알게 된 것이 그나마 다행입니다.
4. 근래 턴키 위주로 발주하며 공무원과 재벌과 건설회사의 유착에 의해 건축가는 사라졌습니다. 재벌건설회사에 간택되는 메이저 설계 사무실은 금전적으로는 살판났으나, 작품성은 죽어버렸습니다. 더불어 중소 사무소 창의적 독립 건축가들은 금전적으로도 죽어버렸습니다. - 국가의 지원이 필요한 것이 아니라 국가가 제대로만 우수 작품을 뽑는 '현상설계'만 잘 관리해도 그나마 나아질 것입니다.
5. 악순환 - 우수 인재 학생들이 저임금 설계업을 기피합니다.
6. 다시 본질로 돌아가, 건축가들의 피나는 자기연마가 없다고 봅니다. 돌연변이라 한 정규교육 받지 않은 안도 다다오가 얼마나 어떤 과정으로 내적 실력을 길렀는가에 관심을 가지지 않습니다. 일본 건축가의 활발한 출판활동을 예로 들었습니다만, 안에 뭐가 들어있어야 출판으로 나올 것이 아닙니까? 가벼운 에세이성 출판은 한국 건축가도 꽤 하긴 합니다.
다시 한 번, 노벨상을 타려면 내적 실력 배양이 먼저임을 말하고자 합니다.

건축과 학생들이 졸업설계 파넬을 다 채워놓고 마지막에 상부 빈칸 개념도에 무엇을 그려야 할지 모르겠다는 말을 귀에 딱지가 앉도록 많이 들었다. 개념에서 시작하여 설계하는 것이지 거꾸로 다해놓고 억지 개념을 채워 넣는 것이 아닌데도 말이다. 건축은 본질이 우선한다. 한국건축은 꾸밈의 설계가 아니라 어찌 보면 오히려 안 꾸밈의 설계이다. 현대인의 병이 영양 과잉이듯 현대건축의 병은 과잉설계이다. 이름 하여 Over-Design이다. 모자란 듯 부족한 듯 선조들의 '덜 꾸밈'의 지혜를 본받아야 할 것이다. 오래전 한동안 『꾸밈』이라는 실내 및 건축 잡지가 있었는데 건축의 깊음을 잘 모르는 얄팍한 세계의 제목이라 보였다.

조선시대 교육은 오늘날처럼 육법전서 달달 외우는 것만이 아닌 시를 공부하고 시 쓰기를 밥 먹기처럼 생활화 했었다. 율곡선생이 열 살 때 경포대에 올라가 쓴 시가 지금도 남아 있다. 조선시대 관료들은 백 프로 시인이었다. '모든 관료의 예술가화'는 세계적으로 유례가 없는 획기적인 제도였다.

시를 통하여 죽서루를 본다. 세종실록지리지에 여덟 명장면 죽서루 팔경이 있다. 그 중 하나 고려시대 문인 이곡(李穀, 1298~1351)이 읊은 <암공청담(巖空淸潭)> 즉, '허공 바위 맑은 못'이다. 아래 냇물 깊은 소, 위 깎아지른 암벽 위에 서 있는 죽서루, 누 위에 절벽 아래 냇물을 내려다보면 아찔한 장면이 바로 죽서루 입지를 잘 말해주고 있다.

巖底淸潭是大川(암저청담시대천) 바위 아래 못이니 큰 냇물이로다
巖頭直下視茫然(암두직하시망연) 바위 꼭대기서 바로 아래 내려다
보니 아찔하구나

하나 덧붙이면 한자 까막눈 우리 젊은이들, 기본 한자는 터득해야만 한다. 우리 말 대부분이 한자 어원을 갖는다. 중앙대도 언제부터인가 다른 학교처럼 영어 공인 토익 점수가 몇 점 이상 되어야 졸업장을 받게 되어 있다. 그러나 필자는 정작 영어보다 더 중요한 것이 한자 능력이라 생각한다. 영어 단어 공부할 때 헬라 라틴 어원을 알면 파생되는 수십 단어를 자동으로 알게 된다. phil은 사랑이다. philosophy 즉 철학은 phil-logos 즉 이성 즉 異性이 아닌 理性 곧 지식을 사랑하는 학문 애지학(愛知學)이다. philharmonic orchestra 악단은 조화

를 사랑하는 집단이다. Philanthropy는 phil－anthro 인간을 사랑하기니까 자선 박애가 된다. 카메라용 삼발이를 tripod라 하고 건축사진에 유용한 외발이를 monopod라 한다. pod는 발이다. 서양건축사에서 건물의 기단을 발로 밟고 다니는 곳이므로 podium이라 한다. 시험용으로 외울 필요가 없다. 단어 공부는 외우는 것이 아니라 이해하는 것이다. 필자의 유학시절 미국 대학생은 살아남으려면 입학 때 베개만큼 두툼한 사전을, 그네들 국어사전을 필수로 장만해야 한다. 웹스터니 아메리칸 헤리티지니 칼리지 딕셔너리니로 되어 있는, 주로 어원이 잘 나와 있는 사전이다. 우리는 대학생 아무도 국어사전을 가지고 있다는 학생을 보지 못했다. 한국 학생이 근본적으로 학문 게임에 이길 수 없는 이유이다. 영어가 중요한 것이 아니라 자기 언어로의 사고와 표현이 근본 생명이다. 영어는 부차적 도구에 불과하다. 얼마 전 대통령 인수위원장이라는 분이 멀쩡한 외래어 '오렌지'를 원 발음대로 표기하자며 '어린쥐, 아린쥐' 하며 세간의 주가를 올렸었다. 우리 시대의 김부식, 최만리 같은 미국 사대주의자들이 득시글 득시글 쥐판을 치는 세상이다. '오렌지'는 이미 영어가 아니라 국어의 외래어다. 밖에서 들어와 우리말로 자리 잡은, 이미 우리말화 한 '외래어'가 무언지 전혀 모르는 총장 밑에서 배우는 여대생들은 참 안됐다는 생각을 가졌었다.

　한국에서 기본 한자를 모르면 사고 자체를 할 수 없다. 언젠가부터 잘못된 교육부 관료들이 한자가 필요 없다고 하면서 자기 자신을 부정하는 잘못된 교육을 수십 년간 펼쳐서 젊은이들을 집단 바보로 만들어 버렸다. 다시 강조하지만 한자는 외국어 중국 글자가 아니라 외래어를 넘어서 이미 우리 생각 속에 녹아있는 우리화한 글자이다. 대통령이라는 분이 얄팍하게 생각하듯 일상 회화 수준의 영어가 문제가 아니라 '사고하는 능력'이 국가를 나아가 세계를 좌우하게 된다. 누구나 자기 언어로 사고한다. 결국은 국어가 문제가 된다.

한자사전을 예전에는 옥편(玉篇)이라 했다. 옥편은 거슬러 올라가 5~6세기 중국 육조시대에 만들어진 사전이다. 그러자면 예전에는 찾기 부호인 변을 먼저 찾고 다음 획수를 세어야 했다. 예를 들어 삼수(氵) 변, 초(艹)방 변 등을 먼저 찾아야 했다. 한자 사전 찾기란 몇 번 허탕치고 겨우 찾을 수 있었던 정말로 시간 소모하는 골치 아픈 방식이었다. 그런데 이제 컴퓨터 시대 혁명이 일어났다. 한자 문외한이라도 네이버 검색 한자사전에 가면 '필기체 인식기'라 하여 개발새발 그려 넣으면 알아서 해당 한자 정자를 찾아주는 정말로 시간 절약하는 누구나 쉽게 찾아볼 수 있는 획기적 첨단 한자 찾기 방식이 개발되었다. 중국어 간자, 일본 한자 발음도 손쉽게 찾을 수 있다. 동양 삼국의 글자가 손안에 들어왔다.

죽서루를 읊은 한시 감상에서 한자를 조금이라도 아는 사람은 한자와 함께 읽고, 그렇지 않은 사람은 번역 한글만 봐도 좋다. 한자 원전을 바탕으로 하여5) 기존 번역을 어느 정도 참조하였지만 필자는 한문글자 하나하나 사전을 찾아가면서 가능한 한 원 글자 뜻에 가깝게, 그러면서도 필자의 시적 능력을 동원하여 시어(詩語)답게 다시 번역해 바꾸었다.

정자 또는 누각을 합쳐서 누정이라고도 부르는 한국 정자 건축은 절경 속에 자리 잡고 있어서 건물이 아름답다. 그러나 그 건물의 본

---

5) 죽서루 현판을 전부 소개하는 삼척시립박물관 홈페이지 www.scm.go.kr를 기본 바탕으로 하고, 일부 차장섭 외 『죽서루』와 박성규 역 『김극기 한시선』에 나오는 죽서루 시를 참조하여 필자가 보완번역 함.

건립 목적은 건축쟁이들이 흔히 하듯이 밖에서 건물 사진 찍고 감상하는 것이 아니라 안에서 밖을 보는 것이다. 건물을 보호하기 위하여 종종 "들어가지 마시오" 하고 새끼줄을 쳐 놓는다. 필자는 학생들에게 누정은 반드시 들어가서 밖을 내다보아야 한다고 강조해 가르쳤다. 한꺼번에 수십 명이 올라가는 것은 문화재보호에 문제가 있지만 몇 명이 조용히 요령껏 올라간다면 문제 될 것도 없다. 누각 안에서 밖을 바라보기만 하는 것이 아니라 우리의 선조들이 한 것과 똑같이 시심에 잠길 때만이 한국건축 죽서루의 정수를 감상할 수 있다. 더하여 요즈음 다시 부활한 막걸리를 가져가서 선인들과 똑같이 한 잔 하면서 시심을 불러내도 좋을 것이다. 다행히 죽서루는 근래 신발 벗고 들어가 앉아 자연을 감상할 수 있게 운영되고 있다.

굽이쳐 흐르는 내와 바위 절벽 위의 죽서루를 넘어 누 난간에 기대 바로 아래를 내려다보면 아찔하게도 바위 절벽 아래 굽이쳐 흐르는 깊은 내가 들어온다. 가까이 근경으로서 개울가에 모래사장이 들어온다. 서쪽 난간 너머 머리를 들어 보면 원경으로서 둘러싼 먼 산들이 아련히 한 눈에 들어온다. 누의 수직 양 기둥과 수평 창방과 난간의 틀, 서양 조경이나 건축에서 강조하는 '그림액자틀'(picture frame) 사이로 내다보는 바깥 경치는 끝내준다. 시인들이 주위를 빙 두른 아득히 먼 산을 놓칠 리 없다.

竹西珠翠映江天(죽서주취영강천)　하늘의 죽서루 푸른 보석 되어
　　　　　　　　　　　　　　　　　강에 비추고
江上數峯人不見(강상수봉인불견)　산봉우리 강물 위에 늘어서 있는
　　　　　　　　　　　　　　　　　데 사람은 아니뵈네(정철)

半空金碧駕崢嶸(반공금벽가쟁영) 허공에 금빛 푸른 빛 산 높고 가
파른데
山圍平野圓成界(산위평야원성계) 산은 들을 빙 둘러 둥그런 경계
를 만들었네(이승휴 李承休)

野外千鬟浮遠岫(야외천환부원수) 들 넘어 산산 멀리 봉우리로 떠있고
沙邊一帶湛寒流(사변일대잠한류) 모래가 주위 맑고 찬 물 흐르네
(이이 李珥)

簾外碧峯浮遠黛(염외벽봉부원대) 발 밖 푸른 산봉우리 미인 눈썹
처럼 떠있네
檻前蒼壁帶淸流(함전창벽대청류) 난간 앞 푸른 절벽 맑은 물 흐름
품었네(정규형)

遠岫浮嵐濃淡態(원수부람농담태) 먼 산 아지랑이 짙게 옅게 떠있네
晴川芳草淺深流(청천방초천심류) 비 갠 맑은 냇물 꽃다운 풀 사이
얕고 깊게 흐르네(양정호)

古渡煙濃迷遠樹(고도연농미원수) 옛 나루터 안개 짙어 먼 나무 흐
릿하게 보이네(최달식)

逝者如斯無晝夜(서자여사무주야) 죽은 자 같이 밤낮 없으니
望之尤美幾峯巒(망지우미기봉만) 바라보는 술한 봉우리 더욱 아름
답네(서증보 徐曾輔)

山連北塞勢巍巍(산연북새세외외) 연이은 북쪽 끝 산세 드높고 높아
水注東溟流曲曲(수주동명류곡곡) 물 흘러 동해 바다 굽이굽이 흘
러가네(서성)

隱約靑山多秀氣(은약청산다수기) 아련하나 뚜렷한 푸른 산 빼어난
기운 가득 품었네(서증보)

　　원경으로 아지랑이 아른거리는 희뿌연 먼 산과 근경으로 푸르른
가까운 산이, 코앞의 근경으로 개울가의 모래사장과 자갈밭이 있다

〈그림 5-9〉 절벽 위 죽서루의 반대편 모래사장 자갈밭

(그림 5-9). 개울이 뱀처럼 구불구불 휘돌아 굽이치면 절벽에 부딪치는 반대편에 물 흐름이 느려져 모래가 쌓이게 된다. 모래사장과 냇물 그 한가운데에 죽서루 누각이 자리 잡고 있음을 노래한다.

川回斷岸縈纖處(천회단안영우처) 냇물 휘돌아 절벽 굽이 흐르고
棟壓層巖縹緲間(동압층암표묘간) 층암절벽 위 용마루 아득히 솟았구나(서성)

樓臨無地水粼粼(누림무지수린린) 누각에서 땅은 보이지 않고 물만 맑디맑네
壁立超然出世塵(벽립초연출세진) 벽은 세상 먼지 벗어나 초연히 서 있구나(서증보)

누각은 자연 속에 우뚝 솟아 있다.

掩映雲端舞棟楹(엄영운단무동영) 햇빛 가린 구름 조각 용마루와 기둥에서 춤추네(이승휴)

縣爲高樓別有名(현위고루별유명) 이 고을 높다란 누각으로 더더욱 유명해졌구나(이승휴)

誰將天奧敵華樓(수장천오창화루) 어느 장수가 하늘 도와 드높고
                                아름다운 누각 세웠는가(이이)

누에서 내다보면 냇물 건너편에 집과 마을이 자연 속에 한가롭게
펼쳐져 있다.

家住水東西(가주수동서) 집들이 냇물 동서로 자리 잡고
柴扉掩幽谷(시비엄유곡) 사립문은 깊은 골을 가리네(서성)

죽서루 팔경으로 일컬어지는 이곡(李穀)의 <의산촌사(依山村舍)> 즉
'산에 의지한 집들'은 다음과 같다.

江上青山山下村(강상청산산하촌) 강 위는 청산, 산 아래는 마을이네
太平煙火不關門(태평연화불관문) 태평성대 밥 짓는 연기, 대문은
                                상관없네

거슬러 올라가 고려시대 김극기는6) <삼척군 제목으로>의 시에 인
가가 산허리에 드문드문 보임을 노래한다. 翠微(취미)의 취는 푸르다
는, 미는 미세하다는 뜻으로 먼 산에 푸른 기운이 엷게 끼어 아롱아
롱하게 보이는 장면을 말함이고 곧 '산허리'를 말함이다.

客館臨丹壑(객관임단학) 객관(진주관)은 붉은 절벽에 닿아 있고
人家住翠微(인가주취미) 인가는 산허리에 자리했네

고려 중기에는 인가가 죽서루 바로 건너편에는 없었고 멀리 산허
리에 드문드문 있었던 모양이다. 그런데 문제는 필자가 어렸을 때 개
울 건너 산 밑쪽에 초가집 몇 채만 있었을 뿐 초가집도 자연의 일부

---

6) 박성규 역, 『김극기 한시선』, 125쪽. 원문은 『신증동국여지승람』 44권 삼척도호부.

〈그림 5-10〉 죽서루에서 내다본 풍광. 먼 산 대신 고층 아파트가 보인다.

로 여겨질 만큼 개울가 모래와 자갈밭의 자연상태 그대로였는데, 언젠가부터 거기에 제방 둑을 쌓고 신도시를 개발해 버렸다. 한눈에 고층 아파트가 바로 들어온다(그림 5-10). 인구가 늘어나서 삼척읍이 삼척시로 커지면서 개울가 모래밭 땅을 제방을 쌓아서 택지로 개발하여 도시로 만드는 것은 어쩔 수는 없는 시대적 요구일 것이다. 우리가 만약 찬란한 역사를 가진 문화민족이라면 왜 하필 신개발지가 죽서루 앞이여야 하는가 하는 의문을 제기할 수 있다. 선조들이 내다보며 시를 읊던 끝내주는 장관의 장소에 고층 아파트를 심어 역사를 끝내버리는가 하는 점이다. 죽서루 경내에 담을 치고 앞마당을 깨끗이 하는 것이 죽서루를 살리는 것이 아니라 과거 누에서 보던 경치를 그대로 살려주는 것이 무식한 후손이 되지 않는 길이다.

지금도 문화재 인근에 높은 건물을 짓지 못하도록 하는 법이 있고, 근래에 문화재를 지키기 위해 문화재 경관법을 새로 제정하려고 하

〈그림 5-11〉 안성 향교 문루 11칸 풍화루
지금은 앞 홍살문과 풍화루 사이에 고가도로가 지나가버려
대지가 두 동강 나버렸다.

〈그림 5-12〉 풍화루에서 내다본 주경관을 망치는
현대 아파트

고 있다. 반경 몇m 안에 높이 얼마를 제한 할 것이 아니라 경관의 주
방향이 중요하다. 필자가 20년간 직장 근무하던 안성맞춤의 고장 안
성은 알아주던 뼈대 있는 동네다. 삼남의 문물이 한양으로 올라오려
면 반드시 거쳐야 하는 곳이고 박지원의 소설 허생전의 무대가 되는
곳이다. 전해 내려오는 이야기에 일제 때 경부선 철로를 안성에 깔려
고 하자 양반동네에 흉측스러운 쇳덩어리가 들어오는데 대해 일치단
결하여 반대한 결과 평택으로 변경되었단다. 그 후 안성은 그대로 있
는데 비해 안성보다 작은 고을이었던 평택은 지금 서해안 시대의 중
심 도시로 성장해 나가고 있다. 어느 고을에나 향교가 있지만 안성향
교는 고을 뒷산을 의지하고 멀쩡히 잘 서 있었다. 특히 전국에서 제
일 긴 무려 11칸으로 아래 대문을 겸한 누각, 풍속을 교화한다는 이
름의 풍화루는(風化樓)는 잘 보존되어 있다(그림 5-11). 강당 명륜당
과 기숙사 동·서재의 안마당을 감싸고 풍화루가 서 있다. 조선시대
공부는 책을 보는 공부도 공부지만 한편으로는 피곤할 때 더불어 누
에 놀라 자연을 벗 삼아 쉬는 것도 공부였다. 향교나 서원 어디 가나

쉬도록, 야유회 遊 자 휴식 息 자의 유식(遊息) 공간 누가 발달되어 있다. 뒷산을 배경으로 앞을 내다보면 고을을 건너 먼 산, 풍수 원리의 안산의 경치가 잘 보이게 되어 있었다. 10여 년 전쯤 현대인들이 하마비(下馬碑)가 있던 그 바로 앞에다 고층 아파트로 꽉 막아버렸다(그림 5-12). 이 무슨 무식의 극치던가. 과거 뼈대 있던 양반동네 안성의 공무원들은 자기 고장의 선조의 문화유산에 대해 쇠못을 박아버린 것이 아닌가? 그저 경제 논리로 토지를 최대한 이용해 먹는 데만 혈안이 되어 있다. 참고로 안성은 역대 시장이 제 임기를 채운 적이 별로 없다. 줄줄이 연이어 뇌물 수수로 구속되거나 재판을 받았다. 박대통령 때 과거 급제한 똑똑한 사람을 시장으로 임명하던 것과는 반대로 지연 혈연에 의해 끼리끼리 짜고 해먹는, 시민의식이 성숙하지 않은 상태에서 설익은 지방자치제의 단점을 잘 보여주는 사례도시가 되어 버린 것은 아닌지? 몇 년 전에는 사진으로 보이는 향교 앞 입구 홍살문과 향교 건물 사이에 외곽 고가도로를 개설하여 향교를 두 동강 내고 말았다. 위의 사진 중간 허리를 가로질러 고가도로가 지나가니 지금은 죽었다 깨어나도 이런 장면을 찍을 수 없다. 경제개발도 좋지만 선조들에게 부끄러운 일이다. 만약 우리나라가 문화유산을 중요시 여기는 프랑스쯤 되었다면 지역민이 들고일어나 문화유적 보호하자고 캠페인을 벌렸을 것이고, 경제를 앞세워 그저 선조의 유산을 파괴하는 시장은 떨어뜨렸을 것이다.

가끔 필자는 특별할 때 기분을 짧은 글로 적는다. 편의상 시라고 하자. 필자는 천성적으로 노래를 잘 못하므로 젊은 교수 시절 학생들과 어울릴 때 술이 몇 순배 돌면 꼭 노래를 부르라고 합창으로 고문을 한다. 매번 빼기도 뭣하여 조용한 화장실에 급히 가서 몇 자 즉흥

시를 만들어 학생들에게 읊어준다. 내용이야 어찌되었건 육성으로 읊는 시는 그 나름 맛이 있다. 시라는 걸 들어보지 못한 학생들에게는 색다른 경험이었을 것이다. 그러다 보니 작고 큰 행사에서 내 시를 기대하게 되었고 또 기대에 어긋나지 않게 시로 보답했었다. 본의 아니게 시인 건축과 교수가 되어버렸다.

젊은 시절 지금으로부터 딱 40년 전 대학 졸업 직후 당시 해군시설 장교 입대를 일주일 앞두고 본적이 삼척으로 되어 있어서 서울서 내려와 육군 징병신체검사를 받고나서 감회도 새롭게 죽서루를 찾았다. 어린 시절 이후 정말로 오랜만에 누에 올라 난간에 기대앉아서 혼자 펼쳐진 풍광을 바라보며 앞으로 전개될 새로운 인생에 기대 반 두려움 반의 생각에 잠기며 몇 자 끼적였었다.[7]

〈죽서루 벼랑바위〉

1971.5.29.

너 언제부터 여기 있었느냐?
자연이 조각한 마름모 뾰족한 결들
저 아래 초록빛 누운 오십천 향해
허공으로 내뻗어

세차게 휘몰아치는 무정한 바람에
흩휘어졌다 되돌아오곤 하는
온 사방 나뭇가지 나뭇잎들의 위태로운 춤

---

7) 이문희 시인의 도움을 받아 약간 수정했다.

너 언제부터 여기 있었느냐?
전엔 나에게 이곳이 없었다.
굳건히 흔들리지 않는 바위와 나의 순수한 하나됨
허공을 향해 훌쩍 날고 싶은 상상
등줄기 서늘하게 온몸 움츠러든다.

형체 아른한 저 멀리 두타산 줄기
아지랑이에 희뿌옇이 가려진 청운의 미래
안타까이 두 손 벌려 잡으려 해본다.

너 언제부터 여기 있었느냐?
찾아드는 바람 지저귀는 솔새
멀리 구불 산길따라 흘러가는 인조 문명의 낙서 자동차 하나
백사장 자갈밭엔 누렁이 둘
물차고 솟는 장난스런 제비
냇물가 철부지 꼬마 빨래하는 누나

너 언제부터 여기 있었느냐?
전엔 나에게 이곳이 없었다.
떠들썩 학교 꼬마들 정적을 깬다.
화들짝 꿈속에서 깨어나 고개를 들어 하늘구름 향하며
탄탄한 바위 두발로 딛고 다시 오늘로 돌아오다.

어디 처박혀 있던 것을 간신히 찾아내어 지금 다시 보니 감회가 새롭다. 40년 전에는 죽서루 개울 건너에는 자연 그대로의 모래사장과 자갈밭만 있었음이 분명하고 인간의 낙서가 없었고, 사람 또한 개나 새나 산이나 나무나 바람과 마찬가지로 자연의 일부였음이 드러난다. 죽서루 선조 시인들의 시를 전혀 몰랐을 때, 그들이 신선세계에 들어갔다 나오듯이 나도 자연스레 자연에 빨려 들어갔다가 현실세계에

〈그림 5-13〉 죽서루 바로 상류 외나무다리가 있던 여울

다시 돌아온 경험이었다.

지금은 죽서루 개울 건너편으로 가는데 자동차 다니는 큰 다리가 있지만 옛날에는 바로 건너갈 수가 없었다. 그 얼마 더 전에는 한 사람이 겨우 다닐 출렁다리 현수교가 걸려 있었다. 어찌되었건 죽서루를 제대로 보려면 반드시 옛 화가들 그림처럼 개울 건너 반대편에 가서 강 절벽 위 죽서루를 올려다보아야만 한다. 죽서루는 높은 벼랑 바위에 있지만 상류로 조금 더 올라가면 평탄한 여울에 외나무다리가 걸려 있어서 그리로 건너 반대편 모래사장으로 갔었다.(그림 5-13) 지금은 없어졌지만 어렸을 때 내 건너에 소풍을 갔었다. 당시 여울 곳곳에 놓인 외나무다리를 여러 개를 건넜었다. 가끔 뒤뚱이다 재수 사납게 물에 빠진 애들도 나왔다. 선조 시인들 눈에도 외나무다리는 한양에서 잘 못 보던 신기한 광경이었을 것이다.

江面危橋橫一木(강면위교횡일목) 강 위 외나무다리 위태로이 걸쳐
　　　　　　　　　　　　　　　　　　있네
　　人去人來行也獨(인거인래행야독) 오고 가는 사람 홀로 건너네(서성)

　죽서루 팔경으로 일컬어지는 안축(安軸)의 <와수목교'(臥水木橋> 즉 '물에 누운 나무다리' 시는 아래와 같다.

　　一木搖搖跨石灘(일목요요과석란) 외나무다리 흔들흔들 돌 여울 건
　　　　　　　　　　　　　　　　　너는데
　　望來猶恐陷波瀾(망래유공함파란) 바라보니 오히려 물결 속에 빠질
　　　　　　　　　　　　　　　　　까 두렵네

　시에도 누 절벽 아래 배가 나오지만 옛 그림에는 빠지지 않고 반드시 조각배가 등장한다(그림 5-14). 배와 뱃사공이 그림 가운데에서 전체 풍경을 구성한다. 화가 자신이 그림 속에 빠져 들어가 뱃사공이 되는 심정으로 그리는 동양화의 한 기법이기도 하다. 죽서루는 누상

〈그림 5-14〉 강세황 그림의 오십천 조각배

에서도 즐기지만 절벽에서 내려와 개울에서의 뱃놀이가 놀이의 즐거
움에서 빠질 수 없다. 강릉 경포대의 유명한 기생 홍장 얘기에도 뱃
놀이가 절정이다. 과거 30번 가량의 죽서루 수리 중수 기록에 수령이
놀이 배를 만든 기록이 나온다. 처음에는 건물의 보수, 중수 기록에
웬 배가 나오는가 의아해 했는데, 죽서루에 배가 빠지면 더 이상 죽
서루가 아니라는 걸 알게 되었다. "숙종 22년(1696) 부사 이국방(李國
芳)이 태을선(太乙船)을 중수함." 또 "영조 33년(1757) 부사 오수채(吳
遂采)가 태을연엽주(太乙蓮葉舟)를 제작함." 두 번 나온다. 고을 수령의
귀빈대접은 누상 연회 못지않게 누하 강 뱃놀이가 중요했음을 나타
낸다. 또한 으스름달밤에 밤 뱃놀이도 그만이었을 것이다. 김홍도의
평양감사 환영도에 보면 그 넓은 평양 대동강에 온통 배들이 총 동원
되어 감사 뱃놀이하는 어마어마한 장면은 정말 장관이다(그림 5-15).
그에 비하면 죽서루 뱃놀이는 그야말로 아주 소박한 행사였을 것이다.

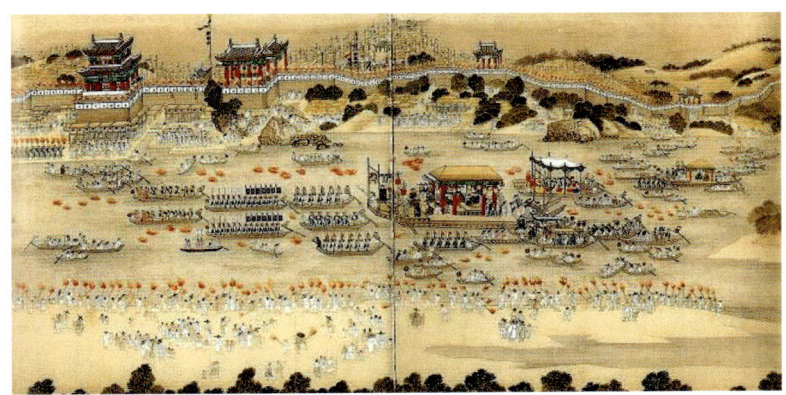

〈그림 5-15〉 어마어마한 평양감사 환영 대동강 밤 뱃놀이. 김홍도 그림
감사 배를 가운데 두고 앞 뒤 좌우 선단이 옹위하고 있다. 강 저편은 평양성벽이고 이쪽은
모래사장이다. 배에서도 사장에서도 횃불을 밝히고 있다.

虹橋雲斷罷行舟(홍교운단파행주) 홍예 다리 구름 조각 걸리니 뱃
놀이 멈추네(최달식)

月明人語木蘭舟(월명인어목란주) 달 밝은 밤, 나무 난간 배에서 사
람 소리 들리네(심영경)

겸재 정선의 그림을 보면 암벽 위 죽서루를 중심으로 왼쪽에 객사
건물 오른쪽에 연근당이 보인다(그림 5−16). 물론 뱃사공과 조각배
가 강 위에 떠 있다. 다른 그림과는 달리 왼쪽 객사 쪽 암벽 아래에
잘 보면 강으로 내려가는 사다리가 걸려 있다. 바로 뱃놀이를 위해
객사에서 위태로운 사다리를 통해 배 타는 암벽 선착장으로 내려갔
음을 알 수 있다.

김홍도, 강세황, 정선의 그림 모두에 절벽 꼭대기 죽서루 좌우에
유난히 큰 나무가 한 그루씩 감싸듯 서 있다. 왼쪽 나무는 지금도 서
있지만, 오른쪽 나무는 근래까지도 아래는 껍데기만 남아 거의 다 죽

〈그림 5−16〉 정선 그림의 조각배

고, 위에 잔가지에 이파리만 몇 붙어 있어서 오랜 세월을 말해 주던 고목나무 천연기념물 94호 죽서루 괴화나무는, 몇 년 전 그나마 완전 수명을 다하고 말았다.

관동팔경은 전부 바다에 면해 누각이 서 있지만 죽서루는 강에 자리 잡고 있다. 비록 강에 있지만 바다와의 거리는 오리에 불과해 바다의 고장답게 바다와 강을 함께 노래한다.

> 海上遲遲獨倚樓(해상지지독의루) 바다에서 천천히 와서 홀로 누에 기대네
> 碧海無東太白西(벽해무동태백서) 동쪽에 푸른 바다 끝없고 서쪽은 태백산이네
> 五十川回碧海通(오십천회벽해통) 오십천 휘돌아 푸른 바다로 들어가네(서증보)
>
> 百尺樓臨湖海上(백척루임호해상) 백 척 누각 호수와 바다 위에 솟았네(서호순)
>
> 江海幽期問白鷗(강해유기문백구) 강과 바다 흰 갈매기한테 기약을 묻는다(심공저)
>
> 欄下孤舟將入海(난하고주장입해) 난간 아래 외로운 배 문득 바다로 들어가네(정철)

내 건너 모래사장은 자주 나온다. 모래사장은 거기에 내려앉은 백구 곧 갈매기와 하나의 조합을 이룬다.

> 沙明苔蘚綠(사명태선록) 모래 맑고 이끼 푸르구나(서성)
>
> 幾時投緩伴沙鷗(기시투불반사구) 언제 벼슬 내놓고 모래사장 갈매기와 더불어 벗할까(정규형)

沙邊一帶湛寒流(사변일대잠한류) 모래가 일대 맑고 찬 물 흐르네
(이이)

냇물 속에 뛰노는 물고기는 시심을 자극한다. 죽서루 팔경으로 일
컬어지는 이달충(李達衷)의 <임류수어(臨流數魚)> 즉 '냇가에서 물고
기 세기' 시는 다음과 같다.

樓下澄潭浸碧空(누하징담침벽공) 누각 아래 맑은 못에 푸른 하늘
잠기고
觀魚不覺夕陽紅(관어불각석양홍) 물고기 구경하느라 석양이 붉어
진 것 알지 못했네

주위 하늘엔 구름이 휘감고 있다.

白雲歸駕故掩留(백운귀가고엄류) 떠도는 흰 구름 수레 타고 돌아
와 숨어 머무르네(십영경)

含白山中雲自出(함백산중운자출) 흰 눈 서린 산중 구름 절로 피어
나네(서증보)

竹樓高興遠雲齊(죽루고흥원운제) 죽서루 높이 솟아 먼 구름까지
닿았네
飛樓縹紗白雲中(비루표묘백운중) 누각 한없이 날아올라 흰 구름
속에 들어갔네(서증보)

죽서루는 서향이다. 서쪽 석양에 지는 해를 죽서루에서 먼 두타
산과 오십천 개울을 통해 정면으로 바라보는 장면은 장관이었을 것
이다.

夕照蒼然兩鬢秋(석조창연양빈추) 저녁 햇살 양 귀밑 흰 털 어둑히
세월을 비치네(서증보)

斜陽樓百尺(사양루백척) 백 척 누각에 해 기울어지네(이준민 李俊民)

五十川頭夕日低(오십천두석일저) 오십천 머리에 저녁 해 내려가네
(서증보)

바람과 냄새와 소리 또한 죽서루를 죽서루로 만든다.

疎風響修竹(소풍향수죽) 산들 바람 높은 대나무 숲 울리네(서성)

山靜鳥啼叢桂樹(산정조제총계수) 산은 고요하고 계수나무 숲에서
새우는 소리 들리네(심영경)

半夜灘聲琴奏曲(반야탄성금주곡) 한밤중 여울물 소리 거문고 타는
소리일세(서성)

지금도 한여름에 누에 오르면 그토록 시원할 수가 없다. 나무숲과
절벽과 냇가와 사통오달 바람에다 탁 트인 경치 모든 것이 누 안의
사람을 시원하게 만든다.

石氣川光夏亦秋(석기천광하역추) 돌 기운 내 빛, 여름이 가을 같네
(서증보)

三伏炎蒸爽似秋(삼복염증상사추) 삼복 찌는 더위에도 시원하기 가
을 같구나(양정호)

虛檻憑危夏亦秋(허함빙위하역추) 빈 난간 위태롭게 기대니 한 여
름이 가을 같구나(정철)

위 세 시의 끝이 추, 추, 추로 끝나는 것은 후세 사람들이 이율곡의 시의 끝 글자를 따와서 즉 차운(次韻)하여 지었기 때문이다. 오늘날 유행 삼행시가 첫 자로 시작하는 것과 똑 같은데, 옛사람들은 끝 자로 맞추었다는 것만 다르다. 대부분 칠언절구(七言絶句) 시로서 7글자 4행시이다. 율곡의 4행의 끝 글자가 가을 추(秋), 흐름 류(流), 시름 수(愁,), 갈매기 구(鷗)의 4글자인데, 첫 행의 '추'이다. 잘 보면 발음에서 4행 끝 글자가 전부 '우' 발음으로 끝난다. 일정한 곳에 같은 발음으로 맞추는 것을 운자를 떼다, 운을 밟다 곧 압운 (押韻)이라 한다. 규칙 속에서 창의성을 발휘하는 한시의 우수성이다.

사계절 중 봄, 여름, 가을과는 달리 흰 눈 덮인 세상의 죽서루는 또 하나의 장관이었을 것이다.(그림 5-17, 5-18, 5-19)

〈그림 5-17〉 죽서루 설경. 앞쪽

〈그림 5-18〉 죽서루 설경. 절벽 쪽

〈그림 5-19〉 죽서루 설경 내다보기

三冬雪色玉爲巒(삼동설색옥위만) 한 겨울 눈 풍경 옥이 모여 산을 이룬 듯하구나(서성)

雪晴月白五更風(설청월백오경풍) 눈 맑고 달빛 흰데 새벽바람 부니

一色乾坤萬里空(일색건곤만리공) 온 세상 한 가지 색, 만리 허공 덮었구나(서증보)

자고로 경치 감상과 놀이와 시 쓰기에는 술이 빠질 수 없다.

眞心好箇罇中蟻(진심호개준중의) 참 마음으로 술잔에 빠진 개미처럼 좋아 마셨네(서성)

如今白首能詩酒(여금백수능시주) 지금은 백발 늙은이 되었지만 능히 시 짓고 술 마실 수 있네(이구)

後孫空醉盂陽山(후손공취맹양산) 후손은 맹양산에서 헛되이 술 취해 있구나(서호순)

당연히 남자 양반 사대부들에게 아름다운 여인이 있어야 흥이 났을 것이다. 여기서 앞서 부분으로 나왔던 정조(正祖)왕의 사행의 어제시(御製詩) 전체를 한번 잘 보자.

彫石鐫崖寄一樓(조석전애기일루) 돌 빚어 절벽에 새긴 기이한 누각 하나
樓邊滄海海邊鷗(누변창해해변구) 누각 가에 푸른 바다, 바닷가에 갈매기 노니네
竹西太守誰家子(죽서태수수가자) 죽서루 고을 태수 뉘 집 자손인고
滿載紅粧卜夜遊(만재홍장복야유) 미인 가득 싣고 밤 뱃놀이 하겠구나

네 번째 행, '배 가득 홍장(紅粧)을 싣고'에서 홍장의 직역은 '붉은 화장' 곧 미인이고 곧 기생이 된다. 또 강릉 경포대의 명기 '홍장'의

인물 고유명사도 된다. 내 비록 왕이지만 그 좋은 경치에 미인들과 함께 즐기는 고을 태수 뉘 집 자손인지 참 부럽구나 하는 갇힌 궁중에서의 심경이 들어있다.

密席戲令紅袖狎(밀석희령홍수압) 조용한 자리 미인과 더불어 허물
없이 노네(서성)

歌娥舞袖隨時出(가아무수수시출) 노래하는 미인의 춤추는 소맷자
락 수시로 나오네(최달식)

時見浣紗女(시견완사녀) 문득 빨래하는 여인을 보니
白晳顏如玉(백석안여옥) 희디 흰 얼굴 옥과 같구나(서성)

우리의 누정에는 반드시 기생이 등장한다. 누정을 구성하는 데에는 지형, 건물, 자연과 함께 시와 그림도 있지만 기생이 빠지면 누정 건축이 성립되지 않는다. 이몽룡이 남원 광한루에 올라 그네 타던 춘향과의 사랑 얘기가 춘향전의 첫 시작이 된다. 진주 촉석루는 논개가 임진왜란 때 연회 도중 흥이 오른 왜장과 다섯 가락지 손가락으로 함께 깍지 끼고 물에 빠져 꽃 같이 장렬히 스러져갔다. 경포대에는 기생 홍장과 강릉대도호부 순시 온 강원도 안렴사 박신(朴信, 1362~1444)과의 남녀상열지사 러브스토리가 있다. 박신이 짧은 운우지정을 나눈 후 공무를 마치고 떠나갈 때 다음에 꼭 데리러 오마고 약속했다. 기별 없이 세월이 흐른 후 다시 와서 찾을 때 부사가 미리 짜고 이미 죽었다고 알려주고는 경포 호수 밤 뱃놀이에 귀신으로 연출하여 놀려먹는 홍장 고사가 홍장암 바위와 함께 살아 있다. 문화해설사의 구수한 입담에 관광객은 넋이 빠진다. 불행하게도 죽서루에는 관광객을 즐겁게

할 명 기생의 러브스토리가 없다. 그래서 아마 죽죽선녀(竹竹仙女) 기생 집 서쪽에 죽서루라는 설이 나오지 않았나 생각된다.

여기서 또 잠깐, 누정의 실제 주인공 기생은 과연 누구인가? 공식 관청소속 관기였다. 요즈음 말로 접대직 여성 공무원인 셈이다. 육체노동을 하는 노비, 남자 노(奴) 여자 비(婢)와는 급이 달랐다. 물론 신분세습제다. 새로 부임한 변 사또가 관기를 점검하여 춘향이 빠진 것을 잡아오라고 한 것은 말이 안 되는 얘기가 아니다. 변 사또는 억울하다. 왜냐하면 당시 천민은 어미 신분을 따른다는 법이 있었기 때문이다. 즉 천자수모법(賤者隨母法). 어미 월매는 기생으로서 성 참판의 총애를 받아 기적에서 빠질 수 있었지만 그 소생 서녀인 춘향은 엄연히 세습 기생 신분이었다. 관청에서 연회를 열 때 노래와 춤으로 여흥을 돋우는 것이 주임무였다. 공식 기쁨조였다. 특히 중앙에서 고관이 왔을 때 그를 편안하고 즐겁게 해 주어야 낮의 공무가 순탄하게 돌아갔을 것이다. 물론 밤에 잠자리까지 보살펴 주는 것이었다. 당연히 그 중 재색이 겸비된 기생만이 특별 선발되어 모시는 영광을 누릴 수 있었다. '수청을 들라'는 춘향전 변 사또의 대사를 모르는 대한민국 사람은 없을 것이다. 같이 잠자리에 들어 몸을 바치라는 것인데, 수청(守廳)의 원 뜻은 즉 공적 공간 대청마루를 지키는 것이다. 즉 방 밖 마루에서 대기하면서 명령을 기다리는데 방으로 들라 명하면 들어야 하니 춘향전 탓에 살수청만이 수청으로 오해 된다. 수령을 가까이 모시는 수청 기생이 몇 있을 수 있었다. 수청은 순 우리말로 '청지기'인데 후에 남자로 바뀌었다.

현대에는 기생을 술 접대부, 몸 파는 창녀로 생각할 수 있겠지만 전에는 좀 달랐다. 조선시대에는 교육은 남성들만의 전유물이었다.

여성들은 의사소통 위한 안글 언문을 익혔을 뿐이다. 그러나 기생들은 기생 전문교육을 철저히 받았다. 시서화에 능해야 하고 노래, 춤을 익혔다. 신분은 미천하나 학식 높은 고관들과 맞상대가 가능해야 한다. 평양기생 황진이는 당시 최고 지식인 화담 서경덕과 학문을 서로 논의할 정도까지 되었었다. 고을 관아에는 기생 처소가 반드시 있었다. 교방(敎坊)이라 하여 큰 고을인 평양감영에는 80여 명까지, 작은 군에는 20여 명 있었다. 삼척에서는 기소(妓所)라 적혀 있다. 고참 행수기생 감독하에 어린 기생(童妓)까지 노래, 춤, 시, 화에 대해 철저히 교육받았다.

고을 '사또'는 백성들이 일명 '원님'을 존대해 부르던 말이고 수령, 부사, 군수가 공식 직함인데 가족이 같이 부임할 수도 있지만 만약 홀로 부임하면 밤에 돌보는 것은 기생 몫이었다. 근엄하리라 생각되는 유교 관리들이라도 혈기왕성한 남자인지라 색을 꺼리지 않았다. '走+肖' 곧 조(趙)씨 가 왕이 된다는 주초위왕(走肖爲王), 나뭇잎에 꿀을 발라 벌레가 파먹게 만든 음모 기묘사화에서 희생된, 도학정치 원칙주의자였던 정암 조광조(趙光祖)는 관기제도를 폐지하고자 노력했으나 대다수의 반대에 부딪혀 실패하고 만다. 선비의 성품에 따라 기생에 대한 태도가 조금씩은 달랐다. 5천 원권 주인공 율곡 이이는 여색을 멀리 했다고 알려졌으나 조선 유교의 쌍벽 천 원권 주인공 퇴계 이황은 학문은 물론 여색도 마다하지 않은 것 같다. 단양 군수로 부임했을 때 두향이라는 기생과 함께한 애틋한 사랑 얘기가 전해오고 있고, 소설가 최인호는 장편 소설 『유림』에서 두향의 무덤을 직접 찾아 나선다. 어찌되었건 관아 부속 누정 죽서루는 기생들의 낮 근무처였다. 기생을 빼고는 누정을 논할 수 없다. 다만 조선시대 유교 위선자들이 공식적으로는 윗동네만 논하고 아랫동네는 드러내 놓지 않았으나 야사에는 기생 얘기가 재미있게 단골로 잔뜩 나온다. 대한민국 최초 50~60년대의 불륜 야한 소설, 지금 기준으로는 아무것도 아니지만『자유부인』으로 유명한 정비석의『명기열전』소설이 유명하다.

오늘날 군수가 그랬다가는 여론의 뭇매에 성할 수가 없겠지만, 예전에는 관리가 부임하면 의당 재색 겸비한 최우수 기생이 선발되어 모시게 된다. 기생을 데리고 노는 것이 얼마나 일반화 되었으면 정조 임금이 죽서루 그림을 보고 기생 한 가득 싣고 밤 뱃놀이 할 그 고을 태수 정말 부럽구나 하고 입맛을 다셨을까?

노래가 따른다.

錦席絃歌散客愁(금석현가산객수) 비단 방석에 거문고 노래 나그네
근심 날려주네(양정호)

高歌還挽綵雲留(고가환만채운류) 큰 노래 소리 비단구름마저 되돌
려 머물게 하는구나(서성)

시가 시 속에 나오고 시인 자신이 또한 시 속에 들어간다.

百篇吟過寫閑愁(백편음과사한수) 백편의 시 읊는 것은 부질없는
시름 달래기 위한 것이네(심공저)

雕欄物色添詩料(조란물색첨시료) 누 난간 조각한 형색이 시 짓는
재료를 더해 주네(양정호)

百年泉石如相待(백년천석여상대) 백 년 세월 샘물과 돌이 서로 어
울려 만든 경치
千古文章不盡遊(천고문장부진유) 천 년 옛 문장으로도 놀 수 없구
나(심영경)

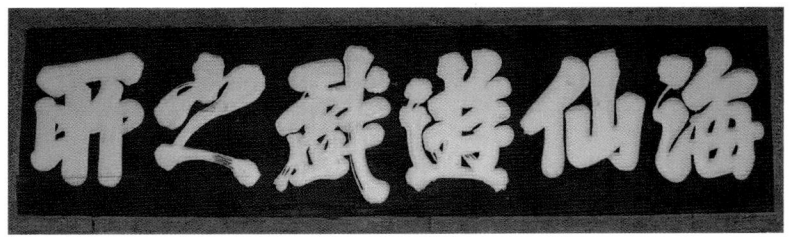

<그림 5-20> 바다 신선이 놀던 곳 현판

騷人自是多幽恨 (소인자시다유한) 시인은8) 본디 숨겨둔 한이 많지만
淸境何須惹客愁 (청경하수야객수) 깨끗한 여기서 어찌 나그네 수
심을 불러내야만 하겠는가 (이이)

佳人不識詩人意(가인불식시인의) 미인은 시인의 마음 알지 못하고
笑殺吟肩似聳山(소살음견사용산) 웃어 넘겨 시인의 어깨만 산처럼
솟네(서성)

老子狂吟應伯仲(노자광음응백중) 노자가 취중 미친 듯 시 읊음은
꼭 이러했을 게다(서성)

험준한 태백산맥을 넘어 서울에서 오자면 여간 어려운 걸음이 아
니었을 것이다. 많은 관리들이 귀양은 아니지만 허목같이 당파에 밀
려 좌천되어 부임하기도 하고 이승휴같이 번잡한 속세와 떨어져 절
호의 은둔의 장소로 삼는다. 따라서 관동의 땅 삼척은 신선이 노는
동네로 자주 묘사된다. 이승휴(李承休, 1224~1300)는 고려말 인생 말
년에 홀어머니가 계신 삼척으로 와서 무신정권 폭압정치와 몽고침입
으로 어지러운 세상에서 죽서루 서쪽 두타산 속에 들어가 제왕운기
(帝王韻紀)를 저술하고 은둔하였다. 유교, 불교는 물론 도교의 신선 사

---

8) 소인(騷人) 시인 문사.

상에도 심취하여 끝내 신선으로 올라갔다는 전설이 있다.

죽서루 내부 동쪽 세 번째 칸에 '해선유희지소'(海仙遊戲之所), '바다 신선이 노는 곳'이라는 명필 글씨 현판이 걸려 있다(그림 5-20). 삼척부사를 지낸(1835-1839) 이규헌(李奎憲)의 작품이다.

당시 서울서 오자면 숱한 날을 걷고 걸어 태백산맥 대관령 관문을 통과 아흔아홉 구비를 걸어 내려와서는 다시 남쪽으로 백 리 길을 더 와서 도달하는 곳이다. 걸어서 한 달이나 걸리는 오지중의 오지이다. 삼척은 배척처, 피난처였고 고려말 휴휴거사(休休居士) 이승휴의 은둔처, 조선시대 미수 허목의 좌천처였었다. 삼척은 서울 한양 기준으로 보아 예부터 가기 힘든 먼 곳이었다. 산으로 둘러싸이고 바다로 열린 삼척은 늘 보던 세계와는 전혀 다른 별천지였음에 틀림없다. 속세와는 다른 신선이 사는 곳이다.

神仙風馭遊怳惚(신선풍어유황홀) 신선이 바람타고 황홀하게 노닐고
蓬壺遙望海漫漫(봉호요망해만만)[9] 아득한 봉래산 바라보니 바다
　　　　　　　　　　　　　　는 멀디먼데
巨鰲頭高長不沒(거오두고장불몰)[10] 거대한 자라 머리 높이 들고
　　　　　　　　　　　　　　움츠러들지 않는구나(서성)

回首蓬萊千里隔(회수봉래천리격) 머리 돌려 신선 봉래산 바라보니
　　　　　　　　　　　　　　천리나 떨어졌네(서증보)

여기서 봉래산이 무슨 산인가? 원래 공자 창시 유교는 예(禮)의 질서를 중시하는 사회 규범적 사상이었는데, 송나라로 내려오면서 인간의 본성과 자연을 깊이 탐구하는 학문으로 바뀌었다. 이름 하여 성리

---

9) 봉래산(蓬萊山) 신선이 사는 주 산.
10) 자라 오(鰲): 바다를 받치고 있는 거대한 영물 자라.

학(性理學), 성질과 이치의 학문으로. 자연히 자연의 도가(道家) 사상으로 들어가 신선의 세계를 이상향으로 추구한다. 공자 유교와는 사뭇 다르게 변질된, 좋게 말해 발전된 습합 유교인 셈이다. 마치 석가모니 금욕 명상 해탈의

〈그림 5-21〉 비원 연못 가운데 섬 봉래산

불교가 중국 가서 신선을 만나 역시 선불교(禪佛敎)가 된 것과 같은 맥락이다. 봉래산은 바로 신선이 사는 산이다. 조선 선비들은 집에 자그마한 연못을 파고 한가운데 섬을 만들어 놓고 건물에서 늘 내다보며 신선을 꿈꾸었다. 육안으로 보이는 섬이 아니라 심안으로 보아야 하는 봉래산이다(그림 5-21). 정신은 사물을 넘는다. 육안의 관찰로 쩔어 있는 서양학문의 한계이고 동양에 길이 있음을 보여준다. 영어를 잘 나불거린다고 국제화가 되는 것이 결코 아니다. 섬을 3개 만들기도 한다. 상형한자 세 봉우리 山처럼 생긴, 이름 하여 삼신산(三神山)이다. 봉래산 좌우 협시 산을 영주산(瀛州山) 방장산(方丈山)이라 부른다. 기왓장 문양에서부터 병풍 그림까지 우리 문화유산에 너무도 많이 나오는 주제이다.

필자 시대 교육은 완전 주입식이었다. 중학교 때 국어책의 시조를 달달 외웠었다. 50년이 지났지만 토씨 하나 안 틀리고 지금도 그대로 머릿속에 남아 있다. 주입식 장점도 분명히 있다. 집현전 학사 사육신 성삼문(成三問)이 왕위를 찬탈한 수양대군 세조로부터 단종의 복위를 모의하다가 발각되어 피바다 국문에서 회유당할 때 올곧은 마음을 시조로 표현한 그 유명한 봉래산 시.

이 몸이 죽어서 무엇이 될고 하니
봉래산 제일봉에 낙락장송 되었다가
백설이 만건곤(滿乾坤) 할 제 독야청청하리라

　너 더러운 놈, 지금 까불지만 나는 신선이 될 거야. 신선 동네 봉래
산에 흰 눈이 온 세상 가득 더러운 세상을 뒤덮을 때 나 휘늘어진 소나
무 되어 홀로 푸르리라 하는 죽음을 코앞에 둔 선비의 강골 기개가 넘
쳐나는 비장한 시다. 그때는 봉래산을 자세히 알지는 못하고 그냥 경
치 좋은 산 이름인 줄 알았다. 그런데 근래 한국건축사 조경 부분 강의
중 학생들에게 연못 한가운데 섬 봉래산을 보여주며 이 시조에 관해
물어봐도 학생들은 잘 모르고들 있었다. 국어교과서가 바뀌어 시조가
없어졌는지? 현대사에서 대통령을 찬탈한 보안사령관 전두환 장군을
칭송하며 역사에서 마찬가지 인물인 단종으로부터 왕위를 빼앗은 세
조 수양대군을 높이고 사육신을 빼버리도록 교과서가 바뀌었는지?
　위 시구절에서 '거대한 자라 머리 높이 들고'에서 자라는 무엇인
가? 중국의 사기(史記) 열자(列子) 바다 아득히 멀리 신선이 노니는 삼
신산이 큰 자라의 등에 업혀 있다는 것이다. 자라 오(鰲) 자는 곧 신선
세계를 말함이요 조선 선비들에게 널리 퍼져 있던 생각이었다.

仙居弱水11)三千里(선거약수삼천리) 신선 동네 약수 삼천리나 흐르고
梵宇淸風五百間(범우청풍오백간) 시원한 바람 부는 범왕 집 오백
　　　　　　　　　　　　　　　　　칸이네 (서성)

---

11) 약수(弱水): 신선이 산다는 전설의 삼천리 길이의 강.

범우(梵宇), 즉 범왕이 사는 궁전은 무엇인가? 범우는 사전에서 절과 같은 말이라 풀이하고 있다. 안 될 말이다. 불교는 인도로부터 들어왔다. 싯다르타 석가모니가 태어나기 전부터 인도에는 전해 내려오는 베다 경전에 의한 브라흐마니즘(Brahmanism)교였다.[12] 이 세상 우주만물을 창조한 신이

〈그림 5-22〉 범어 옴자

브라흐마이다. 당나라 현장법사가 대당서역기를 쓰며 인도 기행을 했을 7세기에는 이미 인도대륙에서 불교가 쇠퇴하고 인도 본래 신앙 브라흐마교 즉 현장 번역어 바라문(婆羅門)교로 돌아가 있었다. 바라문이 바로 범(梵)이다. 석가모니 이후 불교에서 높았던 바라문의 여러 신들을 전부 석가모니 발 아래로 편입시켰다. 세상을 창조한 브라흐만 신이 이른바 한자 번역되어 범천(梵天)이 되었다. 마찬가지로 인드라 신은 제석천(帝釋天)이 되었다. 불교에는 범자가 많다. 범어(梵語)는 산스크리트어로 절 건물 곳곳에 오랜 세월 그림으로 개발새발 옮겨진 범어 글자가 여전히 많이 남아 있다. 가장 유명한 것은 옴마니반메훔 할 때의 세상 시작과 끝을 나타내는 신비한 소리 '옴'자다(그림 5-22). 경주 석굴암 석굴 입구 벽 좌우에 주먹 꽉 쥐고 두 팔을 위아래로 벌리고 있는 흉측한 장사가 문을 지키고 있는데 하나는 '아'(阿)고 또 하나는 '훔'(吽)이다. '아'는 세상의 시작을 알리는 입을 여는 발음이고 '훔'은 세상의 끝 입을 꽉 닫는 발음이다. '옴'은 '아훔'의 압축된 발음이다. 기독교에서 세상의 시작과 끝을 '알파'와 '오메가'라 한다. 교회 입구 벽면이나 설교 탁자에 알파 오메가 **'A Ω'** 글자 장식을 새겨 넣는

---

12) 인도 4카스트에서 최상위 집단을 교과서에서 '브라만'이라 부르는데 브라만은 '브라만 종교의 신이다. 카스트 계급은 오히려 '브라민'(Brahmin)으로 불러야 한다.

다. 신기하게도 곧 서양 기독교의 '알파와 오메가'는 동양 인도의 '아
·훔' 곧 '옴'이다. 동양과 서양은 근본부터가 서로 같은 것이다. 불교
라면 질색하는 한국 보수파 개신교 목사님들이 절의 아훔 문지기가 알
파와 오메가와 똑 같다는 것을 안다면 어떤 표정을 지을는지 궁금하다.
그러니 현재처럼 서양건축사와 동양건축사를 아무 상관없는 듯이 분리
해 배우는 것은 바보 같은 짓이다. 일본에 '옴진리교'라는 사린가스를
뿌려 테러도 했던 사이비 종교집단도 있었다. 소리를 통하여 진리를 퍼
뜨리고자 하는 우리말로 '참소리'인 진언종(眞言宗)이 일본 불교의 주류
종파에 속한다. 인도의 베다 경전이 모두 그렇듯 낭송의 운율로 쓰여 구
술 전승되었다. 소리로 진리에 도달하려는 것이 바로 '만트라'이다. 뜻
은 몰라도 상관없는 한자로 된 불경을 반복해서 되뇌는 염불이 그 전통
에서 나온 것이다. 다라니경 역시 같은 성질의 것이다.

　범패(梵唄)는 불교 제례 음악이다. 그런데 불교 성향 인도의 신 '범
왕'이 불교라면 질색하는 유교 선비들의 시에 등장할까? 동아시아 문
명의 위대함, 불교와 신선사상의 습합하고 다시 유교와 습합한 거대
한 비빔밥 통이 되었다. 범우는 이 세상 창조신이 브라흐마, 즉 옥황
상제가 사는 궁전이다.

吟望玉京依北斗(음망옥경의북두) 북두칠성 의지해 옥경[13] 바라보
며 시를 읊네
此樓疑是廣寒宮(차루의시광한궁) 이 누각이 곧 광한궁이 아닌가(서증보)

　광한궁(廣寒宮)은 달 속에 있다는 선녀 항아(姮娥)가 사는 궁궐이다. 이
제는 인간이 달에 착륙해 버려 이미 버려버렸지만, 시성이며 주성인 이태

---

13) 옥경(玉京): 하늘 위 옥황상제가 사는 서울.

백이 술 먹고 달을 잡으려 했다는 동양문명의 신비 속에 녹아 있다. 남원 춘향과 이몽룡이 첫 만남을 가진 정자 이름도 신선이 노는 광한루였다.

鳳池司諫臥仙槎(봉지사간와선사) 중서성14) 사간은 신선 뗏목에 누워
早知滄浪漁父歌(조지창랑어부가) 일찍이 창랑 어부가를 알았네(이구李球)

丹砂未必求句漏(단사미필구구루) 단사를15) 반드시 구루산에서 구
할 필요는 없네(서호순)

蓮舟未與仙人遇(연주미여선인악) 연꽃잎 따는 배는 아직 신선을
만나지 못했네(심공저)

關東仙界陟州樓(관동선계척주루) 관동 신선의 땅 척주의 누각
天上玉京隣北左(천상옥경인북좌) 하늘 나라 옥경이16) 북쪽에 가
깝구나
夢中銀潢聽西流(몽중은황청서류) 꿈속에 가로 걸린 은하수 소리
서쪽으로 흘러가네(정철)

심공저의 1804년의 시 연꽃잎 따는 배 '연주(蓮舟)'는 부사 오수채 가 그 전 1757년 제작한 배 태을연엽주(太乙蓮葉舟)를 말함이다.

비록 강이지만 바다와 가까워 모래사장에 앉은 갈매기가 자주 시에 등장한다. 갈매기와 절친한 벗이 되기도 하고 답답한 심정을 토로하기도 하며 종국에는 내가 곧 갈매기로 하나가 되기도 한다.

碧崖西畔弄眠鷗(벽애서반롱면구) 푸른 절벽 서쪽 물가 조는 갈매
기와 놀아 보리(이이)

---

14) 봉지(鳳池): 행정 심의를 하던 중앙 관아 중서성(中書省)을 일컬음.
15) 단사(丹砂): 신선의 화덕에서 얻는 불로불사약.
16) 옥경(玉京): 하늘나라 옥황상제가 사는 서울.

樓邊滄海海邊鷗(누변창해해변구) 누각 가에 푸른 바다, 바닷가에
갈매기 노니네(정조 어제시)

幾時投紱伴沙鷗(기시투불반사구) 언제 벼슬 내놓고 모래사장 갈매
기와 더불어 벗할까(정규형)

江湖一約負沙鷗(강호일약부사구) 강호에 살기로 한 약속 모래사장
갈매기에 부끄럽구나[17] (양정호)

怊然回首問沙鷗(초연회수문사구) 슬피 머리 돌려 모래사장 흰 갈
매기에 물어보노라(정연택 鄭然澤)

坐對空濛渾是畵(좌대공몽혼시화) 앉아서 허공에 가물가물 가랑비
대하니 한 폭의 그림같구나
俯臨澄碧自疑鷗(부림징벽자의구) 맑고 푸른 물 내려다보니 내 자
신 갈매기가 된 듯 싶네(서호순)

이렇듯 선인들은 시 창작을 통하여 죽서루를 절벽 바위, 냇물, 먼
산, 마을, 나무숲, 물고기, 외나무다리, 배, 바람, 구름, 석양, 눈, 갈매
기, 서늘한 공기 등등 자연과의 관계 속에 탄탄히 놓았다. 건물 죽서
루는 단순한 사물로서의 건물이 아니라 시인과의 관계 속에서의 인
간과 사물이 하나 되는 죽서루로 다시 태어난다.

여기서는 시들을 항목별로 부분부분 따오는 바람에 한편의 시 전
체를 감상하지는 못하는 단점은 있다. 생략한 뒷부분 대부분은 경치
를 통해서 자신의 억울한 심경을 토로하거나 임금을 향한 충정이나
지나온 세월을 회고하고 늙음을 한탄하는 것들이다. 한시 작법에서
선경후정(先景後情) 즉 시 전체 단락의 앞에 경치, 뒤에 마음이라는 틀
이다. 어찌되었건 건물 죽서루는 흔히 건축쟁이들이 보듯 나 홀로 사

---

17) 삼척부사로 1728년 5월~1729년 10월 파직. 강호에 산다는 것은 벼슬 않고 초야에 묻혀 산다는 것.

물로서의 죽서루가 아니라 또 반대로 사물맹 인문쟁이들이 보듯, 말로만의 죽서루가 아니라 자연 속에서의 건물, 그 속의 인간이 중심이 되는, 즉 자연과 인간과 건물이 하나 됨을 확실하게 보여준다.

06

현상학의 체험 죽서루

건축 죽서루 얘기를 하자면 현상학(現象學 phenomenology) 철학 얘기를 먼저 해야 할 것 같다. 건축물 죽서루는 나무와 기왓장과 돌로 이루어진 무생물 사물이다. 건축학이 여태까지 인문학보다 공학에 속하여 물질로 보는 교육을 잘 받은 탓에 자기도 잘 모르게 유물론자가 되어 있다. 건축 역사, 전통건축 관련 책은 전부 기둥 몇 칸이고, 지붕이 어떻고, 구조형식이 어떻고, 무슨 양식이고, 세부 기법은 어떻다 하고 지극히 사물과 형태 위주로 쓰여 있다. 건축은 그 안에 들어가 사는 사람, 즉 사용자를 위하여 만들어진 껍데기에 불과한데, 현대에 들어와 건축가란 전문직이 만들어 지고 난 후에 속 내용은 잃어버리고 껍데기만 가지고 찢고 빻고 하는 것이 건축, 건축역사라고 하는 큰 착각에 빠져 있다. 죽서루를 설계하고 지은 사람들은 당시 자기네들의 삶에 딱 맞게 만든 그 결과물이 오늘날 보는 죽서루 건축이다.

우리가 현재 가보는 99칸 양반집은 대부분 할머니 한 분만 사신다. 십수 년 전 정읍 김동수가를 홀로 지키시던 할머니가 돌아가신 후 완전 폐허가 되었다가 근자에 가보니 다행히 정읍시에서 사서 관광용 문화재로 관리하고 있었다. 강릉 선교장을 지키던 필자 논문의 주면

담자였던 종부 성기희 여사도 몇 해 전 돌아가셨다. 지금은 99칸에 한두 명 살지만 한창 때는 한 끼에 50인분 가마니로 하나 지어야 할 정도로 각 계층의 사람들이 바글거렸었다. 따라서 오늘날 보는 건물은 사진 찍어봐야 소용없고 그 당시 상황판으로 돌아가 '건물—사람'의 짝을 찾아야만 건물을 이해할 수 있다. 할아버지, 아들, 손자의 가족 남자와 시할머니, 시어머니, 며느리 가족 여자와 '당내(堂內)'로 표현되는 마음대로 드나들 수 있는 가까운 친척, 그리고 집사, 약방, 훈장, 포수 등의 기능직 중인, 마당쇠 같은 남종 노(奴), 침모 찬모의 기능직, 육체노동의 물담사리, 여종 비(婢)가 있다. 그리고 부정기적으로 방문하고 머무르는 접빈객 대상의 손님 등등 각 계층 사람들의 공간점유 방식을 이해해야만 선교장 건축을 이해할 수 있다.[1) 누정 죽서루도 마찬가지다. 오늘날 관광객, 답사객이나 건축쟁이로는 코끼리 다리만 만지고 올 뿐이다. 당시 관료제도, 계급제도, 기생제도 속에서 죽서루가 있을 뿐이다. 야은(冶隱) 길재(吉再, 1353~1419)가 망한 고려 수도 개성을 돌아보며 "오백년 도읍지를 필마로 돌아드니 산천은 의구하되 인걸은 간 데 없네." 옛시조처럼 죽서루 건물 껍데기에 H. G. 웰스의 타임머신(Time Machine)을 타고 거슬러 올라가든가 아니면 영화처럼 백 투 더 퓨처(Back to the Future)로 가서 건물에 당시 옛 사람을 집어넣어 그들 삶 속에서 건축을 보아야만 그것이 건축을 보는 바른 역사다.

삶을 보지 못하고 껍데기만 본다는, 바로 건축을 사물로 보는 그 태도 때문에 백여 년 전 서양에서 혁명적으로 시작된 당시의 최첨단 현대건축(Modern Architecture), 즉 지금 언어로 하면 지나간 근대건축이 결국 실패하고 말았다. 아마 대부분 한국건축가들은 그게 실패했

---

1) 관심 있는 분은 졸고, 「상류 전통주거 강릉 선교장의 해석」, 『건축역사연구』, 1999.12. 읽어보기 바람.

는지 어쩐지 알지도 못하고 관심도 없겠지만 말이다. 1950년대 말부터 도대체 건축가란 사람들이 설계한 집에는 살기 힘들다는 건축가 불신 운동이 보통사람들로부터 대대적으로 쏟아져 나온다. 근대건축가 르 코르뷔지에가 설계한 포도로 유명한 지역 보르도의 성냥갑형 집합주거는 농촌 지역 주민들이 생각하는 경사지붕 전통주거와는 동떨어졌으므로 나중에 주민들이 마음대로 경사지붕도 만들어 넣고 무미건조한 일자 창도 옛집의 개성 있는 창으로 고치는 등 주민들의 삶과는 무관한 살기 힘든 건축으로 판명 났다.2) 또한 일본계 미국인 미노루 야마사키가 설계한 건축상까지 받은 프루트아이고 주거단지는 백인 중산층 기준에는 합당하겠지만 결국 주민인 저소득 흑인 계층의 삶에는 맞지 않아 황폐해지더니 범죄지역이 되고 말아 어쩔 수 없이 폭파 해체되어 버리고 만다. 영국으로부터 독립 후 네루 수상이 국가 건설을 위해 당시 최고 건축가 르 코르뷔지에를 초청해 인도 펀자브 주 찬디가르 신수도를 총체적 계획에서부터 개 건물 설계까지를 맡기는데, 전통적 인도인의 생활과는 동떨어진 서구 형태를 이식하여 문제가 많이 발생한다. 또 식민시대 해안에만 대도시들이 자리잡았던 브라질을 개조하여 새로이 내륙을 개발하기 위하여 브라질리아라는 신수도를 벌판에 짓게 된다. 코르뷔지에 류를 추종하는 건축가 루치오 코스타 계획에 오스카 니마이어 설계로 현대식 그림 같은 도시를 지었으나 기능별로 분리된 구역, 사막같이 넓은 길, 베란다 없는 전면 유리창 등등 토종 브라질 사람들에게는 재앙이었다. 결국 주민의 삶에는 소홀하였던 건축가들의 슬픈 이 얘기는 브렌트 브롤린의 『근대건축의 실패』에 잘 나와 있다.3)

---

2) Phillipe Boudon, *Lived-In Architecture:* 『들어가 사는 집』으로 번역할 수 있다. MIT 출판. 1969.

그 후 일반 대중으로부터 신뢰를 잃은 결과 유사 이래 도시도 함께 다루던 위대한 직업의 건축가는 결국 도시를 잃어버리게 되었다. 별도의 도시학 전공이 탄생하게 된다. 서구 스타일의 건물을 현대건축이라 하여 전 세계에 심으려던 국제주의가 허물어지고 지역 토속주의에 눈을 돌리게 된다. 네모 상자갑 모양의 기능주의 국제주의 양식은 역사를 다시 찾자는 움직임으로 바뀌게 된다. 이 와중에 1930년대부터 매년 세계 건축가들이 모여 회의, 토론, 작품 발표로 흐름을 선도하던 '국제 현대 건축가 의회(CIAM: International Congress of Modern Architect)'가 깨어지고 대신 Team 10그룹이 탄생하여 결국 '탈근대건축(Post Modern Architecture)'으로 나가게 된다.

그중 중요한 흐름은 거장 건축가 중심 또 돈 내는 물주 건축주(client) 중심 건축이 아니라 보통 사람 '사용자(user)' 중심으로 방향을 모색하게 된다. 수천 년 건축역사에서 처음 등장한 보통 사람 사용자, 설계비를 주지는 않지만 역시 건축주인 인간을 위한 건축 처방이 나온다. 그 큰 흐름 하나는 인간의 행태주의, 또 하나는 기호의미론, 또 하나는 전통건축에서 배우자는 토속주의가 있다. 보다 중요한 흐름 중 하나는 지금 말하려는 '현상학(現象學) 철학(Phenomenology)'이다. 현상학 하면 또 하나의 골치 아픈 철학 이론을 소개하는가 하고 겁먹을 필요 하나도 없다. 어린애도 다 알 수 있는 지극히 상식적인 얘기다. 고등학교 수학 첫 시간에 무리수, 소수, 자연수 등등 정의가 나온다. 자연수는 "1부터 시작하는 양의 정수이다"로 시작하여 두세 줄 만만치 않은 정의가 나온다. 당시 존경하는 권문수 선생님이 "그거 생선장수 물고기 세는 수야" 한마디로 끝났다. 반 마리, 영 마리, 마이

---

3) Brent Brolin, *Failure of Modern Architecture.*

너스 마리, 루트 2마리라는 것은 없으니 복잡하던 머리가 한 방에 정리되어 지금까지도 잘 남아 있다. 지금 이름 붙이면 수학의 현상학적 접근이다. 그 선생님은 그 후 서울 올라와서 대형 상록학원을 몇 개나 운영하며 준재벌이 되어 은퇴하셨다.

열 손가락으로 세상을 파악하는 '주먹구구'는 현대 계산기 과학으로 보면 유치한 것 같지만, 인류 탄생부터 있어 온 인간과 주위 세계를 가장 건강하게 연결시켜 주는 첨단 수학인 것이다. 우리가 쓰는 10진법은 바로 열 손가락으로부터 나온 것이다. 구세대 아날로그를 뒤로하고 현대 최첨단이 된 '디지털'의 디짓(digit)이 바로 주먹구구의 '열손가락'이라는 것을 아는 사람은 드물다. 주먹구구가 바로 현상학적 수학인 것이다.

시간이라는 것을 보자. 현대인은 시계가 없으면 시간이 없는 줄 알지만 원시시대부터 시간은 있었다. 모든 문명에서 해가 뜨고 지는 것으로 하루가 이루어진다. 인간도 포함 모든 동물은 잠을 자야 하므로 해가 지고 잠자는 것이 시간의 기준이 되었다. 먹어야 산다. 먹는 것이 시간의 기준이 된다. 우리말 아침 일찍이 어디 갔다 와라 하는 것을 '식전에(食前)'로 표시한다. '점심때' 만나자 1시쯤 만나자고 약속 잡으면, 밥이 기준이 된다. 밥을 먹고 만나자는 거야 아니면 밥을 사주겠다는 거야 하고 의문이 생긴다. '배꼽시계'라는 우리말처럼 시계라는 기계를 기준으로 한 시간이 아니라 사람을 기준으로 한 시간이 의미가 있다. 사람을 기준으로 한 시계 배꼽시계는 바로 현상학적 시계인 것이다.

'지구촌'이라는 말이 있다. 비행기 교통, 통신, TV에 의해 시간이 국가 간 거리가 좁혀져 한마을처럼 되었다는 얘기인데 여기에 급물살을 탄 것이 바로 세기의 발명품 인터넷이다. 필자가 30년 전 미국 대학에 유학하기 위해 안내책자와 지원서 양식을 보내달라고 편리하면 가는데 최소 열흘, 받아 보는데 2주, 지원서를 우편으로 부치는데 열흘, 총 한달 이상이 걸렸었다. 지금은 전부 인터넷으로 즉시 처리된다. 심지어 추천서도 우편으로가 아니라 이메일상에서 즉시 전송하게 되어 있다. 140년 전 쥘 베르느의 소설『80일간의 세계일주』가 있다. 영화로 여러 번 만들어졌는데 근래 성룡 나오는 것보다 예전의 소피아 로렌 나오는 것이 훨씬 익살스럽고 재미있다. 비디오방에서 한번 찾아 감상하시기를. 영국 신사클럽에서 지구를 한 바퀴 도는 여행을 하는 데 80일이면 충분하다고 내기를 한다. 런던에서 출발해 수에즈 운하를 거쳐 인도 뭄바이에 도착해 대륙을 기차로 가로질러 콜카타에서 홍콩으로 배를 타고, 다시 일본 요코하마로, 다시 태평양을 건너 미국 샌프란시스코로, 다시 미 대륙을 기차로 횡단하여 뉴욕으로, 드디어 런던에 도착했으나 정확히 80일간의 약속 시간에 단 하루 늦게 되어 전 재산을 날리게 되어 실의에 빠져버렸다. 그러던 중 우연히 날짜변경선 덕에 하루를 벌었다는 사실을 알게 되어 급히 클럽으로 뛰어가서 간신히 약속 시간 3초 전에 도착하여 내기에 이기게 된다는 소설이다. 그 과정에서 가지가지 사람들을 만나고 모험을 하게 되어 우여곡절 끝에 잘 먹고 잘사는 결말로 끝나게 된다. 당시 지구 일주 80일간을 지금은 불과 하루 이틀이면 충분히 도니 가히 지구촌이 맞다. 먼 나라가 이웃 마을이 되어버린, 과학적 거리는 그냥 체험의 시간에 녹아버린다. 인간 체험 위주의 거리 지구촌, 수만 킬로미터 거리가 마실 나가는 시간 거리로 축소되어버린 바로 현상학적 거리이다.

학생들에게 흥미 있는 강의는 3시간이 금방 지나가지만 지루한 강의는 아무리 시계를 들여다보아도 시간이 가지 않는다. 재미있는 일을 하면 밤이 금방 홀딱 새고 만다. 해본 사람은 알겠지만 사랑하는 남녀가 운우지정을 나누면서 회포를 풀다 보면 아쉽게도 금세 날이 훤해온다. 흔한 옛날얘기 속에서 야속하게도 첫닭 우는 소리가 들리게 된다. 그러나 지겨운 일을 시키면서 밤을 새우라고 하면 아무리 시계를 계속 들여다봐도 시간은 가지 않는다. 인간 체험 중심 현상학적 시계는 기계적 시계와는 전혀 다르다. "어른들은 숫자에만 관심 있어" 하는 생텍쥐페리의 어린 왕자야말로 의미와 가치에 충만한 현상학의 왕자이다.

시간, 우리가 단순하게 알고 있는 시간은 오랫동안 철학자들의 주제였다. 초현실주의로 분류되는 스페인 화가 살바도르 달리(Salvador Dali)의 명화 <기억의 고집>을 본 적이 있을 것이다. 황량한 사막에 정확을 생명으로 하는 현대 문명의 둥근 시계가 마치 무말랭이처럼 우그러져 나뭇가지에도 축 늘어져 걸려 있고 탁자에도 접혀 있는 그림이다. 또 고등학교 때 영어교과서에 나왔던 유명한 '립 반 윙클(Rip Van Winkle)' 이야기가 있다. 전설 이야기인 줄 알았는데 지금 찾아보니 19세기 어빙(Washington Irving)이란 미국 작가의 단편소설이다. 뉴욕 주 허드슨 강 인근 마을에 살고 있던 초기 네덜란드 정착인 립 반 윙클이라는 게으름뱅이 공처가가 산에 사냥을 갔다가 이상한 낯선 사람들을 만나 술을 훔쳐 마시고 취하여 잠들었다 깨어나 마을로 돌아왔는데, 이게 웬걸 아는 사람이 전혀 없다. 알고 보니 20년간이나 잠들어 있었단다. 부인과 친구들은 이미 모두 죽었고 다행히 딸들이 살아 있었다. 단골 마을 선술집에는 못 보던 국기, 즉 미국 성조기가 걸려 있고 영국 조지 국왕 대신 조지 워싱턴이라는 낯선 초상이 붙어 있었다. 과거 세계 영국 식민지에서 신생 독립 미국으로 돌아온 립은 두 세계를 경험한 산 역사가 되었다는 얘기이다.

시간은 더 이상 객관적·기계적·과학적 시간이 아니다. "신선놀음에 도낏자루 썩는 줄 모른다"는 우리 얘기가 있다. 어떤 나무꾼이 신선들이 바둑 두는 것을 정신없이 보다가 제정신이 들어보니 세월이 흘러 도낏자루가 다 썩었다는 데서, 아주 재미있는 일에 정신이 팔려서 시간 가는 줄 모르는 경우를 비유적으로 이르는 말이다. 3세기 진나라 때 왕질이라는 나무꾼이 나무하러 산에 갔다가 동자 몇이서 바둑 두는 것을 구경하며 대추알을 하나 주워서 얻어먹었는데 바둑이 끝나고 집으로 가야겠다고 생각하고 도끼를 집었는데 아니 자루가 다 썩어 가루가 되어 있는 게 아닌가. 마을에 돌아오니 폐허가 된 집 자리만 남아 있어서 인근 낯선 얼굴의 사람들에게 물어보니 오래전에 나무하러 갔다가 돌아오지 않은 자기 얘기를 하고 있고, 7대손이 인근에 살고 있다는 얘기를 듣는다. 보다시피 시간은 주관적인 것이다.

근대건축 열렬 옹호 이론가였던 Sigfried Giedion의 유명한 『공간, 시간, 건축(Space, Time and Architecture)』은 한국건축계에 최초로 들어온 이론서였다. 학창시절 당시 낮은 베개만큼 두꺼운 원서 그 책을 끼고 다니는 것만으로도 충분히 유식한 척 폼을 잡을 수 있었다. 나중에 깊이 파고들어 가보면 그가 말한 '시간-공간'이란 유치하기 짝이 없었다. 공간이 서로 연속되어 내외 공간이 서로 교차되는 것을 말함이었다.[4] 또 피카소 입체파를 설명하면서 투시도의 한 시점을 떠나 여러 방향에서 동시에 보자고 하면 될 것을 애꿎은 아인슈타인까지 끌어온다.[5] 필자 대학교 시절에 설계 최종 마감에 반드시 채색 투시도를 제출하게 되어 있었다. 이제는 대학 설계과제에서 어느 교

---

4) Sigfried Giedion, *Space, Time and Architecture*. 서문 37p.
5) 위 책. 436쪽.

수도 투시도를 요구하지 않는다. 축소 모델로 만들어 빙글빙글 사방에서 돌려보면서 투시도의 눈속임 왜곡에서 벗어났다. 다만 대중 상대 공사장 입간판에서나 아파트 분양에서 아줌마들 홀리기 용으로는 여전히 투시도가 소용된다. 20세기 초 당시 막 활동사진이 발명되어 찍을 수 있는 연속 동작 사진이 회화와 조각에 영향을 주었었다. 연속 동작을 한꺼번에 그린 마르셀 뒤샹(Marcel Duchamp)의 추상화 <계단을 내려오는 벗은 여자>(1912) 그림은 근대건축의 시−공간 연속체를 설명하는 데 즐겨 동원된다. 한마디로 하면, 한 점에서 보지 말고 걸어가면서 보자고 하면 될 간단한 얘기를 '4차원 시−공간'이라는 거창한 날구라로 포장한다. 지금 시점에서 보면 그는 학문하는 학자가 아니라 단순 비평가일 뿐이었다. 다만 우리 현대 건축가들은 물론 학자들까지도 그럴듯한 포장에 속아 넘어간다. 이것을 현대이론가 브루노 제비(Bruno Zevi)가 이어받아 한술 더 뜬다. 4차원 시공간은 건축가들이 아무렇게나 멋으로 쓸 말은 아니다.

그렇다면 선, 면, 입체 공간을 넘어선 4차원이 무엇인가? 위대한 공상과학 소설 선구자 H. G. 웰즈(Wells)의 여러 번 영화로도 만들어진 『타임머신』에서 시간이 4차원이라는 것이 첫 부분에 잘 설명된다. 공간이 시간 축을 따라 이동하면 전혀 다른 세계가 된다는 것이다. 얼핏 도낏자루 썩는 신선놀음의 시간은 하나의 우화에 불과하고 주관적이고 동시에 비과학적이라 생각된다. 현상학적 시간은 자기중심이라 주관적이고 비과학적이다? 아니다. 아인슈타인의 상대성 원리를 제대로 이해하는 사람도 드물겠지만, 물리학자가 아닌 필자가 이해한 요점은 관찰자가 빛의 속도로 빠르게 움직일 때 중력에 의해 시간과 공간이 휘게 된다는 것이다. 빛이 직진하는 것이 아니라 휜 공간을 따라 휘어간다. 앞으로 일어날 일이지만, 지구에서 우주선을 타고 몇 년 여행하고 돌아와 보면 지구에서는 친구들이 다 꼬부라진 늙은이가 되었거나 이미 늙어 죽었을 정도로 시간이 빨리 흘러갔다는 것이 엄연한 현대의 과학적 사실이다. 정확하게 도낏자루 썩는 옛날얘기 시간이 현대 우주 과학에서의 시간과 일치한다.

기계적 시간보다 체험 중심의 인간적 시간이 중요함을 말했다. 마찬가지로 기계적 척도 미터 단위에 대해 인간 중심의 인간 척도(human scale) 얘기를 안 하고 넘어갈 수는 없다. 이 글은 "내 코가 석 자 속담은 어떻게 하나?" 제목으로 2007.7.2.자 ≪중앙일보≫에 칼럼으로 실렸다.

"우리의 단위 '평'을 지키자"

7월부터 산업자원부에서 건물 면적 표기에 평(坪) 단위를 사용하면 벌금을 물려 처벌한다고 한다ㅡ 반드시 미터 단위만 사용하도록
자(尺) 단위의 평은 우리 문화에서 유구한 전통을 가지고 있는 인간 중심의 단위이다. 한 평은 6자, 어른이 큰 대자로 누우면 차지하는 면적이다. 삼척동자도(3자=90cm, 아이) 알기 쉽다. 아파트 25평, 40평은 얼마 규모인지 국민 머릿속에 다 들어 있다.

그러나 문제는 미터란 단위는 인간과 아무 관련이 없는 과학적 치수일 뿐이라는 점이다. 즉, 서양의 나폴레옹 시절 지구 둘레를 4천만 분의 1로 나눈 인위적 단위에 불과하다. 따라서 1평방미터는 인간과 전혀 관련이 없기 때문에 머릿속으로 가늠하기가 쉽지 않다.

역사상 인류 모든 문명에서 단위는 인체를 중심으로 생겨났다. 내 코가 석 자라든가, 열 길 물속은 알아도 한 길 사람 속은 모른다는 우리의 속담이 모두 인체 단위로 되어 있다. 돌팔매 거리. 한 마장 거리, 성경에서 유명한 노아의 방주 치수인 팔꿈치 길이 큐빗 등등. 방의 크기, 천장의 높이, 문짝의 폭 모두 인체 치수 중심으로 정해진다. 무게도 사람이 들

수 있고 질 수 있는 분량으로, 부피는 마실 수 있는 분량 단위로 정해졌다. 지구촌이란 말도 초고속 비행기 교통수단에 의해 80일간의 세계일주가 하루 거리로 줄어들었기 때문에 나온 것이다. 거리를 단순 수치가 아닌 인간의 체험 중심으로 '몇 시간 거리'로 환산하기 때문이다. 시간의 단위는 해 뜨고, 해 지고, 밥 먹고, 잠자고, 일어나는 시간으로 정해졌다. 인간이 자기 체험으로 주위 대상과 연관시켜 살아온 인간 중심의 척도이다. 인간 척도(人間尺度: human scale)는 이름 하여 현상학적 철학을 바탕으로 한 탁월한 단위이다.

그렇다면 단위의 국제적 통일이 꼭 필요할까? 첨단시대에도 선진국인 미국, 영국에서는 피트, 파운드 단위를 써도 잘 먹고, 잘살고 있다. 신기하게도 동양의 '자' 단위와 영미의 '피트' 단위가 똑같이 30센티미터이다. 그들의 집 면적을 나타내는 '평방피트'는 그대로 우리의 '평방 자'이고 평의 36분의 1이다. 척도 단위는 목적에 따라 적합한 단위를 사용하면 된다. 지금도 국제 공용 표준 해도의 물깊이를 표시할 때는 6자, 즉한 '길' 단위로(fathom: 패덤) 표시한다.

식당에서 막연한 고무줄 단위인 1인분으로 파는 것은 단속해야 하겠지만, 정확한 단위인 1근으로 파는 것에 대해서는 당국은 무게를 속이는가 여부만 감시하면 된다. 통일 단위로 단속하고 벌금부과 처벌한다는 법령은 국력을 쓸데없는 데 낭비하게 되고 전 국민을 범법자로 만드는 법령이라 아니할 수 없다. 이는 과학만능주의를 바탕으로 하여 국민을 개조시키려는 계몽주의 오만한 공무원의 발상이라 아니할 수 없다. 역사적으로 나폴레옹이나 진시황 같은 권력 독재자들은 물샐틈없는 획일화를 좋아했었다. 암울했던 처벌 능사의 군사독재시대로 회귀하는 것 같기도 하고 새로운 과학독재시대로 진입하는 것으로도 보인다. 숨 쉬는 인간의 집은 기계가 들어차는 공장이 아니다.

단위의 통일 목적이 자원의 낭비를 막도록 하는 효율화, 표준화 작업의 하나라는 것을 이해 못 하는 바는 아니나, 미터 단위로의 무차별 통일은 우리의 유구한 문화 전통에 대한 엄청난 도전이 된다. 그 법령이 무슨 근거로 어떻게 제정되었는지는 모르나, 과학에서 미터 단위로 통일해 쓰자는 것은 무방하나, 국민의 일상생활과 밀접한 분야의 호칭은 그냥 내버려두어, 지금처럼 '평'을 그대로 쓸 수 있도록 관계 당국에 당부한다. 당국자들이 국민의 종복이라는 본질적 인식을 한다면 말이다.

산업자원부에서 막무가내 압력을 넣으니 신문사도 꼼짝을 못한다. 국제화라고 사기 치면서 m법 표준화에 목숨 거는 그 기세등등한 고위공무원들도 여전히 국제시장에서 석유 값 배럴당 얼마, 금값 온스당 얼마, 곡물은 부셸당 얼마 하는 국제사회를 향해 감히 m, kg, m^3 단위로 바꾸자고 찍소리도 못하면서, 또 과학 선진국 미국, 영국더러 피트, 야드, 파운드 쓰지 말라고 입도 뻥끗 못하면서 애꿎은 우리 단위 훌륭한 인간 중심의 척관법만 비과학적인 것처럼 오도하며 죽여버렸다. 그러나 결코 죽지 않는다. 일반 국민은 여전히 부동산 가격에 계속 평당 가격으로 부른다. 다만 공식적으로 못 쓰게 하니 $3.3m^2$당 얼마 하면서 눈 가리고 아웅 할 수밖에 없다. 건설회사에서는 아파트 분양 팸플릿에 평을 못 쓰게 하니 25형이니 45형이니 하고 암호를 쓸 수밖에 없다. 텔레비전 판매점에 가면 역시 화면 대각선 길이 인치로 표시되는 국제규격을 못 쓰게 하니 역시 29형, 32형의 암호가 나온다. 왜 그런지에 대해 아무 생각 없이 무조건 밀어붙이면 다 되는 줄 안다. 산업자원부 공무원들은 언론을 통해 m^2만 정확하고, 똑같이 정확한 단위 평을 부정확하다고 거짓말 선전을 한다. 평은 머릿속에 감이 잡히지만 m^2는 복잡한 단지 숫자일 따름이다. 바위를 파서 만든 불교 석굴로 유명한 인도에 가면 승원굴 비하라는 안마당을 중심으로 비구들의 사방 독방들로 둘러싸여 있다. 딱 한 사람이 누울 수 있는 돌침대, 즉 덜 파낸 곳이 침대가 되는 딱 한 평 크기의 방이다(그림 6-1). 유명한 <다빈치 코드> 영화의 첫 장면, 살해당한 루브르 박물관장이 큰 大자로 뻗어 죽은 장면, 즉 미술책에서 흔히 볼 수 있는 벌거벗은 영감이 네 팔다리 벌리고 원과 정방형 안에서 점유한 면적이 바로 딱 한 평이다. 지금도 공식 아파트 가격표에 123평방미터에 얼마 하

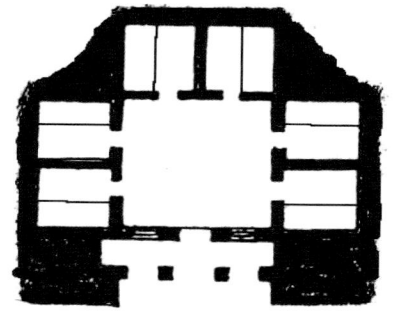

〈그림 6-1〉 안마당에 한 평짜리 독방들로 둘러싸인 승원굴과 돌침대. 인도 나식 석굴

고 적는데, 가늠하려는 머릿속이 혼란스럽기 그지없다. 금반지 한 돈이면 얼마만큼 분량인지 우리 국민은 다 안다. 1그램, 5그램 해봐야 감이 안 잡힌다. 결국 3.75g에 얼마 하고 다시 복잡하게 환산할 수밖에 없다. 국민에게 봉사해야 할 국민의 종복 공무원이 국민을 고통 속으로 몰아넣고 억압하는 짓을 계속한다. 국민을 계도하겠다는 자칭 엘리트라는 시대착오적 오만한 생각을 여전히 버리지 못하고 있다. 개발독재 군주 박정희 대통령이 양력 1월 1일 '신정'을 쇠도록 강제하고, 케케묵은 퇴보의 상징 '구정'을 없애고자 온갖 협박을 다 했지만 결국 실패하고 민중의 인식 속에 녹아 있는 음력 '설날'은 화려하게 부활했다. 평은 인간 척도이며 현상학적 단위이다. 특히 건축쟁이는 인간 바탕 치수인 자와 평 단위에 익숙해져야 한다. 미터는 무생물 과학에게나 인간 없는 로봇 기계 공장에나 돌려줘라. 인류 역사 모든 문명에서 인간은 세상을 자기 몸으로 기억으로 파악해왔다. 이것이 과학보다 더 과학적이다.

죽서루는 단순 사물이 아니다. 인간과 사물의 결합체로서 숨 쉬는 생명체이다. 이쯤에서 철학자 하이데거를 소개한다. 동양사람 뺨치게 동양적인 서양 철학자 하이데거는 일반 건축학계에도 잘 알려진 "짓기, 살기, 생각하기"라는 글을 썼다. 건축을 사물이 아니라 신기하게도 한국 사람에게 너무나 익숙한 天, 地, 人과 神의 결합체로 본다.6) 세상에서 하나밖에 없는 바로 그 장소의 중요성을 일깨운다.

하이데거는 다리를 가지고 설명한다. 강 양안을 건너는 다리는 바로 그 놓인 장소가 모든 것을 결정한다. 오랜 세월 사람들이 자연발생적으로 필요에 의해 그 장소를 골랐기 때문에 다리가 놓였다. 우리나라에서 오랫동안 다리는 그저 토목구조물로 취급받아 왔다. 그래서 근자에 미적으로 아름다운 다리를 놓고자 혈안이 되었다. 샌프란시스코를 대표하는 사장교인 금문교는 해협 깊은 바다라서 교각을 박을 수 없으므로 양안에만 교각을 박고 케이블을 늘어뜨린 아름다운 구조가 되었다. 반면 한강 바닥은 수심이 낮다. 교각을 강에 줄줄이 박는 것이 가장 합리적인 형태이다. 현수교나 사장교는 무조건 비싸다. 쏘성 과시를 최우선으로 하는 무식한 정치권과 탐욕의 토목쟁이들이 결합하여 돈은 아무리 들어도 좋은 온갖 다리 전시회를 한강에서 연다. 심지어는 강도 아닌 좁은 청계천에서도 온갖 다리를 심어놓았다. 그러다가 우리에게 설익은 공법을 도입하여 거의 공사가 완성된 신행주대교가 1992년 왕창 무너져 막대한 돈을 강에다 흘려보냈다. 한강 양쪽 강변도로에서 각 다리로 진입할 수가 아예 없거나 아는 사람만 알게 무지 복잡한 이유가 전문가에게 들은바 다리 자체에만 모든 돈을 들이다보니 다리로 진입하는 길을 만들지 못해서 그렇다는 것이다. 장소의 중요성이라는 철학을 모르는 짓거리이다. 다리는 그 놓인 장소에 의해 의미가 생긴다.

---

6) Martin Heidegger, "Building, Dwelling and Thinking", *Basic Writing*.

건축도 마찬가지로 놓인 장소에 의해 의미가 생긴다. 죽서루가 바로 그러하다. 오십 구비 오십천 전 구간에 바위 절벽은 바로 거기 딱한 곳뿐이다. 근대건축에서 세계 아무데나 똑같이 통일된 건축을 만들려고 한 것과는 전혀 다르다. 죽서루가 자리 잡고 있는 곳은 전 세계에 단 하나밖에 없는 바로 그 장소, 天地의 혼이 서린 경건한 생명체이다. 마치 지구를 살아 있는 생명체 가이아로 보는 것과 마찬가지이다. 건축에 현상학 철학을 도입하여 건축현상학을 만든 시조인 노버그 슐츠(Christian Noberg－Schulz)는 서구에서 숨어 있던 라틴어 '장소의 혼', '제니우스 로치(Genius Loci)'를 꺼낸다. 땅은 건축 설계 시 건축가 누구나 다 하는 대지 분석의 단순 분석 대상이 아니다. 땅은 원래부터 거기 있었고 부질없는 인간이 짧은 시간 낙서하며 그 속에서 살다가 사라져가는 신성한 장소인 것이다. 함부로 겁 없이 한 줌의 정치가들이 얄팍한 생각 아래 토건업자와 짜고 해먹은, 전국의 강바닥을 파헤치고 공그리를 퍼부어 넣은 4대강 사업은 단군 이래 수천 년 지켜온 우리 선조의 금수강산 신령을 노하게 하고 있다. 화 있을진저.

우리 선조는 땅을 신성시 여겼다. 오래전 기록으로 백제 무령왕릉 터를 잡기 위해 토지신에게 땅을 매입하는 절차가 비석에 새겨져 있다. 장소를 지키는 신 터주는 우리 문화에 익숙하게 녹아 있다. 노래하며 춤추는 떠들썩한 행사로 터주 신을 달래는 지신밟기를 하였다. 한국 주거의 기본형인 ㅁ 자 집 안마당을 면한 안채의 집 뒤란, 지역에 따라 뒤안, 안뒤, 뚜란 등 다양한 이름으로 불리는데, 담장으로 폐쇄된 여성 전용 은밀한 공간이었다. 거기 장독대 옆에 짚으로 고깔모자 덮은 아래 단지를 놓고 벼나락을 담아놓았었다. 이른바 '터줏가리'이다. 안마나님은 터를 지키는 주인 터주에게 집안 화평을 늘

기원하였다. 오늘날도 남아 있는 언어 '터줏대감'으로서 벼나락은 춘궁기에 비상식량 역할도 충실히 하였다.

오늘날 일부 살아남은, 집안의 가장 중요한 복덕을 관장하는 신 '성주'는 대들보에 모시고 새로 집을 지었을 때나 집안의 안녕과 복을 빌기 위해 '성주풀이'를 했다. 한국 전통 가옥 집안 도처는 만신전이었다. 부엌에 가면 조왕신, 변소에는 측간신, 대문에는 수문장신이 각 장소를 지키고 있었다.

전통 배경의 이 모든 '장소의 신' 개념들은 이입된 서양 문명에 의해 비과학적 미신으로 타파되어야 할 구습으로 간주되고, 시각적 조형미 위주, 사물 위주의 서양건축 원리에 의해 발붙일 자리가 없어 보인다. 근래에 재벌들에 의해 홍수처럼 밀려들어 오는 외국 건축가들의 작품은 한국적 장소와는 무관한 경우가 대부분이다. 그들이 한국의 땅을 알 턱이 없다.

하늘과 산과 강과 들에 특별한 영혼이 깃들어 있다고 믿은 아메리칸 인디언이나 고대 그리스인들이나 공통적으로 장소의 신을 존중하면서 인간이 하는 건축물이라는 낙서는 보잘것없다는 사실을 너무나도 잘 알고 있었다. 건축은 뿌리박고 있는 바로 그 장소 속에서 같이 숨 쉬고 있다는 생각이 기본적으로 깔려 있었다.

오래된 책 하나를 소개하고자 한다. 원래 전공 미생물학자인 르네 듀보의 『인간이란 동물』, 탐구당 간행이다. 근래의 베스트셀러가 아니라 세기의 명작이다. 70년대 번역되었는데 근래에도 구할 수 있는 모양이다. 저자는 미생물의 좁은 세계를 들여다보다가 철학으로까지 올라온 분이다. 생명에서 환경의 중요성을 일깨워주고 있으며 마치 한국 사람처럼 인간은 자연 환경의 산물임을 역설한다. 극적인 장면

두 개를 소개한다. 1853년 미국 인디언 추장 씨아틀이 백인 외계인 정복자에게 땅을 넘겨주면서 한 불후의 명연설이 소개되어 있다.[7]

> 죽은 우리 조상은 그들이 탄생한 이 아름다운 강토를 영원히 잊어
> 버리지 않을 것이며, 그들은 지금도 여전히 굽이굽이 흐르는 냇물
> 과 저 위대한 산들과 깊은 골짜기를 사랑하고 있는 것이다.
> 이 땅의 어느 한 구석이라도 우리에게 신성하지 않은 곳이 없다.
> 모든 언덕, 계곡, 들과 숲들은 우리 종족들의 즐거운 추억이나 슬픈
> 경험에 의해 거룩하게 된 것이다. 조용한 바닷가에서 뜨거운 햇볕
> 을 받아가며 아무 말 없이 서 있는 저 엄숙한 위용의 바위조차도 우
> 리 종족의 삶과 이어지는 과거의 기억으로 감동하고 있는 것이다.
> 당신들 발밑의 먼지조차도 당신들보다는 우리에게 더 친밀감을 느
> 끼고 있으며, 우리의 맨발은 역시 친밀감을 가지고 땅을 디디고 서
> 있는 것이다. 이 대지는 우리 혈연의 생명으로 그득하게 차 있기
> 때문이다.

대지, 냇물, 산, 골짜기, 바다, 바위의 자연이 조상의 생명과 숨결로 이어진 신성한 것임을 웅변하고 있다. 그 후 자기가 몸담고 있는 자연을 파괴해나가는 백인 서구 현대 문명에의 예언을 미리 보는 듯하다. 인디안 추장 씨아틀은 미국 서부 태평양 연안의 도시 **Seattle**에 이름을 남기게 되었다.

예전의 명화 케빈 코스트너 주연의 <늑대와 춤을> 영화와도 상통한다. 서부 개척 백인 기병대 척후병 진지가 고립되어 외따로 몇 해자연 속에서 자연과 하나 되어 살아가게 되었다. 달밤에 야생 늑대와춤을 출 정도로 인간이 자연 그 자체가 되면서 인디언들과도 소통하게 된다. 비극은 철수 했던 백인 기병대가 다시 진주하자 반인디언이되어 자연에 동화되어 살아오던 주인공은 인디언과 내통한 반역자

---

7) 르네 듀보(Rene Dubos), 『인간이라는 동물』, 165쪽. 원래는 John Rich, *Chief Seattle's Unanswered Challenge*, 1932, pp.30~31에서.

취급을 받게 된다.

1943년 제2차 세계대전 때 폭격 맞아 허물어진, 지금도 관광으로 유명한 시계탑의 빅벤 영국 국회의사당을, 현대식의 능률적 건물로 다시 지으려고 할 때 세기의 정치가 윈스턴 처칠은 지금까지와 똑같은 전통건축 의사당을 그대로 재건하지 않으면 안 된다고 주장하였다. "우리들은 자기 자신들의 건물을 만들고 있다. 그리고 이번에는 우리들이 만들어 놓은 건물이 우리들을 만들고 있다."8) 만약 건축 양식을 새롭게 현대식으로 변경한다면 토의하는 방식까지도 영향을 미쳐 전통적인 의회 운영 방식 나아가 영국 민주주의까지도 흔들리게 될 것을 우려하였던 것이다. 건축 문외한인 정치가 처칠이 일찍이 건축가보다 더 건축적인 '건축환경 영향론'을 얘기하고 있다. 이 얘기를 들으면 40년 전 아무 상상력 없이 만들어져 매일 싸움박질만 하는 세계 최악의 우리 여의도 국회의사당 건물이 생각난다. 틀림없는 사실 같다. 덩그러니 위압적으로만 생겨먹은 의사당 조형물 속에 들어가면 화합은커녕 왠지 무조건 싸우고 싶게 되는 기분 나쁜 의사당 건물이 결국은 나쁜 국회를 만들게 된 것이 아닌지. 원래 우리 국회의원은 자질이 나쁘지 않았을 거라는 희망 속에서.

또 하나 백 년 전 일본 놈들이 침입하여 전국에 군사용 도로를 만들었다. 이름 하여 새로 만든 길 '신작로(新作路)'다. 순박한 우리 조상은 일본인이 침략하여 들어와도 유순하게도 당하는지도 모르고 당하고 있었다. 그때 어느 마을 한가운데 큰 나무가 새 길 가운데 걸리게 되어 제거 작업을 하게 되었다. 마을 사람들이 전부 달려들어 작업 인부들을 패서 내쫓았더니 순사들이 몰려와 폭동이 일어나고 수많은

8) 르네 듀보, 205쪽.

사람이 학살당했다. 그 나무는 마을을 지키는 수호신 당나무였던 것이다. 그네들 눈에는 교통을 방해하는 그저 한 그루의 나무일 뿐이다. 그 후로 일본인들이 한국의 내부를 이해하기 위하여 「조선의 풍수」니 하는 민속 학술 조사를 대대적으로 진행하였다. 무작정 힘으로 밀어붙이기보다 식민지 백성을 효율적으로 다스리기 위하여 먼저 그들을 알아야 하기 때문에. 오늘날 우리 학문의 뿌리이다. 원천적으로 식민주의가 그 속에 들어 있는 것이다.

산악 민족인 우리는 산신령이 머릿속 깊이 박혀 있다. 대한민국 모든 학교 교가는 반드시 "○○산 정기 받아 뻗어 내린 우리 학교"로 시작한다. 그렇지 않으면 후진 학교에 틀림없다. 산에 이어서 "앞에는 ○○강 흘러내리고"가 붙는다. 필자 출신 강릉고 교가는 "대관령 장엄한 뫼 높이 솟았고, 동해의 푸른 물결 굽어보는 곳"으로 시작한다. 또 몸담고 있는 중앙대 교가는 "남산이 영을 넘어 바라보이고 뒤로는 관악산이 높이 솟았네. 한강수 굽이치는 노들의 강변"으로 시작한다. 대한민국 교가인 애국가도 동해물과 백두산이다.

'뒷산 앞내'의 배산임수(背山臨水), 바람을 가두고 물을 얻는 장풍득수(藏風得水), 뒤 중심 주산(主山)에서 흘러내려 먼 앞산이 내다보이는 안산과 좌청룡 우백호로 둘러싸인 곳에 혈(穴), 즉 구멍이 있고 그 앞 너른 곳을 명당이라 했으며 전체를 국면이라 불렀다. 전체 산의 국면은 잘 보면 인체에서 사람이 태어나는 곳과 거의 같다. 위대한 우리말은 아주 체계적이다. 여성의 입을 음식을 먹는 윗 입과 씨를 먹는 아랫 입, 즉 '씨의 입'으로 구분하여 파생어로 호칭한다. 여성 거시기를 본 사람은 알겠지만 외청룡 외백호 내청룡 내백호의 큰 입술 작은 입술로서 음핵과 혈, 즉 구멍이 보호되는 장면이 풍수 산국도와 똑같

〈그림 6-2〉 풍수 산국도

다(그림 6-2). 가장 아늑한 건축 공간을 어머니 자궁으로 비유하고 사람이 태어나는 곳을 생명의 땅으로 보는 것이 틀린 말이 아니다. 땅을 사람으로 보는 이런 생각을 서양인들은 '땅의 의인화' 곧 'Geo-Mancy'라 이름 붙였다.

여기서 연관된 여담으로 '성희롱' 주제에 대하여 말하고자 한다. 요즈음에는 대학에서 학기말에 학생들이 교수 강의평가를 하도록 되어 있다. 문항 중에 "교수는 학생들에게 성차별적인 언어사용이나 행동을 하지 않았습니까?"가 있다. 여타 강의 충실도 여부 문항에서와 마찬가지로 이 문항에서 대부분의 학생은 필자 강의에 좋은 점수를 주었으나 몇몇 학생들은 나쁜 점수를 주었고 또 어떤 여학생은 듣기 민망하니 그리 강의하지 말라고 써냈다. 필자 생각에 필자는 전혀 성차별적 인간이 아니고 철저히 여자, 남자를 인간으로서 동등하게 존중하는 성통합적이라 생각한다. 한국건축 목조건축을 설명하려면 못 하나 없이 나무 둘이 자기끼리 결합하는 방식, 즉 수놈은 삐죽이 깎은 물건을 암놈 구멍 판 곳에 정확히 맞추어야만 한다. 암수 따로따로 있을 때 전혀 힘을 못 쓰는 것이 둘이 만나 결합해야만 제구실을 하는 음양의 자연스러운 이치인 것이다. 그게 외설스럽다? 필자 생각에 현대 한국에서 가장 성차별적인 언어는 바로 정부

부처 '여성부'이다. '인간부'가 아닌 '여성부'로 만들어놓으니 무언가 일을 해야만 하는 여성부 공무원은 집요하게 남성이 무엇을 잘못하는가를 캐내어 실적을 올려야 한다. 우리나라 국기 안의 태극은 바로 빨간색 남자가 위에, 파란색 여자가 아래에 있다가 태극의 회전 성질에 의해 여성상위 체위로도 바뀌게 된다. 남녀가 하나로 결합되어 태극을 이룬다. 성차별이 아니라 성은 구분되어야 한다. 모든 인간은 아버지의 불뚝 솟은 거시기 끝에서 나온 정액 올챙이 씨 반쪽의 22개 염색체, 어머니의 깊숙한 자궁 속의 알 반쪽의 22개 염색체가 쌍으로 결합하고 성염색체 하나를 더하여 xx면 여자, xy면 남자로서 이 세상에 나오게 되었다. 물론 본인의 의지로 나온 것이 아니라 순전히 우연의 산물이다. 여타 동물과 달리 인간은 새끼를 낳는 과정, 즉 수놈의 씨를 암놈의 몸속에 넣는 과정이 아주 길고 복잡하다. 그게 바로 문화다. 평생 3백~4백 개의 알만 낳는 암놈은 한 번 방출에 2억 마리, 평생 아마 수천억 마리 가까이 씨를 아무데나 뿌리고 싶어 하는 수놈을 다 받아주다가는 열 달이라는 고통의 임신과 출산 과정에서 몸이 견딜 수 없다. 그래서 가장 좋은 씨를 받기 위한 전략의 하나로서 마음에 딱 드는 수놈을 꼬이게 된다. 그를 위하여 선사시대부터 거울이 발명되고 몸치장 장식이 발생하게 되었다. 이름 하여 미의 탄생이다. 지루한 씨 넣기 결합 과정을 연애라 하여 대부분의 문학작품, 이를테면 셰익스피어 작품의 주류를 이룬다. 즉, 암놈과 수놈은 열등, 우등의 차별이 아니라 몸의 구조와 맡은 역할이 다르므로 구별되어야만 한다. 필자는 '성과 문화'에 대하여 별도의 책으로 써야 할 정도이나 이쯤에서 접는다. 학문적으로 진화생물학과 문화인류학의 결합이 될 것이다. 이쯤에서 건축쟁이 학생들에게 인간을 동물의 한 종으로 보고 분석한 재미있는 책 데즈먼드 모리스의 『털 없는 원숭이』를 권한다.9) 또 도올 김용옥 선생의 탁월한 동양학 해석 책 『여자란 무엇인가?』를 읽어보기를 강력 추천한다. 분명한 것은 먹고 자고 하듯이 일상생활에서 당연하였던 또 성인이 되면 누구나가 다 하는 성에 관한 행위를 자세히 얘기하면 금기시되는 위선이 판치고 있다는 것이다. 특히 우리는 조선시대 유교 문명을 거치면서 뒤로는 호박씨 다 까면서 겉으로는 아무 일 없었다는 듯이 말이다. 우리 사회에서 돈 많고 권력 있는 놈은 연예인 스폰서니 뭐니 해서 비싸게 하면 무죄이지만 애꿎은 서민이 인류 문명상 가장 오래된 직업 창녀를 찾아서 하면 유죄가 된다. 집창촌을 없앤 것이 업적이라고 호들갑을 떠는 정치인, 공무원들은 세 살 먹은 어린애도 다 아는 현실, 즉 누르면 다른 데로 번지는 풍선효과에 의해 도시 전체가 창녀촌화한 데는 눈감는다. 분명한 것은 여성부가 바로 성을 왜곡시키고 있는 장본인이라 생각한다. 다음 정권에서는 없애야 할 것이다. 인간으로서 가족복지부, 아동청소년부는 될 수 있으나 남녀의 반쪽만 떼어 따로 정부부처를 만든다는 것은 정말 시대착오적이고, 사회 통합을 해치는, 결과적으로 국가적 낭비비용도 엄청나다.

각설하고, 땅을 신성시하는 것은 오늘날 과학문명시대에도 건축공사 기공식을 할 때 어김없이 돼지대가리를 놓고 터주에 고사지내는 풍습으로 변함없이 이어져 온다. 단순 미신이 아니라 뿌리 깊은 전통으로서 경건하게 무사히 공사가 완성되기를 기원하는 행사이다.

불교에서 부처님이 연꽃에서 탄생하는 그림과 조각이 수두룩하다

9) 데즈먼드 모리스, 『털 없는 원숭이』. 김용옥, 『여자란 무엇인가?』.

(그림 6-3). 불상이 바닥에 연꽃을 깔고 앉는 이유이다. 연화화생(蓮花化生)이라 한다. 연꽃은 진흙 펄 물에서 솟아올라 피어나고 꽃 속에서 부처님이 탄생한다. 불교 미술학자 강우방(姜友邦) 교수는 단순한 사실적 연꽃이 아니라 신령한 기운으로 여래가 탄생한다는 영기화생(靈氣化生)이란 용어를 창안하였다. 필자는 여기에서 죽서루 건물이 바위의 기운을 받아 탄생한다는 암기화생(岩氣化生)으로 설명하고자 한다. 절벽 밑에서 위에 있는 죽서루를 올려다보자면 어떤 기운을 느끼게 된다. 물에서 물안개에서 피어나서 솟아오른 절벽 위 바위 꼭대기에 건물을 탄생시킨다(그림 6-4). 건물이 인공으로 지어진 것이 아니라 마치 태초부터 그리 있듯 천연덕스럽게 바위에 딱 붙어 있다. 옛시인들도 물의 서늘한 기운과 바위의 검붉은 기운, 깎아지른 바위 틈에서 솟아난 나무의 푸른 기운,

〈그림 6-3〉 여래의 영기화생.
회진사 종 조각(한경숙 백묘)

〈그림 6-4〉 죽서루
물−바위−건물−지붕의 암기화생

피어나는 물안개, 구름에 가린 햇빛, 석양, 아지랑이를 노래한다.

위태로이 우뚝 솟은 층암절벽 위 백 척 누각(숙종 어제시)

돌 빚어 절벽에 새긴 기이한 누각 하나(정조 어제시)

벽은 세상 먼지 벗어나 초연히 서 있구나(서증보)

누각 한없이 날아올라 흰 구름 사이로 들어갔네(서증보)

죽서루 높이 솟아 먼 구름까지 닿았네(서증보)

푸른 절벽 위태로이 솟아갈 듯한 누각 건물(양정호)

흐르는 냇물 스스로 층암절벽 부딪치네(서호순)

하늘의 죽서루 푸른 보석되어 강에 비치고(정철)

층암절벽 위 용마루 아득히 솟았구나(서성)

햇볕 가린 구름 조각 용마루와 기둥에서 춤추네(이승휴)

백 척 누각 호수와 바다에 솟았네(서호순)

돌 기운 내 빛, 여름이 가을 같네(서증보)

앉아서 허공에 가물가물 가랑비 대하니 한 폭의 그림 같구나(서호순)

'암기화생'의 죽서루를 요약하면, 아래에서부터 오십천 강물→절벽 바위→죽서루 건축→천장 화반종대공→지붕 용마루를 통하여 하늘로 올라간다. 죽서루 건축은 뿌연 물안개의 강물에서부터 바위 절벽 위로 솟아올라 천연덕스럽게 원래부터 자연의 일부인 양 자리 잡고 있다. 건물 제일 꼭대기는 부처님 머리 위의 보개 지붕처럼 지붕으로 완결된다. 내부 천장 제일 꼭대기 화반종대공은 아래에서부터 화려하게

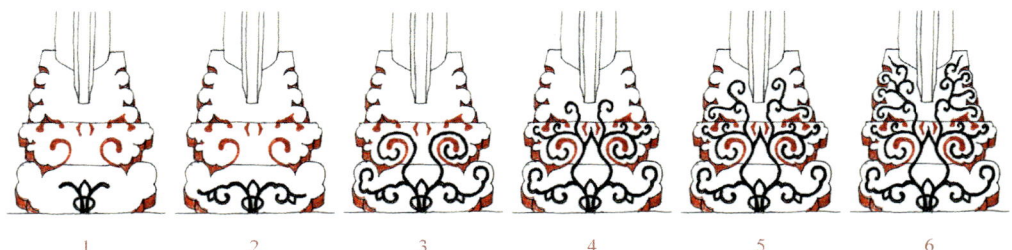

〈그림 6−5〉 죽서루 완결 정점의 화반종대공. 싹에서 피어나 점점 뻗어 올라가 만발한 넝쿨문양

뻗어 피어오른 넝쿨문양으로 클라이맥스 정점을 이룬다(그림 6−5).

르네상스, 보자르, 바우하우스를 지나 근현대건축에 이르기까지 서양의 주류 건축가들은 건축을 마치 미술관에 전시된 "손대지 마시오" 하는 작품처럼 보아 인간을 소외시키는 역할을 해왔다. 건축가들이 그토록 '짓기' 자체에 몰두한 결과 '살기'라는 목적과 수단이 뒤바뀌어 버렸다. 하이데거를 비롯하여 수많은 실존 철학자들이 언급했다. 수십 년 전에 문교부 장관까지 지낸 철학자 이규호(李奎浩) 선생이 실존철학자 볼노브(Bollnow)의 『인간과 그의 집』이란 글을 번역했었다.10) 건축에서 가장 중요한 핵심을 얘기했음에도 정작 한국에서 한편으로 오만하고 또 한편으로 무식한 건축가들만 모르고 있다. 세상에 내던져진 인간이 인간일 수 있다는 것은 '산다'는 것을 통하여서만 가능하고, '살기'는 전 질서의 중심으로서 곧 그 속에 들어가 사는 '집'이 있어야만 가능하다. '인간'을 나타내는 탁월한 우리말 '사람'은 바로 '삶', 즉 사는 것 자체와 하나이다. 시인 바슐라르는 "새들이 세계에 대한 본능적인 신뢰를 가지고 있지 않았다면 보금자리를 만들

---

10) Otto F. Bollnow, 「인간과 그의 집 – 실존주의의 극복을 위하여」. 이규호 역, 『현대철학의 전망』, 법문사, 1967. 또는 『현대인의 사상』에서.

〈그림 6-6〉 마을 공동 우물과 빨래터. 낙안읍성

었을까?" 하는 의문을 제기한다. 건축가들은 형태, 조형미, 공간, 기능 하는 것들에 그토록 강조하지만 인간의 삶을 어떻게 북돋아 줄 거냐에는 철부지 문외한이나 다름없다. 다시 한 번 건축물의 본질은 '그 속에서 사는 것'이라는 간단한 생각을 강조하게 만든다.

60~70세대 시절 옛 유행가에 <앵두나무 우물가>라는 노래가 있었다. "앵두나무 우물가에 동네처녀 바람났네. 이쁜이도 금순이도 서울로 갔다네. 물동이 호밋자루 나도 몰래 내던지고 말만 들은 서울로 임을 찾아서 이쁜이와 금순이도 단봇짐을 쌌다네." 전통 마을에서 동네 우물은 여성의 교류 집합소 사랑방이었다(그림 6-6). 50여 호로 구성된 전통 마을에는 가운데에 반드시 공동 우물이 있었다. 우물이 깊으면 두레박으로 얕으면 바가지로 물을 퍼서 물동이에 이고, 물 내려가는 곳에서 빨래도 하고 우물 주변으로 쿰쿰한 냄새 나는 감자 잔뜩 넣어 썩히는 큰 단지가 있었다. 나중에 다 썩어서 밑에 가라앉는 녹말가루로 빚은 감자떡이 회색 아닌 새카만 진짜 감자떡이다. 성적으로 여성을 상징하는 우물에서 남녀의 만남과 결합이 일어나는데, 이를테면 나그네 총각에게 급히 마시다 사레들리지 않도록 바가지에 버들잎을 띄워줬다는 둥, 우물에서 용이 나와 애를 가졌다는 둥 온갖 전설과 설화가 있다. 우물은 단순히 물 떠오는 곳이라는 기능을 넘어가서 숱한 애환의 삶이 담긴 역사적 장소이며 의미의 세계이다. 현대

아파트 대단지에서 아무리 커뮤니티 성을 회복하자고 해봐야 파괴되어 사라진 마을 공동체는 돌아오지 않는다.

부산의 영도다리는 피난시절 현인의 <굳세어라 금순아>의 "영도다리 난간 위에 초승달만 외로이 떴네." 윤일로의 "영도다리 난간 잡고 나는 울었네"는 사물로서의 기능적인 다리, 이제는 죽어버린 다리가 아니라 부산시민 나아가 전 국민의 기억 속에 살아 있는 다리가 된다. 부산 사람들이 최근까지도 영도다리를 가지고 우왕좌왕하며 논란이 분분한 것으로 알고 있다. 진송남의 "밤도 깊은 덕수궁 돌담장 길을 비를 맞고 말없이"의 덕수궁 돌담장 길은 단순한 무생물 보도블록과 담장으로 된 장소가 아니라 추억의 장소 현상학적 공간으로서 시민들에게 녹아들어 있다.

삼각지 로타리에 궂은비는 오는데로 시작하는 지금은 철거된 고가 로타리, 배호의 <돌아가는 삼각지>, 밤 깊은 마포 종점 갈 곳 없는 밤 전차, 천둥산 박달재를 울고 넘는 우리 님아의 <울고 넘는 박달재>, 지금은 한남대교로 바뀌어버린 <제3한강교>. 강물은 흘러갑니다 제3한강교 밑을 바다로 쉬지 않고 바다로만 흘러갑니다. 사공의 뱃노래 가물거리며 삼학도 파도 깊이 숨어드는 <목포의 눈물>, 꽃피는 동백섬에 오륙도 돌아가는 연락선의 <돌아와요 부산항> 등등 국민가요 속에서 원래 있던 장소는 상승작용을 일으켜 국민의 머리와 가슴속에 장소성을 확고히 새기게 된다. 즉, 땅은 과학적 측량과 분석의 대상이 아니라 우리의 삶 속에 녹아 있는 이 세상에 하나밖에 없는 '바로 그 장소' 영어로 'The Place'인 셈이다.

철학자 메를로퐁티 현상학으로 죽서루를 보자면,[11] 죽서루는 하나의 물건덩어리가 아니라 나와 또 선현들의 관계 속에서 의미의 세계에 존재한다. 그 속에서 살고 있는 또 과거 살았던 수많은 사람의 체험 속의 종합적·역사적 생명체이다. 수많은 선현 시인 묵객들의 기억과 체험 속에 존재하고 체취가 담긴 자연 경치 감상 무대이고 온갖 계회와 연회 모임의 생명체이다. 메를로퐁티를 조금 더 소개하면, 세상은 사람 이전에 '이미 거기(already there)'에 존재해 있었고, 우리는 세상과 다시 원시적·직접적 접촉을 시도해야 한다. 세상은 사물로서의 대상이 아니며 '객관적 세계'란 없으며, 인간은 세상 속에서 '살아가는' 자기 자신의 '의미의 세계'에 불과하다.

독일의 사회학자이며 철학자인 에리히 프롬은 명저 『사랑의 기술』과 『자유로부터의 도피』로도 유명하지만, 『소유냐 삶이냐』 또한 현대인에게 시사하는 바가 크다. 무엇이든지 소유하는 것이 목적인 자본주의 사회에서 타락한 한국인을 꼭 집어서 얘기하는 것 같고, 집을 삶의 보금자리로 보는 것이 아니라 세계적으로 유명한 우리 복부인 아줌마들은 물론 표준 한국인들이 부동산 재산으로 보는 것을 말함이다. 건축가는 삶을 담는 집을, 삶을 풍성하게 해주는 장치를 설계해주는 것이 아니라 지금도 시각적 사물 껍데기를 만들어주는 짓을 계속하고 있다.

건축가가 온몸을 바쳐 만들려고 하는 시각 건축은 잔돈에 불과하다. 빙산의 일각이다. 물속에 숨은 나머지 10분의 9를 찾아내야 온전한 건축을 만들 수 있다. 일반인들은 다 알고 있는 것을 전문교육을 받은 건축가만 모르는 일종의 직업병 현상이다. 문화전문가로서 필자는 건축가의 이러한 직업적 시각 왜곡 현상을 '전문가 부분문화(professional subculture)'라 명명한다.

---

11) Maurice Merleau-Ponty, "What is Phenomenology?", *Phenomenology of Perception*, 1962.

건축쟁이가 죽서루를 답사한다 하면 일차 직접 가서 본다는 것이다. 대충 훑어보기를 넘어서 조금 시간을 갖고 잘 본다면 이리저리 돌아다니며 사진을 찍는 것을 말한다. 렌즈 구멍을 통해 세상을 내다보며 자료 채집을 하는 것이다. 예전의 건축가는 스케치로 했는데 기계화되면서 사진이 더 효율적인 듯 보인다. 여기서 과거 40년 전 필자의 강의 자료는 전부 슬라이드였다. 종군 기자용 튼튼하다 못해 지금은 무거운 명기 니콘 F2로 열심히 찍었다. 6년 전쯤에 대세에 따라 디지털카메라로 바꾸었다. 장점이 많다. 필름 값 걱정 안 하고 아무거나 팍팍 찍어대게 되었다. 꽤 어두운 실내에서도 감도를 조절하며 찍을 수 있게 되었다. 슬라이드 시대에 비해 실패할 확률이 아주 작아졌다. 그럼에도 불구하고 시간 여유가 있을 때 가끔 하지만 직접 손으로 간단한 스케치, 미술 스케치가 아니라 평면, 단면 혹은 상세의 다이어그램식 개요 스케치를 하게 되면 언제나 필요하면 꺼낼 수 있게 기억에 생생하게 저장된다. 더 전문적으로 들어가면 줄자를 가지고 실측 평면도를 만드는 것이다. 더 나아간다면 구석구석 세부 상세를 보게 된다. 오래 머물면서 볼수록 건물을 조금씩 더 이해하게 된다. 하루의 시간에 따라 태양이 떠올랐다 지면서 시시각각 그림자의 변화를 준다. 바람의 부는 방향도 바뀐다.

이렇게 잘 본다 한들 결국 빙산의 일각 시각정보에 불과하다. 국내외 각종 건축잡지는 시각병에 깊이 빠져 있다. 그러나 건축은 조각같이 감상의 대상이 아니라 삶의 대상이다. 아니 대상이 아니라 삶 자체이다. 외국 대학 건축과 교육에서 시각에서 탈피하여 온몸 체험으로 전환한 지 오래되었다. 시작은 라스무센(Steen Eiler Rasmussen)의 『체험 건축 Experiencing Architecture』이다. 서양 대부분 대학에서 1학년용 반드시 읽어야 할 책 목록에 들어 있다. 『건축예술의 체득』으로 국내에 번역되어 있다.

자, 건축 체험론을 보자. 건축은 보는 것이 아니라 체험하는 것이다. 건축가는 눈이라는 감각에 최우선 의존하는 시각 동물, visual animal 이다. 대학에서 배우는 대부분 과목에서 기본 언어는 비례, 조화, 균제, 통일 등등 조형 언어를 별로 벗어나지 않는다. 반세기 전 서양에서 시각정보 위주의 근대건축이 휩쓸 때 의문을 제기한 반항적 건축 역사가가 있었다. 이름은 James Fitch다. 주류 건축 역사에 반기를 들고 건축을 솔직하게 보고자 하였다. 한 건축물을 그렇게 만든 숨어있는 힘이 무엇일까를 파헤치고자 했다. 그것은 내려오던 역사적 형태도 일부 들어가지만 온도, 빛, 소리의 환경이 건축을 만들어냄을 파악했다.[12] 그리하여 시각이 아닌 5감을 통하여 건축을 보고자 하였다. 아니 보는 것이 아닌 온몸 체험이 더 중요하다고 선언한다.

보는 것 시각정보가 그래도 중요하니 우선 눈으로 보자. 앞에서 들어가며 보는 죽서루는 조금 길지만 여느 전통 건물과 별반 다를 바가 없다. 그러나 양 측면 바위로 올라가며 보는 바위 위의 죽서루는 그래도 조금 낫다. 그런데 압권은 개울 건너 층암절벽에 솟은 죽서루를 보는 것이다. 가까이 바위에 솟은 처마지붕 죽서루를 보는 것이다. 하나 더 나아가 아무리 좋은 장면이라도 죽서루 같은 우리 누정 건축은 서양건축처럼 밖에서 건물을 보라고 만든 건물이 아니라 안에서 밖을 내다보기 위한 빈 공간으로서의 건물이다. 선조들의 시 장면은 건물 안에서 밖을 보는 것이다. 강 건너 흰 눈이 서린 둘러싼 험준한 먼 산봉우리가 보이고 가까이 마을 초가집 사립문, 모래사장과 여울에

---

12) James Fitch, *American Building: The Environment Forces That Shaped It*, 1947/1972.

걸린 외나무다리가 보인다. 물론 지금은 볼 수 없다. 더 극적인 장면은 가까이 집들과 난간 아래 내려다보면 등골이 오싹하도록 절벽 아래 깊은 소이다. 물고기까지 셀 수 있도록 맑은 물이다. 앞 동쪽 멀리 봉황산이 보인다. 건축은 건물만이 아니라 둘러싼 자연 속에서 건물과 자연이 하나 되는 건축이 우리 건축이다.

시각을 넘어 5감 건축으로 들어가서, 건축을 맛을 볼 수는 없으니 미각만 빼고, 청각, 후각, 촉각을 다 사용하여 체험한다. 선조들의 시에 잘 나오지만 죽서루 가까이 들어가면 우선 미세기후가 달라진다. 둘러싼 나무숲에 의해 보다 서늘한 기운이 느껴지고 나무 내음이 맡아진다. 아지랑이, 바람, 구름, 가랑비, 석양 노을, 바다 기운, 돌의 기운, 달 밝은 밤기운이 느껴진다. 죽서루 주변에 지저귀는 새소리가 들린다. 옛날 같으면 여울물 소리도 들려야 하는데 현대 문명의 워낙 시끄러운 자동차 소리에 인간은 원시인에 비해 청각이 둔해지고 퇴화되었다. 여울 소리에 더해 한밤 뱃놀이 소리, 거문고 타는 소리, 새 노래 소리는 청각 체험이다. 살랑 바람이 불면 피부의 감각을 자극한다. 발로 밟는 맨 흙바닥을 지나 자갈바닥을 밟으면 자박자박 소리가 난다. 신발 벗고 마루에 오르면 매끄럽지만은 않은 마룻장의 서늘한 발바닥 촉감이 느껴진다. 죽서루 건축은 눈의 시각으로만 보는 것이 아니라 오감으로 체험하는 것이다.

여기서 현대인의 무식의 결정판 문화재청 관할 국보 죽서루를 가꾸어놓은 꼬락서니를 한번 보자. 언제부터인가 주변에 담장을 치고 출입대문을 만들더니 죽서루 자연 암석과 전혀 어울리지 않게 가지런히 일본식 줄 맞춰 석축을 쌓더니 경내 바닥은 아예 가지런히 역시 바둑판 줄 맞춰 시중 어디서나 볼 수 있는 시멘트 보도블록으로 깔아

〈그림 6-7〉 죽서루 앞마당. 반미학의 바둑판 줄눈 시멘트
보도블록과 일자로 가지런히 줄 맞춰 쌓은 석축

놓았다(그림 6-7). 전국적 문화재 무식화 현상이지만 자연의 힘차고 건강한 조상들의 죽서루를 전혀 이해하지 못하고 그저 현대 공무원들과 건설업자들의 먹잇감으로 전락하고 만 것이다. 일본만 해도 문화재를 이렇게 막 다루지 않는다. 생뚱맞은 석축 없이 옛 그대로 지형이 자연스레 흘러내리면 족하고 바닥은 그저 막돌을 깔든지 아니면 원래대로 흙바닥 그대로 가만두면 된다. 죽서루 안은 한여름 삼복더위에도 시원하기가 가을 같음을 옛 시인들이 노래했다. 옛 선조들은 이러한 오감 체험을 자연스럽게 모두를 시 속에 담아냈다. 감상이 아니라 그 속에 들어가 술 마시고 취하면서 시를 읊고 노래를 했다.

5감에 더하여 건축에서 중요한 하나 더 번역하기 힘든 'kinesthetics', 그리스 어원 kinesis, 쉽게 말하면 몸의 움직임이다. 평형을 담당하는 귓속의 세반고리관에다 작은 골 소뇌에서 근육 움직임과 운동을 파악하여 대뇌로 전달하여 몸동작을 파악한다. 눈을 감았다 생각하고 걸어가면 몸이 왼쪽, 오른쪽 방향 회전하면서 길 높이 따라 오르락내리락하는 몸동작으로 주위를 파악하는 것이다. 죽서루에서는 바위 사이 골목을 누비고 가다가 건물 올라가기 마지막 바위를 성큼 올라가야 하는 큰 몸동작을 필요로 한다.

건축가는 사물을 객관화, 타자화하는 버릇에 물들어 있다. 새에게 새집은 몸의 연장이며 그 자체인 것이다. 도구를 사용하는 인간에게 도구는 타자인 사물이지만 곧 인간과 하나 된다. 자유자재의 검객에게 칼은 손이 연장된 것과 같고 고수에게는 마음이 칼로 연장된 것과 같다. 자전거를 처음 배울 때 분명 나의 몸과는 구분되는 사물이다. 여러 번 넘어진 끝에 비결을 터득하게 되면 사물 자전거는 사라지고 몸과 자전거는 일체가 된다. 자동차와 운전사도 마찬가지이다. 집은 나의 몸의 연장인 것이다.

죽서루 현상학은 전혀 어려운 철학이 아니다. 건축을 건축쟁이들이 늘 하듯 '짓기'가 목적이 아니라 건축가라는 집단이 등장하기 전의 건강한 상태로 되돌려 '살기'를 되찾아주어야 한다는 것이다. 각종 건축잡지에서 또 건축 현상설계, 아니 학교 설계수업에서 하듯 형태미가 어쩌고 비례가 어쩌고 하는 쑈 건축에서 탈피하여 인간 중심 건축, 기억의 건축, 의미의 건축으로 대전환을 이루어야 할 때다. 감상의 죽서루에서 체험의 죽서루로.

07

유물론자의 죽서루

유물론(唯物論)은 세상에서 물질로부터 정신이 나온다는 물질 우위로 보는 고급 철학이다. 유물론 하면 그중 마르크스의 변증법적 유물론이 유명하여 물질생산이 모든 관념을 지배한다는 결국은 인간 생존의 먹는 문제 우선의 철학이다. 여기서 말하는 건축 유물론은 그런 고급 철학의 문제가 아니라 그저 건축을 나무나 돌이나 콘크리트 철골 등의 재료로 구성된 물질 덩어리로만 보는 공학적 태도를 말함이다. 다른 한편으로는 조형 미술의 조각 덩어리로 보아 미적 대상으로 보는 태도를 포함한다. 건축의 궁극적 목적인 사람이 들어가 사는 삶이 빠진 반쪽이 단순한 태도를 말함이다. 우수한 우리말 '사람' 어원은 '삶'이 전제된 '사는 사람'을 말한다. 건축쟁이는 이제부터는 사람을 위한 건축을 해야 할 것이다. 한국 대부분의 건축학과가 지금도 공과대학에 속하여 삶이 빠진, 정신이 나간 껍데기 학문으로 남아 있는 것은 일본 식민지 침략자들이 남겨준 낡은 전통에서 비롯된다. 한국건축 연구의 선구자 스기야마신죠(杉山信三)는 '과거 건축을 연구하는 방법'은 공학이라고 못 박는다. 즉, "건축을 대상으로 하는 학문이 실제로는 공학 부분에 들며, 자연과학의 방법으로 진행된다"[1]고 하면

삼척 죽서루
三陟 竹西樓

현재는 정면 7칸, 측면 2칸 규모로 지붕은 겹처마 팔작지붕이지만 원래는 5칸이었을 것으로 추정되고 있다. 원래 건물인 가운데의 5칸 내부는 기둥이 없는 통간이고, 후에 증축된 것으로 보이는 양측 칸의 기둥 배열은 원래의 양식에 구애받지 않고 서로 다르게 배치되어 있다.

〈그림 7－1〉 죽서루 안내판(부분 발췌)

서. 한국건축 연구자들은 반푼이 그 전통을 지금도 꾸준히 이어온다.

죽서루는 옆으로 7칸이나 되는 드물게 보는 기다란 건물이다. 현재 죽서루 입구의 안내판을 비롯하여(그림 7－1) 여러 단행본에 증축설이 정설로 굳어져 있다. 첫째, 원래 가운데 다섯 칸이 있었는데 그 양쪽 끝 칸을 나중에 덧붙여서 길게 되었다는 것이다. 둘째, 원래 다섯 칸은 맞배지붕이었는데 덧붙여 지으면서 팔작지붕이 되었다는 것이다. 건축역사학계 고수들의 주장은 다음과 같다.

> "중앙 5칸의 공포는 첨차가 교두형으로 된 주심포 공포이고, 좌우 끝단 1칸의 공포는 익공식으로 서로 다르다. …… 이러한 모습은 모두 이 죽서루가 본래 정면 5칸에 좌우 1칸씩 증축한 때문이라 판단된다. …… 현재 겹처마 팔작지붕이지만 본래 5칸이었을 때에는 맞배지붕이었다고 판단된다." (주남철)[2]

> "이 건물은 정면 7칸, 측면 2칸의 중층 팔작 기와지붕으로 좌우 각 1칸은 공포 형식이 달라 후대에 덧댄 것으로 추정되며 지붕 형식도 처음에는 맞배지붕이었던 것으로 짐작된다." (박언곤)[3]

1) 杉山信三, 신영훈 역, 『고려말 조선초 목조건축에 관한 연구』, 1963, 고고미술동인회.
2) 주남철, 『한국건축사』, 2002, 438~439쪽.

"조선 초 가운데 5칸 부분만 건축된 것을 후기에 양측 1칸씩 증축한 것이다. 구조형식과 세부기법도 양 부분이 다르다. …… 가운데 5칸의 구조는 긴 보 5량 형식으로 주심포계이며 양측 1칸의 증축부는 2익공계다." (김봉렬)[4]

증축설의 시조는 일찍이 한국 건축역사 개척자 고 정인국 선생이 『한국건축양식론』에서 "원래 5칸이던 것을 양측으로 1칸씩 증축한 듯하다"[5]의 불확실한 추측에서 시작된 것으로 보인다. 그 후 후학들이 근거를 보강하지는 않고 학문에서 기피하여야 할 단어인 "짐작된다, 판단된다"로 단순히 이어받기만 하여 어느덧 확고한 정설로 굳어져 버렸다. 일반사회에서 카더라 하는 헛소문이 한 다리, 두 다리 건너 퍼지다 보면 나중에는 마치 있는, 있었던 사실인 것처럼 굳어지는 속성과 그대로 닮았다. 엄정해야 할 학문세계에서는 있어서는 안 되는 일이다. 대한민국 역사 교과서가 식민지 잔재를 떨쳐버리지 못하고 그토록 오류가 고쳐지지 않는 것은 1세대 선행 주자들이 무심코 주장한 설을 2세대 후발 주자들이 검증하지도 않고 앵무새마냥 그냥 연속적으로 옮겨 적기 때문이다. 이 책 저 책에 쌓이다 보면 가랑비에 옷 젖듯이 어느덧 모르는 사이에

〈그림 7-2〉 맞배지붕 중도리 뺄목 잘림. 봉정사 극락전

---

3) 박언곤, 『한국의 누』, 1991, 64쪽.

4) 김봉렬, 『한국의 건축』, 1985, 74쪽.

5) 정인국, 『한국건축양식론』, 1974, 273쪽.

〈그림 7-3〉 북쪽 끝 칸. 상부 중도리 및 하부 주심도리 뺄목 잘림

정설처럼 굳어져 버리게 된다. 필자는 책 서두에 밝혔듯이 '그 어느 것도 믿지 마라'는 의심이 학문의 출발점이 된다.

다만, 삼척시립박물관에서 운영하는 홈페이지 자료실에 '죽서루 건축구조' 항 본문에 증축설을 실으면서도 주석으로 조그맣게 "당초 5칸 건물을 좌우 양쪽 1칸씩 늘려 7칸으로 증축한 것이 아니라 처음부터 지금 양식으로 의도하여 만들었다"는 견해를 보탠다.6) 전문가 건축쟁이와는 전혀 다르게 아주 일반적 상식을 가진 보편적인 지적이다.

이왕 유물론으로 시작한 것, 필자도 르네상스 시대 관찰자처럼 사물에 더욱 집중하여 자세히 보도록 한다. 정설 주장의 첫 번째 근거, 가운데 5칸 맞배지붕이었는데 나중에 양 끝 칸을 덧대어 현재의 팔작지붕으로 만들었다는 것을 검토해보자. 일견 그럴듯하다. 목구조상으로만 보면 양 끝 칸 천장이 전형적 팔작지붕 천장과는 사뭇 다르게 보인다. 마치 맞배지붕 박공에서처럼 뻗어 나온 주심도리와 중도리의 뺄목이 잘려 있어서(그림 7-2) 최초 5칸의 맞배지붕에 추후에 양 끝 칸을 덧붙여 증축한 것처럼 보인다(그림 7-3). 주남철 선생이 자문한

---

6) www.scm.go.kr "죽서루 개관" 3쪽.

『죽서루 정밀실측조사보고서』의 마지막 종합고찰 장에서 죽서루 증축의 중요 근거로서, "내부 갓기둥 상부구성은 주심도리가 보뺄목으로 되어 있고, 맞배집 귓기둥 상부구성과 같다"고 들고 있다.[7] 얼핏 보았을 때 그리 보이는 것도 무리는 아니다.

일반 독자들을 위하여 원래 맞배지붕이었는데 나중에 한 칸씩 덧대어 현재의 팔작지붕으로 고쳤다고 하는데, 그렇다면 한국건축에서 '맞배지붕'은 무엇이고 '팔작지붕'은 무엇인가를 우선 보자. 지붕 종류를 잘 아는 분은 여기를 그냥 건너뛰어도 좋다. 전통 지붕 종류에는 보통 맞배지붕 아니면 팔작지붕이지만, 총 4가지가 있다. 맞배지붕, 우진각지붕, 팔작지붕 그리고 모임지붕이다(그림 7-4). 맞배지붕은 봉정사 극락전처럼 말 그대로 배를 맞대어 지은 집이다. 초기 원시주거에서 가장 쉬운 방식이다. 나무 두 개를 엇걸어 몇 개를 죽 놓으면 되는 군용 A텐트 같은 지붕이다. 처마는 앞뒤 방향으로만 나가고 좌우 방향은 박공이 된다. 지붕 꼭대기에 一자 용마루가 있다. 구조적으로 가장 간단하다.

맞배지붕과 팔작지붕 중간에 우진각 지붕이 있다. 전통 초가집 대부분과 박대통령이 새마을 사업하면서 지붕 개량하여 고친 슬레이트 지붕 또는 함석집은 대부분 우진각지붕이다. 맞배지붕 비슷하나 측면에도 처마가 뻗어 나간다. 지붕 대각선이 만나는 부분이 마루가 된다. 남대문, 동대문 등 2층 성문 지붕이 보통 우진각 지붕이다.

죽서루 같은 팔작지붕은 우진각 지

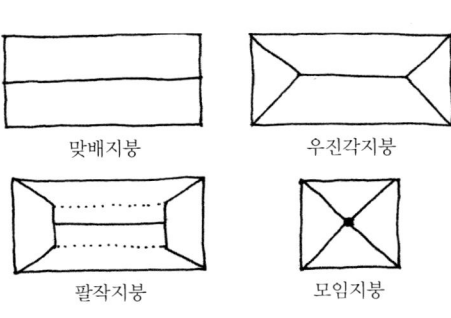

〈그림 7-4〉 지붕 종류. 위에서 본 그림

맞배지붕   우진각지붕

팔작지붕   모임지붕

---

7) 삼척시. 『죽서루 – 정밀실측조사 보고서』. 1999. 193쪽.

〈그림 7-5〉 삼척 신리 너와집. 팔작지붕의 원조. 우진각지붕에 꼭대기 합각. 일명 까치구멍. 너와는 도끼로 팬 나무 널판

봉 위에 '합각'이라고 하는 작은 삼각형 박공이 생긴다. 일명 학각이고 이북에
서는 그리 부른다. 팔작지붕이 부재도 공사비도 많이 드는 가장 화려한 지붕이
다. 우진각 지붕과 팔작지붕은 대각선의 추녀가 반드시 필요하다.

　여기서 재미있는 문제를 한번 보자. 상식적으로 구조 시공상 간단하고 쉬운
데서부터 복잡하고 어려운 순서로 나열하면 당연히 맞배지붕→우진각지붕→팔
작지붕 순이다. 그러나 반드시 그런 것이 아니다. 강원도 삼척 태백산맥 산중
에 남한에서 보기 힘든 희귀한 너와집이 있다(그림 7-5). 널기와 '너와'는 굵
은 통나무를 짧게 잘라 도끼로 결대로 쪼개어 만든 나무 널이다. 현대의 제재
소에서 켠 널판은 나이테와 속살의 구분이 없어 금방 썩지만 쪼갠 널은 단단한
나이테가 표면에 나오므로 내구성이 뛰어나다. 예전에 판재의 가공 방법은 전
부 도끼로 쪼갠 널이었다. 지붕널은 서양에서 쉥글(shingle)이라 한다. 보기 힘
든 너와집을 보려면 죽서루 앞 오십천을 38번 국도로 거슬러 올라가 발원지 인
근인 환선굴 앞의 삼척시 신기면 대이리나 도계읍 신리에 가면 된다. 정방형
평면의 집은 네 귀퉁이에서 45도 각도로 지붕이 올라가면 그대로 우진각지붕
이 되나 그림에서 보듯 지붕 꼭대기에 삼각형 구멍이 있다(〈그림 7-5〉의 우).

삼각형 구멍이 바로 합각이고 합각지
붕은 일명 팔작지붕의 원조이다. 구멍
집을 일명 까치구멍집이라 부른다. 까
치구멍집은 함경도까지 올라가는 겹집
의 일종으로 역시 태백산맥대의 안동,
영주, 삼척에 분포한다. 한국건축사 연
구의 1세대 원로 김일진 선생이 집중
조사 연구하였다. 이 구멍이 보다시피

〈그림 7-6〉 모임지붕. 비원 태극정

정지(부엌)에서 불 땔 때 연기가 빠져 나가는 구멍으로 생겨났고, 팔작지붕의
원초형이고 오히려 우리 선조가 집을 지을 때 자연스럽게 맞배지붕보다 먼저
발생했을 가능성이 더 높다는 설이 있다. 일리 있다. 한편 모임지붕은 정방형
평면일 때 꼭짓점에서 모이는 지붕이다. 장방형 평면의 우진각지붕이라면 정
방형 평면의 우진각지붕이 바로 모임지붕이 된다(그림 7-6).

   죽서루로 되돌아와서 그렇다면 목구조상 '맞배지붕 연장 증축설'
을 뒷받침하는, "가운데 5칸과 양 끝 2칸의 구조가 다르다는 것"을 보
기로 하자. 남북 양 끝 측면 칸은 팔작지붕이므로 가운데 칸과는 달
리 서까래가 측면으로 경사져 내려가게 되어 있다. 소위 증축설의 근
거로서 흔히 주장하는 바는 상부 중도리와 하부 주심도리 뺄목이 수
직으로 싹둑 잘려 있기 때문이라는 것이다(그림 7-3). 소위 직절형
(直切형)이다. 팔작지붕 측면 칸에서 하부 주심도리가 내뻗친 상태에
서 그대로 잘리는 것은 희귀하다. 죽서루 끝 칸 천장은 마치 봉정사 극
락전처럼 맞배지붕의 측면 끝의 박공처리와 일견 비슷하다(그림 7-2).
일반적인 팔작지붕 측면 천장과는 아주 다르다. 그래서 필자가 뒤에

〈그림 7-7〉 안동 소호헌 팔작지붕

뒤집겠지만, 원래 맞배지붕에다가 나중에 양 끝을 한 칸씩 증축하여 팔작지붕을 만들었다는 정설이 나오게 되었다. 서까래 노출 천장의 아랫부분인 주심도리 뺄목 잘림은 이다음에 자세히 검토하기로 하고, 우선 윗부분 '중도리 뺄목 잘림'부터 보도록 하자.

우리 전통 목구조 천장에서 중도리 뺄목이 잘리는 것은 흔히 있는 일이다. 팔작지붕 끝 칸의 서까래천장 가운데 삼각형의 삐죽하게 높은 공간의 높이를 낮추고 가리기 위하여 눈썹천장을 만드는 것이다. 그 부분이 바깥 지붕에서 보면 삼각형 합각의 바로 안쪽이다. 양 중도리가 조금 내밀고 둘 사이를 측면 중도리인 외기도리와 결합하여 눈썹천장을 만든다. 사찰이나 궁궐 전각에서는 보기 힘들지만 주거건축 팔작지붕에서 흔히 볼 수 있는 있는 구조이다.

증축한 결과가 결코 아닌, 원래부터의 팔작지붕인 안동 소호헌[8] 주거건축의 팔작지붕의(그림 7-7) 퇴칸 천장은 죽서루와 똑같이 중도리 뺄목이 잘린다. 대들보 위에 대공을 놓고 양 중도리가 외기도리와 왕찌 맞춤하여(그림 7-8) ㄷ 자로 엮여 눈썹천장을 만든다(그림 7-9). 다만 눈썹천장을 받쳐주는 대공이 죽서루는 대들보

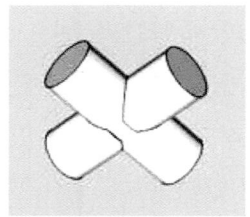

〈그림 7-8〉 왕찌 맞춤 도리

---

8) 소호헌(蘇湖軒) 보물 475호. 안동시 일직면 망호리. 조선 중종 때 서해(徐嶰) 선생이 서재로 지은 별당.

위에 층층 포를 짜 넣은 포대공(그림 7-10), 소호헌은 저울대보 위 화반 포대공인 점만 미세하게 다르다. 또 좁은 눈썹천장에 죽서루는 그림을 그려 넣었지만 소호헌은 우물천장으로 짠 것만 다르다. 소호헌은 죽서루 북쪽 칸과 똑같이 정중앙 바깥기둥에서 저울대보 하나가 가로질러 대들보에 얹힌다. 죽서루 남쪽

〈그림 7-9〉 소호헌 퇴칸 눈썹천장

칸에는 두 개의 충량, 즉 저울대보가 가로지른다(그림 7-11). 소호헌은 저울대보 위에 직접 외기도리가 얹혀 힘을 받는 구조인 데 비해 죽서루는 대들보가 받쳐주므로 그 사이가 떠 있는 약간의 차이가 있다 뿐이다. 또한 측면 퇴칸으로 서까래가 경사져 내려가는 것, 즉 세 방향으로 서까래가 내려가는 것은 사찰이나 궁궐 전각에서는 없지만 주거건축에서는 아주 보편적이다. 따라서 죽서루 건축은 주거건축의 방식이 규모가 더 큰 공공 관아 누정 건축에 그대로 적용된 것으로

〈그림 7-10〉 죽서루 북측 퇴칸 눈썹천장
중도리+외기도리의 왕찌 결합

〈그림 7-11〉 죽서루 남측 끝 칸 상부 중도리+외기도리
결합의 눈썹천장. 하부 대들보에 물린 좌우 충량

보면 아무 문제가 없다. 기존 정설의 결정판 『죽서루 실측조사보고서』
에서 "양쪽 끝 칸 구조양식이 일반 팔작지붕보다 간략히 되어 있다는
점"9)에서 증축한 것이라 주장한다. 모든 팔작지붕은 정규적인 모양
이어야 한다는 관점에서 보면 그럴 수도 있겠지만, 죽서루 건축을 세
계 모든 건축의 기본인 주거건축을 바탕으로 진화한 건축으로 본다
면, 죽서루 팔작지붕 끝 칸은 예외적으로 이상한 것이 아니라 지극히
정상적이라는 말이다.

다음으로, 천장 아랫부분 주심도리 빼목이 잘린 이유는 무엇인가?
필자는 사물을 자세히 관찰하여 남북 양 끝 칸이 일반적인 다른 팔작
지붕 건물과 다르게 된 객관적 사실을 전혀 다르게 해석한다. 죽서루
끝 칸 아랫부분 귓기둥의 주심도리가 잘린 것은 바로 밖으로 튀어나온

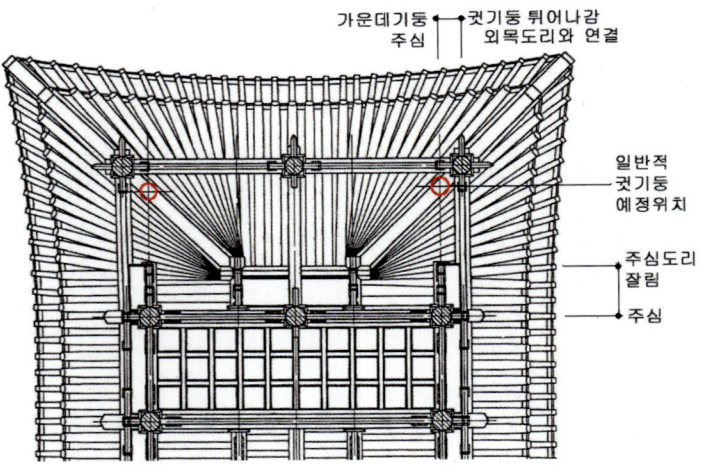

〈그림 7-12〉 귓기둥 예정 위치보다 튀어나감으로써 주심도리 잘리고 외목도리와 연결.
천장을 올려다본 바탕 도면은 『죽서루 실측조사보고서』에서 발췌

---

9) 『죽서루 정밀실측조사보고서』, 81쪽.

네 귓기둥에 비밀이 숨어 있다. 기존 정설, 『죽서루 실측조사보고서』를 보면, "귓기둥의 배치가 도리통 주심열이 아니고 출목도리에 맞추어져 있다는 점"을[10] 처음 원래 5칸을 좌우 한 칸씩 증축했다고 보는 주요 이유로 든다. 객관적 사실은 앞서 자세히 본 바와 같이 죽서루 네 귓기

〈그림 7-13〉 외목도리를 귓기둥에 연결. 주심도리 잘림. 왼쪽 끝이 귓기둥

둥이 여타 칸들의 기둥 열에서부터 한 눈금, 즉 한 자 반 45cm 정도 바깥으로 튀어나와 서 있다는 것이다(그림 7-12). 즉, 여타 기둥 중심의 주심도리는 죽 연장해봐야 튀어나간 귓기둥에 꽂힐 수가 없다. 그러므로 적당한 선에서 잘라버리게 된다(그림 7-13). 대신 기둥의 외목도리를 죽 연장시켜 귓기둥에 연결시킨다. 즉, 여타 기둥 외목도리는 귓기둥 주심도리가 되어 절묘하게 한 몸체가 된다. 왜 그랬을까? 기존 정설에서 주장하듯 덧붙여 지은 결과 때문이 아니라, 필자는 밖으로 조금 더 튀어나가게 귓기둥을 세우기 위하여 내부 끝 칸의 주심도리를 할 수 없이 중간에 잘라버리게 되었노라고 적극적으로 해석한다.

죽서루에 숨어 있는 천재적이고 절묘한 처리가 바로 네 귓기둥이 밖으로 더 튀어나간 것이다. 왜 튀어나갔을까? 그 이유를 구조적으로 해석하면 다음과 같다. 팔작지붕 45° 대각선부재 '추녀'는 내민보, 전문용어로 캔틸레버 구조라 부르는데, 보통 오랜 세월이 지나면서 무

---

10) 『죽서루 실측조사보고서』, 81쪽.

〈그림 7-14〉 귀 추녀 처짐 방지 활주. 여수 진남관

거운 지붕 하중을 받게 되어 아래로 쳐지게 마련인 구조적으로 취약한 부재이다. 절이나 궁궐에 가면 보통 건물 네 귀퉁이에 가는 기둥인 활주로 버텨놓은 것을 자주 볼 수 있다(그림 7-14). 자연을 향해 쭉 뻗어 나온 내민보 구조로 유명한 프랭크로이드 라이트의 낙수장도 일부 콘크리트 구조가 지은 지 50년도 안 되어 쳐지다 못해 부러져버렸다. 외목도리와 결합한 죽서루 귓기둥은 거의 다른 건물 활주위치에 놓인다. 귓기둥을 조금이라도 더 밖으로 나가게, 실제로 추녀를 따라 밖으로 60cm(즉, 45cm×√2) 대략 2자나 나가서 세워 귀 처마를 받아줌으로써(그림 7-15) 대부분 한국 목조건축의 약점인 귀 처짐을 방지하는 데 큰 역할을 하는 독창적 발명품이다.

일반적인 팔작지붕 구조에서는 귓기둥도 여타 기둥들과 똑같이 가지런히 놓여 있다. 그러나 죽서루 귓기둥은 특별하다. 천재적 구조처리상 귓기둥이 밖으로 튀어나가게 함으로써, 내부 끝기둥 위 주심도리를 귓기둥에 꽂을 수가 없어서 보뺄목을 잘라버리고, 대신 외목도리를 귓기둥에 바로 연결시킨다는 극적인 결과물이다. 똑같은 사물을 보고 정반대로 해석하는 것이다. 같은 객관적 사실 포도주 반병 남은

〈그림 7-15〉 귓기둥은 일반 기둥 열보다 밖으로 튀어나가서 추녀를 받쳐줌. 외목도리를 귓기둥에 연결

것을 보고 염세주의자는 "반병밖에" 안 남았다고 슬퍼하고, 낙천주의
자는 아직도 "반병씩이나" 남았다고 느긋하게 생각하는 것과 같다.
기존 정설은 만들다 잘못 만든 것으로, 즉 원래 맞배지붕을 늘려서
팔작지붕으로 만들려고 하니 어정쩡한 결과라고 소극적으로 해석한
것을, 필자는 반대로 뒤집어 구조적 안정성을 목적으로 귓기둥 내밀
기를 달성한 '적극적 기막힌 창조물'로 다시 해석해낸다. 참새가 어찌
붕새의 뜻을 헤아릴 수 있으리오?

결론적으로 죽서루 양 끝 칸의 구조가 선행연구자들이 마치 맞배
지붕의 끝처럼 착각하도록 도리 뺄목이 잘린 이유는 첫째, 윗부분 천
장 꼭대기 높이를 낮추기 위한 눈썹천장은 특이한 것이 아니라 보편
적 주거건축으로부터 나온 것이라는 것, 둘째, 아랫부분의 주심도리
뺄목 잘린 것은 죽서루만의 내민 귓기둥의 독창적인 팔작지붕 건조
방식인 때문인 것이다. 기라성 같은 선행 학자들이 죽서루를 제대로

못 본 까닭은, 우리나라 팔작지붕 건축은 전국이 다 똑같이 정규적인 형태여야 한다는 고정관념 선입관에 바탕을 두고 있기 때문이다. 죽서루는 이상하게 비정규적으로 생겼다는 것을 본 것까지는 좋은데 예외적 형태를, 만들다가 잘못 만든 증축의 결과로 치부하고서 제대로 해석해내지 못하니 죽서루의 창의성이 보일 리가 없다. 더 쉽게 생각해보자. 만약 주장하듯 증축한 때문이라면, 후대에 작업한 목수들이 먼저 있는 것과 똑같이 가지런하게 줄을 맞추어 얌전하게 일반적인 팔작지붕을 만들 줄 몰라서 못했다? 말이 되지 않는 얘기다. 건축을 '본다'는 것은 있는 그대로의 사물에 집중함으로써 머릿속의 고정관념을 타파하는 것이고 눈에 낀 백태를 걷어내는 것이다.

여기서 죽서루 기존 정설 증축설을 통하여 현재 한국 학문의 커다란 문제점을 살펴보기로 하자. 필자는 증축설에 이의 제기하는, 이 책의 씨앗이 된 죽서루 논문을[11] 학회지에 제출하였다. 죽서루의 형태를 깊이 관찰하고 또한 옛 연회도를 바탕으로 생활을 복원하여 죽서루를 새롭게 해석하였다. 그 과정에서 정설 증축설에 이의를 제기하게 되었다. 대부분의 학회에서는 제출된 논문에 대해 3명의 익명 심사자에게 의뢰하여 2명 이상이 '게재 가' 판정을 하면 공식 논문으로 싣게 된다. 죽서루 논문에 대해 누군지 모르는 1명의 심사자가 '게재 불가' 판정을 하였다. 학자는 자기 소신에 따라 얼마든지 '가' 혹은 '불가' 판정을 하게 되어 있다. 다만 판정의 근거를 자세히 밝히도록 되어 있다. 그 심사자의 판정 근거는 황당하기 그지없었다. 그대로 인용하면, "이제까지 건축계의 여러 원로께서 죽서루에 대해…… 맞

---

11) 이희봉·문지은, 「고회화의 생활복원과 공간·형태 심층관찰을 통한 죽서루 해석」, 『건축역사연구』, 2010.12.

배지붕처럼 주심도리와 중도리 보뺄목이 잘려 있어서 전형적인 팔작지붕 측면 구조와 다르므로 5칸의 맞배지붕에 추후 양 끝 칸을 덧붙였다는 증축설을 정설로 받아들이고 있다"면서 원로를 끌어들인다. 그러면서 "물론 증축설에 문제 제기하는 논자의 주장도 일면 타당한 점이 없지는 않다"고 인정해주는 척한다. 필자도 이제는 은퇴를 앞둔 원로가 되었지만, 도대체 원로와 진리와 무슨 상관이 있는가? 그 심사자는 밝히기 뭣한 황당한 몇 가지 이유를 들어 "그러므로 건축계에서 주장하는 증축설도 한편 타당하다는 점이다"라고 주장한다. 아니 밝혀야겠다. 그 심사자는 "어느 절터의 맞배지붕 누각을 뜯어 죽서루를 지으면서 맞배지붕 구조재를 사용하여 부족한 자재를 추가하여 당초부터 팔작지붕으로 지었는지 정확한 근거자료가 없는데도" 하면서 소설을 쓴다. 그러면서 "당초부터 팔작지붕이라 예단하는 것은 이치에 맞지 않는다"고 주장한다. 즉, 필자의 '비증축설'도 타당한 면이 있지만 정설의 기존 '증축설'도 타당한 면이 있다고 양 설에 대해 일대일 균형 잡힌 자세를 취하다가, 마지막에 기존 증축설의 손을 들어주고는 필자의 비증축설에 대해 학문에서의 사형선고에 해당하는 '게재 불가' 판정을 한다. 심사위원이 심사라는 막강한 권력의 칼을 휘두르는 데에는 그에 합당한 책임이 반드시 따라야 할 것이다. 기존 정설에 문제를 제기하는 그 자체에 논문의 가치가 있는 것인데, 근거는 없이 기존 설만을 방어하려 든다면 새로운 설은 영원히 등장할 수 없는 전형적 후진 학회의 퇴행적 모습이다.

원로들이 정립했다는 증축설은 여태까지 한 번도 학계에서 입증된 적이 없다. 앞서 언급하였듯이 원로 고 정인국 선생의 "듯하다"의 견해가 주남철, 박언곤, 김봉렬 등등 여러 연구자가 그대로 이어받아 막연히 "추측된다" 이상으로 발전된 적이 없다. 주남철 선생 자문 『죽서루 실측조사보고서』에서는 "가능성이 높다"라고[12] 진일보하였을 뿐이다. 가랑비에 옷 젖듯이 여러 사람이 반복하여 주장하다 보니 마치 정설이 확립된 것 같은 집단적 착각을 일으키고 있을 뿐이다. 그만큼 후진적 한국 학계에서 기존 설을 깬다는 것은 상당히 위험한 작업이다. 일대일 진검승부를 펼쳐야 함에도 불구하고 타당한 근거 없이 기득권을 확보한 세력은 다수의 힘으로 새로운 설을 밀어내고 있다. 익명이라는 장막 뒤에 숨어서 맞대결을 기피하고 있는 것이다.

선행연구자들이 제대로 보지 못한 데에는 학문의 방법상 치명적 오류가 있기 때문이다. 건축학자는 단세포적 유물론자로서 나무만 보고 숲은 보지 못하는, 아니 나무때기 기둥의 배열이라는 사실만 보고 보다 더 중요한 "왜 그랬을까?" 하는 이유를 찾지 않았기 때문이다. 인간이 만든 사물의 뒤에는 반드시 사람의 '의도'가 있다. 의도에 따라 사물을 만드는 것을 '설계' 곧 디자인이라고 한다. 죽서루 귓기둥의 배열은 가지런하지 않고 튀어나갔다. 일반적인 것을 벗어나 특수하다. 그래서 기존 설, 후대의 목수가 원래의 배열대로 맞추지 못해서 그런 결과가 나왔다는 '우연'에 중심을 둔 엉뚱한 해석은 우리 선조가 '일반해'에서 벗어난 '특수해'를 찾아낸 기막힌 적극적 설계의도를 읽으려 하지 않은 나태한 학문 관행에 기인한다. 죽서루 귓기둥 튀어나감은 '우연'이 아닌 '필연'의 결과물이다.

다음으로 죽서루가 원래는 팔작지붕이 아니라 맞배지붕이었다는 기존 정설을 상세히 검토해보자. 여러 지붕 종류를 죽 보았는데, 한국

---

12) 『죽서루 실측조사보고서』, 81쪽.

건축에서 누정을 맞배지붕으로 한 경우는 없다. 한국건축역사학회에서 학생은 물론 일반인들의 답사 안내서로 펴낸『한국건축사 답사수첩』도, 누정지붕은 "팔작지붕이 가장 많고 모임지붕이 다수 있다. 드물게 丁 자형 맞배지붕도 있다"고[13] 쓰고 있다. 왜 그럴까? 건축역사 책에 아무도 가르쳐주지 않는 그 의미를 찾아보자. 지붕 모양은 방향성과 관련 깊다. 4방향에서 보느냐 앞마당에서만 보느냐의 문제이다. 맞배지붕은 양 측면 박공 쪽은 닫히게 되고 앞뒤 방향만 갖는 2방향성이다. 누정은 탁 트인 자연 경관 한가운데에 위치하여 사방을 바라보아야 하므로 2방향성이 아니라 4방향이다. 팔작지붕이 필수이고, 만약 정자 규모가 작다면 한 칸짜리 정방형 모임지붕으로 건축하였다. 또 거꾸로 사방 자연 속에서 누정을 바라볼 때 어디서나 한결같이 보여야 하기 때문이다. 전국에서 필자가 아는 예외적 박공의 맞배지붕 정자 2곳이 있다. 다 그럴만한 이유가 있어서 그렇게 된 것이다.

이 대목에서, 왜 누정에는 맞배지붕을 하지 않고 팔작지붕으로만 하는지 건축이론 고찰을 해보자. 최근 세계 문화유산으로 선정된 양동마을에서 조금 1km 떨어져 있는 경치 좋기로 유명한 독락당의 계정(溪亭)이다. 독락당(獨樂堂)은 회재 이언적을 모신 옥산서원에서 조금 더 들어가 있으며 회재가 낙향 후 거처하던 양반집이다. 앞에 개울이 흐르고 그 너머로 동산의 숲이 한눈에 들어온다(그림 7-16). 계정은 규모는 아주 작은 개인 정자이지만 설계 기본 개념은 죽서루와 거의 같다. 즉, 정자 한쪽 발은 땅에 붙이고 다른 한쪽 발은 절벽 아래 개울로 내밀어 붙이고 있다. 독락당은 안채와 구분되는 사랑의 이름이

---

13) 박언곤, 『한국의 정자』, 78쪽. 또 한국건축역사학회 편, 『한국건축 답사수첩』, 515쪽.

〈그림 7-16〉 독락당 계정 맞배지붕. 대청에서 밖으로 내다본 앞동산

고, 계정은 사랑의 별당 정자이다. 정자 마루에서 개울과 건너편 언덕의 바깥을 내다보도록 되어 있고 측면에 해당하는 정자 위쪽으로는 사당, 아래쪽으로는 사랑채 독락당이라는 전체 집 배치에 묻혀 있기 때문에 맞배지붕 박공으로 처리되어있다. 박공 양 측면으로는 별 볼 일이 없기 때문이다.

또 하나의 예는 양동마을 초입 언덕 위에 있는 관가정이다(그림 7-17). 관가정은 사랑채의 당호이다. 사랑채 사랑방에 붙어서 2칸 튀어나온 대청마루라서 관가정 측면은 박공인 맞배지붕으로 되어 있다. 처음부터 독립된 정자가 아니라 사랑채의 일부이기 때문이다.

다음으로 "드물게 丁 자형 맞배지붕도 있다는데" 필자가 아는 한 丁 자 평면

〈그림 7-17〉 관가정 맞배지붕-사랑채의 끝

도 누정은 팔작지붕으로 한다. 연못가의 정자는 한 발은 땅에 한 발은 연못으로 내민다. 조금이라도 연못 가까이서 자연을 감상하기 위한 조치이다. 비원 부용정이 그러하고 강릉 선교장 활래정이 그러하다. 丁 자로 연못으로 튀어나온 부용정도(그림 7-18), ㄱ 자로 연못으로 튀어나온 활래정도(그림 7-19)

〈그림 7-18〉 비원 부용정   〈그림 7-19〉 강릉 선교장 활래정

모두 팔작지붕을 하고 있다. 누정이 연못으로 돌출하여 뻗어나가는 방향성을 제시하고 있으므로 팔작지붕을 고수한다. 왕릉 앞 정자각(丁字閣)처럼 맞배 박공 처리해도 무방하나 누정에서 그런 경우는 거의 없다고 봐야 한다.

구조나 공사상도 팔작지붕이 맞배지붕보다 더 복잡하고 어렵기 때문에 당연히 급도 더 높다. 그런데 사찰의 가장 중심 전각은 팔작지붕이 많으나 맞배지붕도 의외로 흔하다. 수덕사 대웅전, 개심사 대웅전, 봉정사 극락전, 개목사 원통전, 무위사 극락전, 정수사 대웅전, 장곡사 상대웅전 하대웅전, 선운사 대웅전, 화암사 극락전 등등 셀 수 없이 많다. 맞배지붕은 팔작지붕에 비해 급이 한 단계 낮음에도 불구하고 사찰의 주 전각으로 많이 세워진 이유를 추적하면 다음과 같다. 우리 사찰들은 가운데 안마당을 중심으로 형성된다. 보통 대웅전 중심 전각은 안마당을 바라보며 정좌한 건물이다. 좌우 스님 거주처인 요사체와 마당 앞 누각의 네 건물로 둘러싸인 안마당이 중심이 된다. 대웅전 건물 뒤는 보통 산으로 막혀 아무것도 없다. 좌우 측면도 비껴서 사각으로 볼 뿐이지 측면을 정통으로 바라볼 기회는 별로 없다. 그러므로 배치상으로 사찰 중심 전각은 정면성만 강조되면 된다. 따라서 경제적 측면에서 공사가 보다 수월한 맞배지붕 박공으로 처리해도 충분하다. 신도들이 안마당 한가운데 서서 건물을 정면으로 바라보면 되고, 또 반대로 정좌한 부처님이 마당을 내다보도록 정면의 한 방향만이 중요하다.

충청도 서산 개심사는 아담한 절인데 근래 서해안 고속도로가 개통되기 전까지는 가는 길이 아주 불편하였었다. '開·心' 마음을 연다는 뜻의 절 이름은 전형적인 직지인심(直指人心), 즉 헛소리 말고 사람의 마음으로 바로 들어간다는 뜻의 선종 사찰 이름이다. 지금은 저수지를 돌아가게 길이 잘 나 있지만 90년대 답사까지만 해도 지금은 철거된 저수지 한가운데를 가로지른 낡은 다리가 있었다. 교각이 가늘고 매우 높아서 위험하다 하여 학생들은 다 내려 걸어가고 빈 버스만 겨우 통과해갔다. 역설적이지만 우리나라 절들이 교통이 불편해야 겨우 옛 모습이 유지되고, 사람이 많이 드나들기 시작하면 입장료와 시주 돈이 넘쳐나서 그런지 새로운 큰 건물 역사가 일어나고 천 년 전통이 하루아침에 망가진다. 대표적 망가진 절이 바로 같은 고려시대 고건축 대웅전으로 유명한 같은 충청도 인근의 수덕사다. 우리 산지 사찰의 전통이 경사지를 휘휘 돌아 올라가게 한 진입 길을 던져버리고 급한 경사지를 일직선으로 들어가게끔 각종 천왕문 금강문을 새로 만들어 마치 중국절로 만들어버렸다. 더구나 아담한 안마당 앞의 멀쩡했던 누각을 멋대로 헐어버리고 그 앞에 넓은 마당을 조성하고 새로이 쌍탑을 만들었다. 아담한 스케일의 마당이 헤벌리게 벌어져서 한국 족보에도 없는 기괴한 절의 배치가 되어버렸다. 21세기 한국 불교의 스님들도 천 년을 내려온 우리 선조의 문화유산을 지키고 이어나가도록 문화의식을 가져야 할 것이다.

개심사 대웅전은 맞배지붕이다(그림 7-20). 대웅전 건물은 사방을 빙 둘러보는 것이 아니라 신도들이 안마당에서 보는 정면만이 중요하다(그림 7-21). 뒷면은 산으로 막혀 있고 양 측면에서 건물을 감상할 기회는 거의 없다. 마당양옆 요사(寮舍)체라 부르는 승방이 있고 그 바깥에 안양루(安養樓)라는 누가 있다. '안양'은 '극락세계로 들어가는 문'이라는 뜻의 불교용어라는 것을 사람

〈그림 7-20〉 개심사 대웅전 맞배지붕. 마당을 향한 정면성만 필요

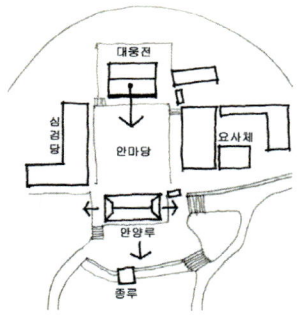

〈그림 7-21〉 개심사 배치.
대웅전 전면성, 안양루 4방향성

들은 잘 모른다. 누는 대웅전에 비해 한 급 떨어지는 건물임에도 불구하고, 대웅전은 맞배지붕인 데 비해 거꾸로 누는 팔작지붕이다. 누는 절 아래 연못 쪽에서 보는 정면도 중요하지만(그림 7-22) 측면에서 걸어 올라오며 정면은 물론 양 측면도 포함한 사방팔방에서 잘 보이도록 팔작지붕으로 계획된 것이다(그림 7-23). 덤으로 덧붙여 알려드린다. 개심사 요사체 중 왼쪽의 심검당(尋劍堂)은 휜 부재로 제멋대로의 기둥으로 유명하다(그림 7-24). 개심사 전면의 종루는 멋대로 휘어진 기둥으로 멋대로 소리가 퍼져 나가도록 잘 어울리는 멋을 지닌 건물로(그림 7-25) 꼭 한번 가볼 필요가 있다.

팔작지붕과 맞배지붕의 급이 서로 뒤바뀐 예를 유교 건축에서 보자. 조선시대에는 고을의 중심 교육기관이었으나 지금은 쇠퇴하여 지역 유림들이 어린이 한자 교육이나 예절 교육으로 명맥을 유지하는, 대한민국 곳곳 고을마다 있는 것이 향교이다. 절과 마찬가지로 향교에서 공자를 모시는 대성전 사당과 강당 명륜당과 진입 문루의 지붕이 팔작인가 맞배인가를 보기로 하자. 향교건축은 공자와 그 제자들을 모시는 사당의 사묘공간과 학생들이 공부하는 강학공간 두 영역으로 이루어져 있다. 두 영역을 앞뒤로 배치하는데, 전국에서 성균관을

〈그림 7-22〉 들어가며 사방에서 잘 보이는 개심사 모임지붕 종루

〈그림 7-23〉 귀 측면으로 들어가는 팔작지붕의 안양루

〈그림 7-24〉 개심사 심검당 휜 부재

〈그림 7-25〉 개심사 종루 휜 기둥

비롯해 뒷산에 의지하지 않고 평지에 배치된 3개의 예외만 제외하고(나주, 영
광, 함평) 전부 앞에 강학공간, 뒤에 사묘공간이 온다. 이름 하여 '전학후묘(前
學後廟)'형 배치이다. 각 향교 입구 안내판에 전학후묘 배치라고 끈질기게 올
라와 쓰나마나한 글자 낭비를 하고 있다. 영남계 대표적 배치인 함양향교도 중
심축상에 지형상 높은 제일 뒤에 사묘공간 대성전이, 그 앞에 강학공간 강당
명륜당이 그리고 마을에서 진입할 때 문루를 겸한 태극루가 제일 앞에 위치한

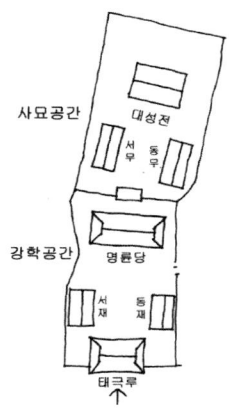

〈그림 7-26〉 함양향교
배치. 대성전 맞배지붕,
태극루 팔작지붕

다(그림 7-26). 향교에서 공자를 모신 급이 가장 높은 대성전은 절의 대웅전과 비슷하게 경내 영역의 제일 뒤인데 지붕은 백 프로 맞배지붕이다(그림 7-27). 앞쪽만 바라보면 되는 전면성만 있기 때문에 건물 서열은 가장 높으나 지붕은 보다 낮은 맞배지붕으로 족하게 된다. 실제 제례 시 내부 중심 공자 위패에서부터 전면 사당 마당을 향해서 한 방향으로만 행사가 진행된다. 다음 강학 영역의 강당 명륜당 지붕은 맞배지붕도 더러 있지만 대부분 팔작지붕이다. 또한 향교에 만약 문루가 있다면 반드시 팔작지붕으로 한다(그림 7-28). 그 이유는 앞에서 말한 대로 맨 앞에 있기 때문에 진입 시 정면은 물론 측면까지 온 사방에서 누가 잘 보여야 하기 때문이다. 다시 한 번 누 건축은 4방향성을 갖기 때문에 건축 공간론으로 보나 조경학적으로 보나 결코 맞배지붕일 수가 없다. 따라서 죽서루 건축이 목구조 모양이 끝 칸과 다르다고 해서 기존 정설, 처음에는 맞배지붕이었다는 소리는 건축쟁이들이 자기도 모르게 걸려 있는 집단 중증 질환, 즉 건축을 나무 쪼가리로만 생각하는 속 좁은 유물론자의 주장에 불과하다.

〈그림 7-27〉 대성전 급은 가장 높으나 맞배지붕

〈그림 7-28〉 문루 급은 낮으나 팔작지붕

〈그림 7-29〉화양동 계곡 암서재 팔작지붕   〈그림 7-30〉영양 서석지의 경정. 팔작지붕

　　죽서루와 비슷하게 개울 옆 바위 위에 올라앉은 충북 괴산의 화양동 계곡의
암서재(岩捿齋)가 있다(그림 7-29). 조선시대 학자이면서 최고 권력을 장시간
누렸던 서인 노론의 거두 우암 송시열이 만년에 화양구곡을 경영한 곳이다. 대원
군이 젊은 시절 목숨을 부지하기 위해 파락호 생활로 절치부심할 때 당대의 학문
세도처 화양동 서원 앞을 지나가다가 유생들에게 붙잡혀 치도곤을 당해 철천지
원한을 가지고서 나중에 권력을 잡은 후 철폐 1번 타자로 완전 파괴했던 문제의
그 서원은 근래에 복원되었다. 서원 위쪽 개울가 바위 위에 마치 원래부터 올라
앉은 듯 천연스러운 정자는 세 칸 비록 자그마하지만 당당한 팔작지붕이다.

　　건축보다 한국을 대표하는 조경으로 유명한 경상도 영양 서석지(瑞石池)는
양반집 가운데의 연못이다. 연못을 바라보며 무대는 경정(敬亭) 정자다(그림 7
-30). 오른쪽의 주일재와 함께 네모난 담장 배치 속에 들어 있지만 사방을 향
한 팔작지붕이다. 이런 정자에 앉아 있으면 물론 학문을 논하고 시를 짓겠지만
필자 체험상 술이 그저 술술 들어간다. 잘 취하지도 않는다. 주량이 소주 반병
인 사람은 거기 앉아 마시면 두 병도 끄떡없다. 거짓말이 아니니 한번 체험해
보시라. 물론 양반 종갓집에는 대대로 내려오던 고유한 전통주가 반드시 있다.
술 빚는 것이 며느리가 빨리 터득해야 할 과업 1호였다. 일제강점기 일본 놈들

이 주류도매업이라 하여 동네에 양조장을 하나씩만 허가해주었었다. 당연히 독점 부잣집이었던 양조장집 딸은 총각들에게 영순위 후보였었다. 그 술 담그는 것도 허가받아야 하는 족쇄가 해방 후에도 우리 정부가 세금 많이 걷으려고 일본 놈 하던 짓을 그대로 반복했다. 근래에는 비교적 금지 제약이 걷혀 문배주니 백세주니 한산 소곡주니 하는 것이 전부 전통 종갓집에서 비롯된 술이다.

우리가 잘 모르는 또 하나, 우리말 '음식', 즉 마실 飮 먹을 食의 음식은 술과 밥이다. 술이 빠지면 음식이 성립하지 않는다. 마실 것으로 국, 숭늉, 감주, 수정과도 있겠지만 기본적으로 '음'은 술이다. 종갓집 며느리들이 손님 접대할 때 1인용 소반에 술과 안주를 반드시 내와야 했다. 그러지 못할 때는 동네는 물론 온 세상에서 흉보므로 무슨 수를 써서라도 임무를 완수해야 했다. 필자가 선교장의 돌아가신 종부와의 면담을 통해 파악한 사실이다.[14] 또 춘향전에서 거지 행색으로 변장한 어사 이몽룡이 소반의 술과 안주를 소재로 시를 읊는다. 금준미주(金樽美酒)는 천인혈(千人血)이요 옥반가효(玉盤佳肴)는 만성고(萬姓膏)라. 금잔의 향기로운 술은 천 사람의 피요, 옥쟁반의 아름다운 안주는 만백성에 짜낸 기름이다. 술과 안주는 뗄 수 없는 한 세트다.

자연 한가운데 놓이는 누정은 사방에서 누정을 보아도 한결같아야 하므로 반드시 팔작지붕으로 한다. 정방형 평면이라면 모임지붕으로. 따라서 사방이 트여 전망이 우수한 성격의 죽서루 누정에서는 이렇게 공간론적으로 볼 때 '원래 맞배지붕설'은 가능성이 전혀 없다. 위엄 당당해야 하는 고을 객사 부설 관영정자가 격에 맞지도 않게 맞배지붕으로 했다는 것은 있을 수 없는 일이다. 독자 누군가가 우리 한국건축 누정에서 자연에 홀로 독립해 서 있는 누정이 맞배지붕인 예를 찾아

---

14) 이희봉, 「전통 상류주거 강릉 선교장의 해석」, 『건축역사연구』.

온다면 손에 장을 지지겠다. 다시 한 번 자연 풍광 속에 서 있는 선조들의 유산으로서 누정을 보는 것이 아니라 단순히 나무쪼가리만 들여다보는 유물론자 건축학자들의 외골수 태도를 지적하지 않을 수 없다.

지금까지는 정황적 증거였다고 하면, 조선시대 화가들의 죽서루 산수화 그림을 통해 죽서루는 원래부터 팔작지붕이었다는 사실적 직접 증거를 보도록 하자. 죽서루는 워낙 절경이라 당대 화가들의 좋은 그림 소재가 되었을 것이다. 17∼18세기 화가들, 즉 겸재 정선, 단원 김홍도, 첨재 강세황 그리고 생몰 연대는 미상이나 1800년경으로 짐작되는 관호 엄치욱의 모두의 산수화에서 죽서루 그림은 예외 없이 모두 팔작지붕으로 나타난다(그림 7−31). 기존 '맞배지붕설'이라고 주장하는 '원래'는 사실적 산수화에 의하면 근래 3백 년간은 원래부

〈그림 7−31〉 17∼18세기 죽서루 그림은 전부 팔작지붕이다. 정선(1676∼1759), 강세황(1712∼1791), 김홍도(1745∼?), 엄치욱(연도 미상, 1800년경)

터 맞배지붕이었던 적이 없다. 그렇다면 최초 건립 1400년부터 1700년까지 3백 년간은 사실적 증거가 없으므로 어느 누구도 맞배지붕이었는지 팔작지붕이었는지 확언할 수는 없다. 확실한 증거도 없이 "원래 맞배지붕인 듯하다"에서 비롯된 '원래 맞배지붕설'은 이제 그만 거두어져야 할 것이다.

죽서루의 칸수도 조선시대 화가 정선, 김홍도, 강세황의 그림에 의하면 모두 7칸으로 정확히 나온다. 엄치욱 그림은 나무에 가려 최소 6칸 이상으로 보인다. 그때도 오늘날같이 칸수는 7칸이었다. 따라서 최소한 근래 3백 년간은 원래부터 7칸이었다는 얘기가 된다. 즉, 맞배 5칸에 덧대지 않았다는 얘기가 된다. 원래 맞배지붕 5칸에 2칸을 덧붙여 팔작지붕을 만들었을 것이라는 근거 없는 막연한 임의 추정이 마치 정설처럼 안내 설명판에 박혀 있는 것은 정말 유감이다.

이 대목에서, 유물론자들이 유일하게 증축설 증거로 삼는 것이 부사 허목의 기문에 나오는 중종(中宗) 25년 1530년 "부사 허확(許確) <u>증작남첨(增作南檐)</u>"의 네 글자, 남쪽 처마를 덧붙여 지었다는 것이다. 그 글만으로는 사실을 확실히 알 수 없다. 왜 1칸(間) 증축했다고 하지 않고 처마를 덧붙였다고 했는지 의문이다. 햇빛 차단을 위해 소나무 가지로 덧붙인 처마를 '송첨(松簷)'이라 하듯 칸 구조가 아니라 임시 가(假) 구조물은 아닌지? 또 처마 '첨'을 칸으로 해석하더라도 죽서루 북쪽 1칸과 남쪽 1칸은 구조나 천장 모양이 똑같은데 왜 남쪽만 언급했는가이다. 원래 6칸이었는데 남쪽 1칸을 증축했다는 말처럼 된다. 또한 설령 양보하여 원래 5칸이었더라도 왜 양 끝 칸을 완연히 다르게 했는가가 설명되지 않는다. 원래 5칸 자체도 팔작지붕이었을 가능성도 크다.

기존 정설을 조목조목 이번에는 건물과 바위와의 관계에서 뒤엎는

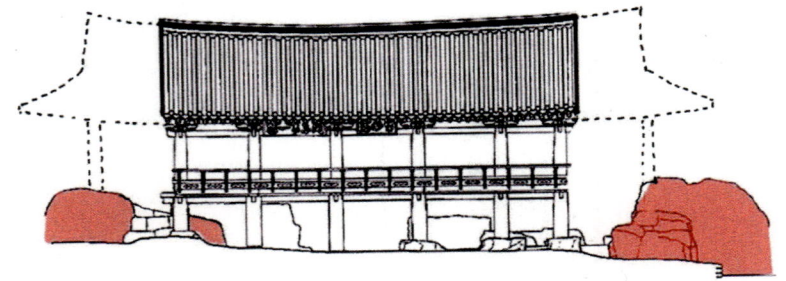

〈그림 7-32〉 원래 5칸 맞배지붕설에서의 건물과 바위와의 무관계

다. 원래부터 지금처럼 일곱 칸이었지 다섯 칸이 결코 될 수 없었음을 보자. 죽서루는 앞서 본 바와 같이 건물이 애당초 기막히게 자리 잡아 남·북측 바위에 다리처럼 걸쳐서 서 있는 것이 가장 큰 특징이다. 만약 증축설에서 주장하듯 원래 가운데 5칸뿐이라면(그림 7-32), 지금처럼 양쪽 바위를 통해 진입할 수 없다(그림 7-33). 땅에서 누로 올라가는 별도의 사다리 계단이 필요하게 된다. 만약 북쪽 끝 한 칸이 없다면 그야말로 낭떠러지 절벽을 한 칸 건너 들어가야 하는, 걸치는 허공에 다리가 필요하게 된다.

이 대목에서 앞서 말한 필자의 논문에 대해 게재 불가 판정한 익명

〈그림 7-33〉 북측 바위로 진입

의 심사자의 심사내용을 보자. "북쪽 암석을 자세히 보면 누마루와 맞닿아 있는 바위 표면이 주변의 바위들과 달리 결이 다름을 알 수 있는데, 이것은 누마루 쪽으로 연장되어 있던 바위를 깨뜨려 지금의 상태에 맞게 절단했다고 생

각되므로" 하면서 필자의 새로운 설을 부정하고 원래 5칸일 때도 북측 진입이 가능하였다고 심사한다. 대단하다. "생각되므로" 하고 전혀 입증되지 않은 막연한 개인의 머릿속 상상 생각을 가지고 다른 사람이 심혈을 기울여 작성한 논문을 불가판정하다니. 우리 조상들은 가능한 한 바위를 그대로 두고 바위 생긴 모양에 맞춰 그 위에 나무 기둥 밑을 그랭이질까지 하며 깎아 집을 앉혔다는 자연 친화적 생각과는 정반대로 7칸으로 증축하면서, 무려 한 칸에 해당하는 암석 덩어리를, 폭 2.5m, 길이 7m, 높이 2m의 수십 톤이나 될 입방체 암석을 통째로 깨뜨려 부숴버렸다는 마치 토목쟁이 같은 용감한 주장을 편다. 주장은 자유이나 다시 말하지만 입증되지 않은 섣부른 개인 생각을 가지고 타인의 논문을 평가하는 잣대로 삼는 것은 '학문학', 즉 '인식론'의 기반이 없기 때문이라고 판단한다. 이 대목에서 정말로 제대로 된 학자라면 어둠 속에서부터 광명세상으로 나와 적극적으로 자기의 주장이 옳음을 학계에 펼쳐야 할 것이다.

또 만약 정설 원래 5칸은 남쪽도 별도 사다리 계단이 필요하게 된다. 즉, 남쪽 출입부 바닥 바위는 뒤쪽 절벽 쪽 일부만 누마루와 같은 높이이나 한가운데 임금 어칸 출입부에서부터 동쪽 끝까지 대부분 마루 밑으로 꺼져 들어가서 바로 진입할 수 없다. 현재 석축으로 인공적으로 높이를 돋운 곳이다. 결국 기존 정설에서 주장하듯 만약 원래 다섯 칸이었다면 지금처럼 남북 양 바위에 의지하여 꼭 끼워 넣듯 자리 잡은 원래 건물 죽서루의 설계 의도와 전혀 어긋난다.

죽서루 산수화에서 보듯 최소한 조선시대 최성기를 포함 현재까지 과거 300년간 '증축설'은 성립하지 않는다. 죽서루는 옛터에 1400년경 창건한 후 현재까지 무려 십여 회의 중수 기록이 있는데, 만약 증축설이 맞다면 '비정규 맞배지붕 연장 팔작지붕'을 '정규 팔작지붕'으로 고칠 기회가 얼마든지 있었지만 현재 상태를 그대로 유지해왔다는 것은 단순히 증축의 결과물이 아니라 당시의 생활에 필요했기 때문에, 즉 딱 맞았기 때문에 그에 그대로 대응한 결과물이라고 해석할 수 있다. 따라서 다음 장에서는 죽서루를 둘러싸고 벌어지는 조선시대 사람들의 생활을 통하여 건축과 공간을 해석하기로 하자.

다음 장으로 넘어가기 전 미리 조금만 귀띔하자면, 조선시대 관아건축에서는 퇴칸의 역할이 아주 중요하였다. 본청 마루 위에 올라갈 수 있는 고을 수령을 포함하여 사대부 양반과 마당에서만 일하는 마당쇠 사이의 처마 밑 퇴 공간은 사이 공간으로서 계급의 완충작용을 한 곳이다. 우리말 관청(官廳)의 '청' 자는 바로 마루를 말한다. 죽서루는 남북 양 끝 칸의 퇴 공간을 특별하게 만든 구조물로 다시 해석한다. 따라서 맞배지붕에 두 칸을 달아낸 것이 아니라 필요에 의해 처음부터 양 퇴 공간을 그리 만든 것이다.

여기서 잠깐 죽서루를 벗어나 삼척의 윗동네 강릉에서 같은 관동팔경 경포대를 두고 최근에 벌어졌던 일련의 기막힌 사건을 한번 보도록 하자. 서거정의 사가정이란 호에서 보았듯이 정자건축은 산과 물, 자연과 건물, 그리고 안에 들어가는 사람이 합하여 이루어지는 건축이다. 사람이 빠지고 자연이 빠진 건물만의 건물은 다름 아닌 유물론자의 해골에 불과하다. 경포대는 경호(鏡湖) 이름 그대로 거울 같은 호수 위 동산에 자리 잡고 있어서 호수와 바다를 동시에 바라다보는 명승지이다. 그런데 필자는 재작년 2009년 어려서부터 익숙한 경포대에 올랐더니 정말 기절초풍할 뻔했다. 경포대 정자 삼면이 판자로 꽉꽉 막혀 있는 것이 아닌가?(그림 7-34) 자초지종을 알아보니 몇 년 전 경포대 보

〈그림 7-34〉 판장벽으로 꽉 막혀 신음하는 현재 경포대

수공사를 하면서 막았단다. 전문가들이 철저히 고증한 결과라고 했다. 정자는 기둥만 남고 사방이 트여 바람도 통하고 풍광을 내다보아야 하는데 멀쩡히 뻥 뚫려 잘 서 있던 정자를(그림 7-35) 뒷면과 옆면을 판자로 막아버리니 안에 들어가면 시커먼 상자 통이 되어버렸다(그림 7-36). 세상에 어찌 이런 일이 벌어질 수 있는가. 그래서 필자는 2010년 11월 한국건축역사학회 추계학술발표 대회 시 "유린당한 경포대, 또 하나의 엉터리 복원에 대하여"라는 필자 나름 철저히 고증한 논문을 발표했다. 우연히 같은 대상 경포대를 놓고 다른 분과에서, 공사 시행한 설계자가 발표를 하였다. 물론 제대로 잘했다는 것이다. 문화재

〈그림 7-35〉 보수 직전 2005년 원래의 내부 서쪽 난간을 통해 바깥 노송이 보인다.

〈그림 7-36〉 보수 후 현재 내부 서쪽. 앞 그림과 비교 뒷벽을 막고 난간을 없애버림. 고정 용상단 설치

〈그림 7-37〉 경포대 일제강점기 엽서사진-'강릉 추본사진관 발행'

보수 공사보고서를 어렵사리 구해서 보니 문화재 자문위원 세 분이 고증했다는 결정적 근거는 일제강점기 때 발행된 경포대 뒷면과 옆면이 판장으로 막힌 사진엽서 한 장이었다(그림 7-37). 그리고 판장벽을 막았던 나무 구멍, 즉 장부구멍을 살렸단다.

그동안 건축과가 공과대학에 속하여 공학 위주의 건축교육을 받은 결과 건축을 사물로 보는 유물론적 건축관이 지배하고 있음을 지적하지 않을 수 없다. 목조건축 전문가가 대부분인 문화재 전문가들은 나무와 기와로 짜인 구조물이 건축으로 잘못 알고 있다. 건축분야가 문화부에 속하지 않고 건설부에 속하여 토목공학 교통공학과 마찬가지로 건축이 공학으로 취급되고 있다. 그간 대통령들이 해외, 특히 우리보다 딱히 선진국도 아닌 국가에 다녀와서는 우리 건축은 왜 이리 멋이 없느냐고 타박한 적도 많다. 러시아에 다녀온 노무현 대통령이 강력 주장하여 부랴부랴 만든 것이 국가건축자문위원회인데 백날 바꿔어봐야 근본적인 문제는 제쳐두어 별 소용이 없다. 문화재는 그야말로 수백 년 아니 천여 년 우리 선조의 얼, 즉 문화가 들어간 결과물이다. 그런데 문화재청 주관 문화재 위원들은 오로지 문화재를 독점하여 물건 덩어리로만 여기고 있다. '문화-재'에서 문화는 없이 '재'로만 여기고 있는 것이다. 그들 마음대로 문화재 복원을 빙자한 파괴를 자행하고 있다. 유네스코 세계문화유산으로 지정된 경주 역사문화지구 내 반월성 앞에 '월정교'를 복원했다. 개울 바닥에 교각 기초만 겨우 남았는데, 그 위에다가 신라시대에 어떻게 생겼는지 전혀 알 수 없는 상태에서 마음대로 나무로 된 다리라고 추정하여 그것도 중국 남부지방에 가 보고는 느닷없이 신라에다가 중국을 심어놓았다.[15] 선출직 시장, 문화재 공

무원, 문화재 건축 전문가, 자문 용
역 교수, 문화재 보수 업자들이 합
작하여 사적지를 훼손하며 엉터리
현대 작품을 만든 것이다.

죽서루 이웃 관동팔경 강릉 경포
대를 지붕 보수공사 한다고 하고서
는 엉뚱하게도 뒤와 옆을 판벽으로
막아버렸다. 그리고 가운데 임금이
앉는 고정 용상단을 설치하였다. 필
자 학술발표 논문에서, 경포대는 가
장 활발히 사용하던 최성기 조선시
대를 복원해야지 일제강점기 때 일
본 놈들이 변형한 경포대를 복원하
면 안 된다는 것을 물적 상태를 고
증함은 물론 조선 문인들의 시와 그
림과 그들의 계회와 연회생활을 통
하여 또 인간이 중심이 된 현상학적
공간론으로 하나하나 짚었다. 우선

〈그림 7-38〉 이방운(李昉運, 1761~?) 그림
경포대. 뒤에서 본 건물 내부 사람들이 다 보임

경포대는 앞면 동쪽 호수와 바다를 감상하지만 지금은 벽으로 막아버려 뒷면
서쪽으로 경포팔경의 하나인 '증봉낙조(甑峯落照)' 시루봉으로 지는 해를 정자
안에서는 전혀 볼 수가 없다. 무엇보다 맞바람이 통하여야 하고 조망을 최대한
넓혀야 하는데 거꾸로 절반을 꽉 막아버렸다. 조선시대 한 화가의 뒤 서쪽에서

<hr />

15) 이희봉, 「관광 복원인가 마구잡이 복원인가?- 경주 월정교의 복원에 대하여」, 『한국건축역사학회 춘계
발표회 논문집』, 2010.5.

본 그림에서 안에 사람들이 노는 장면이 잘 보인다(그림 7-38). 지금처럼 벽이 막혔다면 볼 수 없는 장면이다.

옛 시인들이 읊은 시에 경포대는 정확히 열두 난간이었다.

十二朱闌碧玉簫(십이주란벽옥소) 열두 붉은 난간 벽옥 퉁소 소리
    울리고
秋晴琪樹暗香飄(추청기수암향표) 맑은 가을날 나무 숲 향기 나부
    끼네(1746년 조하망 曺夏望)

十二欄干碧玉臺(십이난간벽옥대) 열두 난간 벽옥 같은 경포대
大瀛春色鏡中開(대영춘색경중개) 신선 바다 봄기운 거울 속에 열
    려 있네(1875년 삼척부사 심영경
    沈英慶)

보수하기 전 원래의 경포대는 정확히 열두 칸의 계자난간, 즉 닭다리난간이었다. 판벽을 막으면서 세 난간이 철거되어 현재는 열두 난간이 아홉 난간으로 멋대로 줄어버렸다. 더 기가 막힌 것은 옆 칸도 막아버리니 밖의 풍광을 내다보던 난간 앞이 마치 면벽 수도하듯 벽으로 콱 막힌 상태로 되어버렸다(그림 7-39). 선조들의 난간의 설치 목적을 완전히 무시해버렸다.

강릉 경포대는 관광객이 사시사철 많이 오는 곳이다. 관광객 일반 대중들이 유례가 없는 콱 막힌 정자를 보고 의아해하며 문화해설사에게 질문을 많이 하는데 답할 말이 없다고 한다. 그저 전문가들이 철저히 고증해 복원했다고 앵무새 녹음 소리를 틀 수밖에 없었다. 소위 전문가라는 분들은 상식을 가진 일반인보다 훨씬 낮은 문화재에 대한 안목을 가지고 있다고 볼 수밖에 없다. 그 이유는 경포대 정자를 그저 나무와 구멍으로 보는 유물론적 가치관에 바탕을 두고 있는 부분 전문가의 한계 때문이라고 판단한다.

그 후 경포대 문제를 지역 신문 『강원도민일보』에 제보하여 취재하고 요약하여 칼럼으로도 썼다(다음 '경포대' 검색 가능). 또 발표논문 글을 강릉시장과

문화재청장께 보내고 이의를 제기했더니, 만약 잘못되었다면 원상복구 하겠다는 답을 얻었고 그 결과 2011년.2.25일 강릉 문화원에서 필자 포함 정반대 입장의 저지른 설계자가 공방을 벌여 잘잘못을 가리는 공청회성 발표와 토론회가 있었다. 그 결과 비록 만장일치는 아니지만 지명 토론자 1분만 제외하고 전부 복원된 상태가 잘못임을

〈그림 7-39〉 계자난간 밖 벽으로 꽉 막혀 컴컴한 통으로 변하여 전망이 없어져버렸다. 면벽 수도용인가?

지적하였다. 그리고 객석에서 방청했던 강릉 시민들이 나서서 이구동성으로 잘못된 복원을 질타하였다. 압도적으로 판장벽과 용상단을 철거하도록 의견이 모아졌다고 본다. 당시 발표장의 열기는 뜨거웠다. 그 사건에서 느낀 점은 "건축은 종합이다"는 명언이 있음에도 불구하고 소위 목조건축 전문가들이 선조들의 얼이 서린 문화재 누정을 나무, 기와, 돌덩어리의 유물론적 사물로만 보는 깊은 병에 빠져 있음을 보았고, 부분의 전문가라는 분들이 좁은 영역에 갇혀 나무만 보고 숲을 보지 못하면서 이 세상에서 얼마나 취약한가 하는 것을 여실히 잘 보여준 사례라고 판단한다.

필자는 덧붙여 경포대 사례를 포함하여 2011년 건축역사학회 춘계학술발표대회에서 「복원이라는 이름의 문화재 파괴 정말 문제다- 월정교, 경포대, 심곡서원 사례를 통하여」를 발표했다. www.auric.or.kr에서 발행사별 학술지 "한국건축역사학회"에서 『춘계학술발표회논문집』으로 들어가 필자 이름을 검색하면 볼 수 있다.

다시 우리 죽서루로 돌아와서 기존 정설 증축설 "가운데 5칸은 주심포식인데 양 끝은 익공식이다. 고로 양 끝 칸을 나중에 증축한 것이

〈그림 7-40〉 가운데 5칸의 주심포식(12개 기둥)　　　〈그림 7-41〉 남북 끝 열의 익공식(7개 기둥)

다"는 '주심포식－익공식'에 대하여 학계의 잘못된 정설 관행을 보기로 하자. 정인국 선생은 "추후에 증설한 양 측면 2칸은 현저하게 말기적 수법으로 장식이 과다히 되어 있다"16)고 증축설을 뒷받침한다. 보자. 가운데 5칸 기둥들은 주심포 양식이고(그림 7-40), 남북 양 끝 열 기둥은 익공 양식으로서(그림 7-41) 기둥 위 공포 양식이므로 서로 다른 것이 객관적 사실이다. 왜 다를까? 기존 정설에서는 시차를 두고 후대에 증축을 하다 보니 서로 맞지 않게 되었다는 얘기인데, 성립하기 힘든 얘기다. 만약 증축하였다면 나중에 덧붙여 지은 목수가 바보도 아닐진대 옆에 죽 놓인 처음 포작들과 같은 모양으로 만들 줄 몰라서 못했다? 상식적으로 생각해봐도 말이 되지 않는 얘기다. "사물은 말한다"는 설계의 '의도'가 결여된 해석이다. 필자는 전혀 다르게 해석한다. 양 끝 칸이 가운데 칸과 다른 점은 그리로 출입을 한다는 점이다. 그리고 가운데 칸은 이층 높이로서 위로 한참 쳐다보아야 하지만 양 끝 칸은 출입하면서 눈높이에 포작이 바로 들어온다. 여타 가운데 칸들은 밑둥근(교두형) 얌전한 주심포형이지만 양 끝 칸은 촛가지 넝쿨문양이 밖

---

16) 정인국, 273쪽.

으로 내뻗친 화려한 형상이다. 익공 위 저울대보 뺄목 끝도 익공모양으로 뾰족하게 깎아 마치 익공 위 2익공처럼 장식한다. 익공 내부 역시 넝쿨 뻗침 장식이다. 안팎뿐 아니라 좌우 도리 받침 역시 넝쿨 내뻗침 모양으로 3차원 입체적으로 화려하게 장식한다(그림 7-42). 다시 강조하면 출입하는 양 끝 칸은 기

〈그림 7-42〉 남측 익공. 기둥 위 좌우 도리 받침 포함, 4방향 뻗치는 화려한 장식

둥에서 안팎 좌우를 가운데 칸과는 다르게 더 화려하게 차별 의장 설계를 한 결과이다(그림 7-43).

마지막 장에서 다시 밝히겠지만, 죽서루 부분 부분 의장은 하나하나 서로 다르게 만든 차별 의장이다. 결코 증축을 하여 만들다 잘못 만든 결과물이 아니다. 차별 설계는 당시 계급사회 조선시대 생활상 '계급 차별'의 필요에 의해 처음부터 사물을 서로 다르게 만들었다는 것이다.

여기서부터 과연 기존 정설에서 말하듯 가운데 칸의 포작은 주심포식이고 양 끝 칸은 익공식인가 하는 질문을 던진다. 아니 더 나아가 한국 건축역사 반세기의 허위 아니 구라일지도 모르는 주심포식과 익공식은 과연 따로 구분되는 것인가 하는 근본 질문을 던진다. 필자는 한국건축역사학회 2011년 춘계학술발표회에서 「마록지(馬鹿志)－주심포식 익공식 과연 있는 것인가?」 하는 논문을 발표하였다. '마록'은 역사서에서 진시황 사후 혼란한 틈에 권력을 잡은 환관이 사슴을 말이라 우겼다는 지록위마(指鹿爲馬)의 억지를 나타낸다. 어린 시절

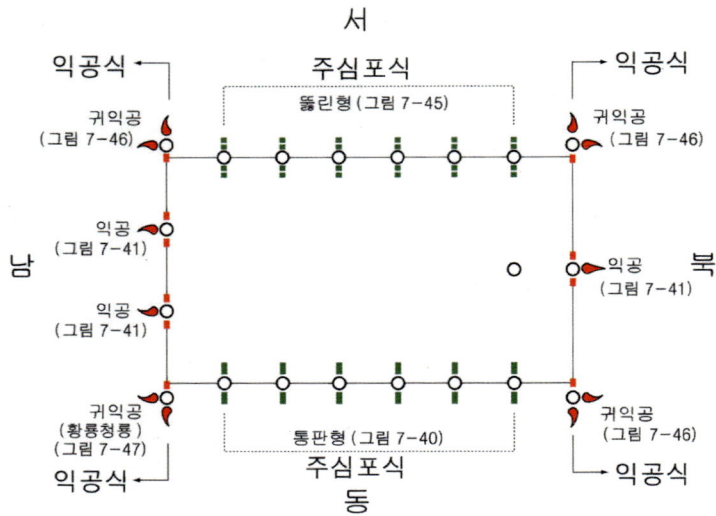

<그림 7-43> 기둥 위 포작 차이 배치도

독립군 나오는 영화에서 흔히 들었던 일본 놈 말, '조센징 빠가야로'에서 '빠가'는 일본에서, 즉 말과 사슴도 구분 못하는 바보 뜻으로 바뀌었다. 그동안 주심포식 익공식을 구분하는 것이 억지인지 아니면 구분 못하는 빠가 바보인지 한번 보기 바란다. 한국건축사에서 철석같이 믿고 있는 주심포식, 다포식, 익공식의 3형식 구분 중 '주심포'와 '다포'는 구분이 가능하나 '주심포'와 '익공'은 구분이 불가능한 것을 구분 가능하다고 우기는 억지임을 지적한다. 같은 고건축 형태를 놓고 학자마다 어느 학자는 주심포, 또 어느 학자는 익공이라 주장하는 중구난방 실례를 죽 들었다.

<그림 7-40> 소위 주심포식은 아래에 작은, 위에 큰 2단으로 밑단 둥스름한(교두형) '첨차형 살미'로 이루어져 있다. 아래 살미는 주두 아래 기둥머리 창방위치에 붙어서 주두를 안정되게 함께 잡아준다.

아랫단 살미를 1세대들이 '헛첨차'로 명명하였다. 교과서에 교본으로 나오는 가장 유명한 헛첨차는 수덕사 대웅전 주심포 포작의 제일 아랫부분이다(그림 7-44). 죽서루와 수덕사는 구조 부재의 짜임에 별 차이가 없다. <그림 7-40>과 <그림 7-41>의 죽서루 주심포식과 익공식 그림을 비교해보면 오른쪽 소위 익공식은 역시 주두 아래 하단 헛첨차 위치에 밑 둥근 첨차형 살미 대신 넝쿨 뻗침 촛가지가 안팎으로 짜여 있는 것만 다르다. 결국 끝이 뾰족하게 뻗어나간 것을 익공식, 그냥 둥그스름한 첨차형을 주심포식이라 부르는 차이밖에 없다. 그렇다면 목구조 건축 형식의 차이가 아니라 미세한 부분 장식의 차이에 불과하다는 말이 된다. 죽서루 실측조사보고서에서 <그림 7-40>의 포작을 주심포식이라고 분류하고서 "익공계 공포에서 나타나는 특성"[17]이라고 명기하고 있다. 즉, 다른말로 바꾸면 '익공계 주심포식'인 셈이다. 그렇다면 '주심포식' 안에서 '익공계 주심포식'은 무엇이고, 그냥 '주심포식'과는 어떻게 다르고 또 '익공식과는 어떤 차이가 있느냐'가 혼란스럽기 그지없다.

이 대목에서 도대체 주심포식, 익공식은 뭐란 말인가에대해 근본적으로 검토해보자.[18] '주심포'라는 용어는 원래 고건축 용어에는 없었는데 해방 후 몇 학자들이 붙인 현대 용어이다.[19] 우리가 독창적으로 붙인 것이 아니라 일본인 스기야마신조(杉山信三)가 붙인 소조(疎組)/힐조(詰組) 구분을 주심포/다포로 번역한 것뿐이다.[20] 일본인들은

---

17) 『삼척 죽서루 실측조사보고서』, 80, 104쪽.

18) 이희봉, 「馬鹿誌— 주심포식/익공식 과연 있는것인가?」 2011 한국건축역사학회 춘계학술 발표대회.

19) 김동욱, 「주심포 다포라는 용어는 언제부터 쓰였을까?」, 『건축역사연구』, 2008.10.

20) 杉山信三, 신영훈 역, 『고려말 조선초 목조건축에 관한 연구』, 1963, 고고미술동인회.

자기네 건축 원조와 비슷한 주심포식에는 관심을 가졌지만 자기네에 없고 우리에게만 있는 익공식 같은 것은 알지도 못했으므로 당연히 언급조차 없다. 조선시대 용어에는 폿집과(다포) 익공집만 있었고 북한에서도 표준 용어로 그대로 따르고 있다.21) 즉, 다포식과 익공식의 두 가지의 구분만 있을 뿐이다. 우리가 주심포식이라 부르는 것도 북한에서는 익공식이다. 그렇다면 문제는 '주심포식'과 '익공식' 구분이 과연 가능할까? 여기서 한국 건축역사 목구조 연구자들의 무리수가 나온다. 한국 목조건축 연구자 1세대에 속하는 김동현 선생은 『한국 목조건축의 기법』에서 익공식을 설명하며, "구성요소가 주심포계에 가깝고 세부기법은 다포계에 속하는 공포이다"라고 하면서 "그러므로 보는 사람에 따라서 주심포계라고 생각되는 경우도 있다"22)라고 보기에 따라서는 회피성 무책임한 서술을 하고 있다. 학술 서적에서는 누가 어떤 경우에 익공계를 주심포라고 보느냐를 보다 명확히 밝혀야 한다. 세상 사람은 남자와 여자로 나눌 수 있다. 물론 중간에 하리수같이 염색체는 남자인데 여자로 살아가는 예외도 있을 수 있지만 남녀의 구분은 당연하다. 불분명한 "주심포식과 익공식의 구분은 할 수 없다"가 정답일 것이다. 주심포와 다포 구분은 분명하다. 포가 기둥에만 있느냐 기둥 사이에도 있느냐로 분명히 가릴 수 있다. 기둥에만 있는 주심포와 익공식은 구분이 쉽지 않다.

죽서루 소위 주심포의 밑등 둥근 아래 살미, 위 살미에 뾰족한 촛가지만 붙이면 그대로 익공식이 된다. 또 부석사 무량수전과 봉정사 극락전과 함께 초기 3대 주심포식으로 철석같이 믿고 있는 수덕사 대웅

---

21) 리화선, 『조선건축사 Ⅱ』 발언, 182쪽.
22) 김동현, 『한국 목조건축의 기법』 발언, 1998, 184쪽.

전은 아래 헛첨차 끝에도 촛가지를 붙인다면 그대로 익공식이 될 것이다(그림 7-44). 익공식과 주심포식의 차이는 없어진다. 필자가 지어낸 주장이 아니라 목구조 연구 1세대 원조들의 말이다. 장기인 선생은 "헛첨차 외부 마구리에 쇠서를 붙인다면 초익공 쇠서와 같은 구조가 될 것이다"고 말한다.23) 김동현 선생은 "초익공은 주심

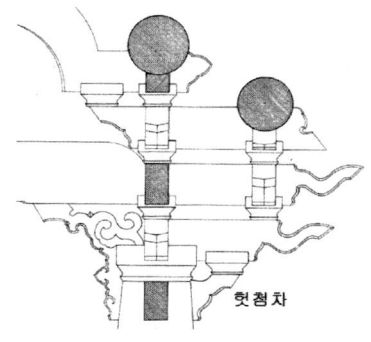

〈그림 7-44〉 수덕사 포작

포계의 헛첨차 부분이 다포계의 쇠서형(촛가지)으로 변한 형식이다"고 말한다.24)

　더구나 행공첨차를 갖는 출목익공은 주심포식과 더욱 구분이 안 된다. 주남철 선생은 "출목익공은 견해에 따라 주심포식으로 해석된다"고 말한다. 살미 촛가지가 뻗어 나왔느냐의 여부인데 죽서루와 같이 행공첨차가 있는데 민첨차형이냐 쇠서 내뻗침이 있느냐 여부의 단순 마감 형태상의 다름으로 목구조 형식을 구분하여 설명한다는 것은 침소봉대처럼 곤란하다. 기본 구조는 똑같은데 장식 하나의 차이를 가지고 형식을 구분하겠다는 것인가?

　최신 연구자 3세대 김도경 교수는 특히 출목 있는 익공식과 주심포식의 구분이 되지 않음을 알고는 있지만,25) 감히 선배세대의 잘못을 분명히 지적하지 못하고 결론에서 "공포의 유형분류를 새롭게 정

---

23) 장기인, 『목조』, 231쪽.

24) 김동현, 앞 글, 192쪽.

25) 김도경, 「한국건축의 공포연구의 문제점과 몇 가지 제안」, 한국건축역사학회 월례발표회, 2002.9, 3쪽.

리하고 또 더 많은 연구가 필요하다"고[26] 용두사미 유야무야로 끝맺는다. 죽서루 선행연구자들이 주장하는, 가운데 칸의 주심포식은 끝 칸의 익공식과 비록 세부 마감 장식상 차이는 있을지언정 주심포, 익공의 구조 형식상 차이가 없다. 즉, 학계의 정설 죽서루 주심포식은 곧 익공식이다. 필자는 죽서루를 통하여 한국 건축역사에서 하루빨리 바보들의 행진을 멈추어, 학생들과 연구자들에 혼란만 주는 1세대의 잘못인 주심포식과 익공식의 구분을 없애야 할 것이라 보며, '주심포식'이나 '익공식' 둘 중 한 단어는 없어져야 할 것이다.

기존 안내판과 연구자의 정설, 즉 가운데 칸은 주심포식, 양 끝은 익공식 그래서 나중에 증축한 것이라는 주장도 결국은 둘 다 익공식이 되므로 별 의미 없는 주장이 되어버린다. 다만 서로의 장식의 차이는 의도된 차별의 결과라고 해석한다.

기존 설을 살려서 우스꽝스러운 주장을 하나 해보자. 죽서루는 소위 주심포라는 가운데 칸도 동서 기둥의 포작이 얼핏 보면 비슷해 보이는데 자세히 보면 포작 모양이 서로 좀 다르다. 동쪽 땅 쪽 기둥 6개는 <그림 7-40>에서 보듯 아래 살미와 위 살미가 붙어 통 판을 이룬다. 그런데 서쪽 절벽 쪽 기둥 6개는 아래위가 붙지 않고 별개 부재로서 사이에 구멍이 있다(그림 7-45). 『죽서

〈그림 7-45〉 서쪽 소위 주심포. 아래위 뚫린 형

26) 윗글, 13쪽 결론부.

루 실측조사보고서』에서 위아래가 붙어 한 판을 이룬 것을 '익공계 공포의 특성'이라고 하고 위아래가 떨어진 것을 '주심포계 공포의 특성'이라 한다.[27] 만약 모양이 서로 다르므로 나중에 증축해서 그렇다는 정설 주장을 그대로 적용하면 그렇게 해서는 반쪽 집이 설 수도 없지만, 죽서루 동쪽 반만 지은 다음 나중에 증축하여 서쪽을 지었다는 억지가 된다. 세부 형태가 부분 부분 서로 다름은 차별 설계의 결과이고 결국은 사용자 사람의 급의 차별을 위한 것이라는 것을 마지막 장에서 자세히 밝힐 것이다.

그 이전에 <그림 7-43>포작배치도에서 보듯 그렇다면 왜 가운데 칸 기둥은 밑둥 둥근 첨차형으로 하고 양 끝 기둥은 촛가지형으로 내뻗게 했는가 하는 문제이다. 정인국 선생은 죽서루가 원래 5칸에서 늘려 증축한 '듯하다'는 끝 칸을 "추후에 증설한 양 측면 2칸은 현저하게 말기적 수법으로 장식이 과다히 되어 있다"며[28] 시대적 차이로 장식의 차이를 설명한다. 즉, 증축설에 의거 '가운데 칸 초기 단순→끝 칸 후기 복잡'이라는 공식을 적용한다. 시대의 변화가 자동적으로 형태의 변화를 가져왔다는 주장인데, 건축에서 무엇보다 중요한 설계의도는 전혀 고려치 않은 전형적인 골동품 감정가적 주장이다.

남북 양 끝은 출입하는 칸이다. 출입을 하는 곳에 눈이 조금이라도 더 가는 곳에 더 화려한 장식, 넝쿨문양 익공으로 내뻗쳤다. 처음부터 의도한 차별적 의장상 설계의도라고 해석한다. 또 하나, 설계에서 끝단의 처리는 중요하다. 네 귓기둥 포작이 그것이다. 기둥 상부 XY 종횡 양방향으로 만나는 원형 단면 도리는 왕찌 맞춤하여 내뻗은 후 수

27) 『삼척 죽서루-정밀실측조사보고서』, 1999, 80쪽.
28) 정인국『한국건축양식론』, 273쪽.

〈그림 7-46〉 세 귓기둥 포작 〈그림 7-47〉 동남쪽 귓기둥 황룡, 청룡 장식

직으로 싹둑 잘린다. 마구리에 장식이 있다. 그 아래 장여는 종횡 수직으로 잘리는 것이 아니라 동글동글한 세 개의 혹으로 장식되어 마무리된다(그림 7-46). 목재의 혹은 넝쿨의 도르르 말린 문양을 나무로 깎은 결과의 모양이다. 더 재미있는 것은 동남쪽 귓기둥이다. 다른 나머지 세 귓기둥의 도리 아래 장여 끝 뺄목의 동글동글한 혹 마무리 장식 대신 아예 황룡, 청룡으로 보이는 두 마리 동물의 얼굴을 조각해 넣었다(그림 7-47). 그 이유를 해석하면 남북 끝 열의 7개 기둥 중 남동쪽 귓기둥은 사람들이 주로 출입하면서 가장 많이 시선이 머무르는 곳이므로 특별히 더 다르게 동물 얼굴 장식을 추가한 것이다. 황룡, 청룡 장식의 더 깊은 뜻은 현재로서는 알 수 없다. 어찌 되었건 죽서루 남북 양 끝단의 익공식은 기존 정설인 증축하느라고 잘못하여 달라진 것이 아니라 사람들이 출입하기 때문에 보다 화려하게, 또 양 끝단을 다른 곳과는 다르게 처리한다는 차별적 의도의 결과라고 필자는 적극적으로 해석한다. 만약 4귓기둥 중 남동쪽 귓기둥 하나만

의 청룡, 황룡 조각도 다른 모양이라고 해서 나중에 이 기둥만 따로 증축을 한 결과물이라고 한다면 소가 웃을 일이다.

이 대목에서 역사에서 매우 중요한 '시간과 장소' 두 요소를 보도록 한다. 다른 말로 하면 시대성과 지역성이다. 역사가는 시대의 변화에 주목하는 직업이다. 반대로 문화인류학은 한 지역 한 민족의 고유성에 집중한다. 1970년대에 건축계에 유행했던 한국건축의 '전통' 논의는 시간의 변화보다는 한국이라는 지역적 특성에 집중한 것이다. 세계적 석학 인류학자 레비스트로스가 반세기 전 남미의 여러 부족을 현지 연구하여 써낸 『슬픈 열대』는 시간이 흐르지 않고 머무르는 곳이다. 비슷하게 근래 TV에서 취재한 다큐멘터리 <아마존의 눈물>을 방영한 바 있다. 시간보다는 지역이라는 장소가 우선한다.

한국 건축연구 개척자 고 정인국 선생은 시간적 선후를 열심히 따진다. 모든 건축을 고려 중기, 후기, 조선 초기, 중기, 후기로 배열하고자 한다. 마치 고고학 아니 TV의 골동품 감정가와 마찬가지로 "오래된 것일수록 비싸다"는 데에 문화재의 가치를 두고자 한다. 그런데 죽서루에서 정인국 선생도 "수차에 걸친 수리 때문에 원형이 많이 손상되었다"[29]고 보았다. 그런데 과연 수차 수리 변형된 상태를 가지고 시대적 판별을 하는 것이 무슨 의미가 있을 것인가?

건축역사에서 시대판별은 종종 오류를 발생시킨다. 거슬러 올라가면 일제강점기 때 미술사와 건축사의 시조 연구자, 이를테면 고유섭 선생은 한국 전체의 석탑을 시대적 선후로 일렬로 배열하는 큰 체계를 세우고 싶어 하였다. 그의

---

29) 정인국, 273쪽.
30) 마룩사지 유물전시관 「마룩사지 석탑」 2001.

〈그림 7-48〉 익산 미륵사지 서탑³⁰⁾ 〈그림 7-49〉 부여 정림사지 탑   〈그림 7-50〉 왕궁리 탑

석탑 핵심설을 보면 초기에서 후기로 가면서 1) 목조의 충실한 묘사에서 석재의 단순화·세련화, 2) 목부재의 숫자가 많은 데서 줄어든 대로의 이행, 3) 단순 추상형태에서 불상 부조 조각이 화려하게 덧붙여진다는 등등이다. 이 체계가 무너짐을 아주 경계하였다. 그의 설에 의하면 목재 부재를 충실히 하나하나 돌로 모사한 익산 미륵사지 서탑은(그림 7-48) 당연히 간결 날렵하고 세련된 부여 정림사지 탑보다(그림 7-49) 더 오래된 것이어야 한다. 그런데 근자에 발굴을 통하여 오히려 정림사지 탑이 더 오래되었음이 학계에서 밝혀졌다. 현재도 논의가 분분하지만, 만약 사실이라면 골동품을 감정하는 식으로 연구자가 미리 설정한 형태의 시대순 배열 공식을 가지고 각개 유적에 적용하는 체계는 힘을 잃게 된다. 고유섭 선생은 "양식 발전사상, 부분 형식의 계연성의(係連性) 존재로 보아 부여 정림사지 석탑은 미륵사지 석탑으로부터 발생하여 다시 큰 변화를 나타낸[一轉變] 것으로 정립할 수 있다. 만약 이 관계를 무시하고 어떤 일파의 사람들과 같이 미륵사지 석탑을 정림사지 석탑보다 후래의 것이라 논한다면 양 탑은 각각 착상이 서로 다르다고 해서 관련이 없게[無緣] 되고, 양식발전사적인 체계적인 논술은 불가능하게 된다. 그리고 이것은 조선 전반의 석탑에 걸친 체계적인 양식적 계연성의 존재를 무시하게 되어 사실의 엄존을 혼

 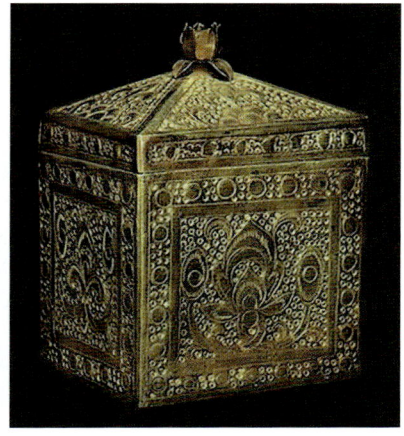

〈그림 7-51〉 익산 미륵사지 금제 사리 항아리　　　〈그림 7-52〉 익산 왕궁리 탑 금제 사리내함

돈에 끌어넣는 이외의 아무것도 아닌 결과가 될 것이다"[31]고 한다. 이 엄청난 서술도 오늘날 객관적으로 본다면 그가 두려워하는 체계의 무너짐이나 혼돈의 상태는 이 세상이 무너짐이 아니라 오로지 '그가 세운 설의 무너짐'뿐이다.

　하나 더 보면 오랫동안 같은 익산의 미륵사지 인근 왕궁리 탑을, 근래 官宮 寺 명 출토 기와로 인하여 관궁사 탑이라 부르기도 하는데(그림 7-50), 그동안 주로 형태의 분석을 통하여 대부분 학자가 고려시대 탑이라고 판정했고[32] 각종 교과서에도 그렇게 실려 있는데 소수 학자들만이 백제시대 탑이라고 주장했다. 2009년 인근 미륵사지 해체 공사 중 심초에서 전설의 서동요의 짝 선화공주가 아닌 신하 사택적덕의 딸이 후원한 문서가 나옴과 동시에 금제 사리 항아리가 발굴되었다(그림 7-51). 그런데 항아리 장식 문양이 왕궁리 탑의 금제 사리내함과(그림 7-52) 같은 거의 쌍둥이 문양이어서, 즉 연꽃, 넝쿨무늬, 빽빽이 눌러 찍은 알 모양 등 고고미술사학계에서 익산 왕궁리 탑이 고려가 아

31) 고유섭, 『한국 탑파의 연구』, 100쪽.
32) 건축계에서 대표적으로 천득염 교수다. 『백제계 석탑 연구』, 전남대 출판부, 181~187쪽, 2000.

닌 미륵사 탑과 같은 시대 백제탑으로 판정, 논란의 종지부를 찍었다.[33] 여태까지 알려진 현존 백제탑이 2개가 아닌 3개로 늘어난 것이다. 여기서 강조하는 바는 연구 방법론상 현재 마치 정설처럼 행세하는, 형태 변화 공식을 통하여 시대의 선후를 감정한다는 것이 얼마나 허술한가 하는 점이다.

다시 죽서루로 돌아와서 "주심포계 후기"니 "조선 중기 훨씬 뒤"니 하는 시대적 판별[34] 자체가 과연 타당한 것인가에 대해 필자는 의문을 제기한다. 오늘날 지구촌 시대 교통 통신이 발달하여 이 시대 하나로 통일된 발전된 기술로 집을 지을 수도 있을 것이다. 그러나 아마존의 눈물에서 보듯 현대와 원시는 공존하고 있다. 삼척은 오늘날 고속버스로 하루에 서울을 왔다 갔다 하지만 조선시대에는 태백산맥에 막혀 문화권이 전혀 다른 별천지였다. 오늘날 경상도, 전라도 특성하는 것도 지리산, 덕유산, 소백산맥에 의해 건너갈 수가 거의 없었기 때문에 독자의 성질을 유지할 수 있었던 것이다. 작은 제주도만 해도 동부와 서부가 문화권이 서로 달라 건축 형태도 서로 달라짐을 필자 연구로 발견하였다. 그 이유는 자연 환경의 차이도 있지만 태어나 기껏해야 자기 마을과 그 옆 마을에서 멀리 벗어나 보지 못했기 때문이다. 서로 결혼하는 통혼권도 지리적으로 인근 지역에만 머물게 된다. 한 문화권의 독자적 방식을 대대로 유지할 수 있는 이유이다.[35]

역사를 시대의 흐름에 따라 반드시 앞으로 나아가는 것으로만 보

---

33) 대표적으로, 한정호, 「익산 왕궁리 오층석탑 사리장엄구의 편년 재검토 – 금제 사리내함을 중심으로」, 『불교미술사학』, 2005. 3호 논문이 있었고, 미륵사지 사리 항아리 발굴 후 2009년 일간지, "익산 왕궁리 탑 주인은 후백제 아닌 백제", 《한겨레신문》, 2009.3.22.자. "익산 왕궁리 사리장엄구도 백제 유물", 《중앙일보》, 2009.1.28.자. "익산 왕궁리 오층석탑 국적, 나이 찾았다", 《서울신문》, 2009.1.29.자.

34) 정인국, 『한국건축양식론』, 127, 273쪽.

35) 이희봉 · 송병언, 「부엌구조와 생활의 대응을 바탕으로 한 제주도 민가의 문화 지역적 해석」, 『건축역사연구』, 1999.12.

느냐 하는 것은 조선시대 주 이념이었던 유교를 살펴보아도 된다. 망한 지 오백 년도 더 지난 송나라 때 성리학 주자(1130~1200)의 학문을 신주 모시듯 했던 조선시대 유학자들, 특히 정권을 가장 오랫동안 잡았던 서인계 노론들은 같은 시대 유행했던 명나라의 왕양명(1472~1529)의 양명학을 철저히 배격하였다. 결국 조선 유교는 당시 외부 학문과는 담쌓은 맹목적 교조주의 시대가 되었다. 당시 역사적으로 조선은 유교 역사에서 시간이 정지한 시대였다.

멀리 떨어진 한양에서 삼척으로 파견 나온 중앙 관리는 그 시대의 정신을 어느 정도 담고 있었다고 보겠지만 공사하는 현지 건축 장인 목수는 조선 중기식, 후기식 방식을 제대로 알고 있었다고 보기 힘들다. 중앙에서의 파견 관리와 지역 아전들의 갈등과 세력다툼은 종종 문학의 소재가 되었다. 지역 원로 자문 기구 '향청'의 역할도 작지 않았다. 고립된 삼척은 그 지역에서 대대로 내려오던 '지역성'이 '시대성'을 훨씬 압도했을 것이다. 죽서루를 현지 지역의 특성으로 보지 않고 시대적 흐름만으로 보는 것의 오류이다. 연구에서도 경계해야 할 점이지만 보다 더 큰 문제는 오늘날 전국적으로 행해지는 문화재 보수 복원 공사이다. 전혀 지역적 지식이나 고려 없이 문화재청에서 전국 표준 방식의 설계에다가 설계시공업자는 전국 공통 표준 공사 방식을 적용하여 원래 그 건축이 가지고 있던 지역성의 문화재를 전국적으로 대대적으로 파괴하여 버린다는 것이다.

죽서루가 원래 맞배지붕에 양 끝 칸을 증축했느냐 여부를 유물론자 평균 건축쟁이들의 논의를 넘어서 죽서루 건축과 바위의 입지 상호 관계, 안팎 상하 위계의 내부 공간, 연회도의 옛 공식 연회행사 장면, 산수화의 죽서루 형태 묘사 등의 분석을 통하여 종합적으로 보고자 한다.

08

연회도로 본 옛 생활

근래에 들어 부쩍 건축가 포함 건축쟁이들은 건축을 ‘문화’라고 얘기하고 싶어 한다. 수년 전 ‘건축문화의 해’가 있었고, 『건축문화』라는 잡지도 있고, 건축사협회 발행 신문이 ≪건축문화신문≫이다. 여태까지는 사회에서 건축가를 철근 콘크리트나 철골이나 목재로 된 건물을 짓는 기술자로 취급해 온 데 대해 나도 ‘예술가’요 하고 싶은 것이다. 건축쟁이들이 ‘건축은 문화다’라고 멋있는 말을 할 때 본인이 정작 무슨 말을 하고 있는지 잘 모르는 경향이 있다. 빛깔 나는 말이다. 집을 멋있게 짓는 것이 곧 문화라고 착각을 한다. 근래 공공의 적이 된 듯한 ‘성냥갑 아파트’ 대신 형태도 들쭉날쭉 색깔도 알록달록 그리고 건축 잡지를 보면 최신 유행이라고 하여 건물을 이리 비틀고 저리 비틀어 요상하게 만드는 것이 곧 문화라고 여기는 것으로 보인다. 즉, 건축의 시각적 예술화가 곧 문화라고 여기는 것 같다.

　예술가는 자신을 예술가라고 하지 절대 ‘문화예술가’라 하지 않는다. 예술에 자신이 없는 얼치기들이 앞에 문화를 넣어 큰 탈것을 만들어 무임승차하기 위하여 만든 말이 ‘문화예술’이다. 건축도 사회에서 예술로 취급받고 싶으면 ‘건축은 문화다’ 하는 막연한 소리보다

'건축은 예술이다' 하고 직접적 주장을 펴는 것이 좋을 것이다.

문화인류학을 부전공한 문화 전문가로서 필자는 몇 마디 하고자 한다. 건축은 문화가 아니다. 물론 예술 자체도 문화가 아니다. 대한민국에서 문화부처럼 문화의식에 혼동을 겪는 나라는 없을 것이다. 건국 이래 오랫동안 문화교육부, 즉 문교부로 교육의 한 부분으로 있더니 88올림픽 때 체육과 붙어 군인 출신 장관의 문화체육부로 있다가 근자에는 관광하고 붙어서 문화관광부가 되었다. 문화는 그냥 문화이지 웬 합성 수식어가 그리 많이 붙는지. 딴따라 출신들이 문화부장관을 하여 문화를 소수 예술가들의 예술로 독점 축소시켜 정작 국민의 문화를 빼앗아가 버린다.

정확히 예술도 그렇고 건축도 그렇고 '문화의 산물'일 뿐이다. 유물론적 건축학의 원조 고고학에서조차 발굴된 석기나 항아리, 화살촉을 비롯해 집 자리 같은 유물과 유적 등등 그 자체는 문화가 아니라 본다. 당시 만들고 사용했던 사람들의 문화의 산물일 뿐이다. 유물 유적의 문화 산물을 통하여 그들의 문화를 해석해내는 것이 고고학의 사명이다. 즉, 문화는 사람이다. 문화에 대한 여러 정의가 있지만 아무리 양보해도 민족 집단이든 계층 집단이든 직업 집단이든 최소한 특정 사람 집단이 가지고 있는 삶의 방식이 문화다. 문화를 말하자면 당연히 사람을 말해야 한다. 특히 한국에서 건축학은 공과대학에 속하여 사물, 물질에 대하여만 배웠지 정작 사람에 대해서는 배운 적이 없다. 서양도 사정은 좀 낫지만 별반 다르지 않다. 근대건축이 실패한 것은 결코 형태가 멋없어서가 아니라 기라성 같은 거장 건축가들이 속에 들어가 살 사람들에 대해서는 별 신경을 쓰지 않았기 때문이다. 원래 건축가라는 직업은 물주 건축주 '클라이언트(client)' 말만 잘 들으면 되었다. 1960~70년대 보통사람들의 반란에 의해 수천 년 건축 역사에서 처음으로 족보에 없던 '사용자(user)'라는 말이 등장했다. 곧 설계비는 내지 않지만 역시 중요하게 고려해야 할 건축주로서 말이다. 한국 얘기가 아니고 서양 얘기다. 한국은 여전히 19세기 사용자 암흑시대이다. 사용자라는 말은 컴퓨터 분야에서는 '사용자 중심', 즉 'user friendly'라는 말이 흔하나 건축에서는 오히려 '거주자(dweller)'라는 말이 더 친근하다.

건축가들이 하는 또 하나의 멋있는 말은 "건축은 삶을 담는 그릇이다"라는 것이다. 그러자면 삶이 무엇인데 어떻게 담아야 하는가에 대한 생각이 있어야 하는데, 배운 도둑질이 사물에 대한 것뿐이니 사람에 대한 '사람맹'이 아닐 수 없다. 다양한 건축 전문잡지에도 사람은 빼고 건물 사진만 찍혀 있고 화려한 사진 사이사이 틈틈이 적힌 설계의 변에도 사용자 사람에 대해서는 건축가가 사람을 어떻게 배려하여 설계했다는 것이 주내용이어야 할 터인데 정작 사람이 없다. 멋있는 말, 문화도 좋고 삶도 좋은데 정작 사람에 대한 방법이 없으니 빈말이 되고 만다. 건축은 원래 속은 비어도 겉만 폼 나면 된다 하면 더 할 말은 없다. '건축 문화'에 대한 이러한 내용은 글로, 논문으로 썼다. 십오 년 전에는 대한건축학회 발간 『주거론』 책의 첫 부분에 '주거와 문화' 장에 잘 정리하여 쓴 적이 있다.[1]

삶을 담았던 그릇, 사물 죽서루에서 사람 구경을 한번 해보자. 서 있는 죽서루 건물은 비록 현재 관광객이 올라가 들어갈 수는 있으나 설립 주용도였던 옛 생활은 이미 죽어버렸다. 정자 건물은 우선 옛

---

1) 이희봉, 제2장 '주거와 문화', 『주거론』, 기문당.

조선시대 선비들이 그 속에서 시를 읊고 그림을 그리는 등 개별적인 행사를 생각할 수 있다. 그런 용도만이라면 자그마한 정자로도 충분하다. 특히 조선시대 관아의 객사 부설 공식 누정 죽서루는[2] 공식적 허락을 받지 않았다면 그 경내에 함부로 얼씬거리는 것도 쉽지 않았을 것이다. 무려 7칸이나 되는 큰 건물을 지은 이유는 개인의 경치감상을 넘어서 수령을 중심으로 여러 사람이 동시에 올라가 대규모 연회를 열거나 공식 계회모임을 하는 용도였을 것이다. 강원관찰사 혹은 중앙에서 파견 나온 관리를 접대하거나, 삼척도호부사의 부임환영 행사를 열거나, 수령이 주관하는 계회 혹은 원로들을 위한 기로연을 베푸는 것이 주용도였을 것으로 추정한다.

현재 죽서루에서 조선시대 사람들이 어떻게 살았을까 알 방법이 없다. 할 수만 있다면 타임머신을 타고 과거로 돌아갈 수 있으면 좋으련만. 사라진 생활을 복원하기 위하여 일차적으로 다양한 옛 그림 연회도를 찾아보기로 한다. 그것도 딱히 죽서루 건물 자체에서의 생활을 그린 그림은 없다. 꿩 대신 닭이라고 비슷하게 다른 곳에서 벌어진 연회 그림 고회화를 찾아서 보기로 한다. 연회도가 잘 남아 있는 곳은 뭐니뭐니해도 궁중 생활 그림이다. 공무원 궁중 화가들이 중요 행사를 기록화로 세세히 그려 남겨놓았다. 책자나 병풍으로 그려진 그림에 행사의 제목과 참가 인물들의 계급과 함께 이름이 자세히 적혀 있다. 조선시대 연회도 그림은 마치 오늘날 사진 찍듯 건물을 하나하나 자세히 그리고 공간에 따라 각종 인물들이 자리 잡은 모습을 그린 매우 사실적인 그림이다.

---

2) 죽서루 주요 현판 작성자는 삼척부사 이성조, 허목, 이규헌이고 시문 작성자는 강원도 관찰사 강징, 안생과 삼척부사 서중보, 양정호, 군수 윤승로 등으로 모두 공식 관리이다.

또 왕의 행사가 아니라도 고급관리들이 주관한 연회 그림도 궁중 그림 못지않게 잘 남아 있다. '평양감사도 지가 싫으면 그만'이라는 속담으로 잘 알려진 고위직의 대명사 평양감사가 부임하는 어마어마한 규모의 환영행사도가 도움이 아주 많이 된다. 확실치는 않지만 김홍도가 그렸다고 알려진 부임 환영도는 건물은 물론 수많은 인물 하나하나 표정까지도 세세히 그려져 있다. 긴 폭의 그림에 오늘날도 남아 있는 평양 부벽루와 연광정 두 누정에서의 연회장면과 대동강 밤 뱃놀이, 즉 오늘날 국군의 날 열병 사열식 하듯 강에 도열한 배에서의 연회장면이 도움이 많이 된다. 또 그림 자체의 정밀도는 좀 떨어지지만 그래도 많이 남아 있는 여러 고을 수령이 주관하는 계회도나 노인들을 위한 기로연회도가 도움이 된다.

　자, 그림이 있다고 치고 여기서 무엇을 볼 것인가? 무엇을 어떻게 분석할 것인가에 대해 평생 동안 필자가 공학 건축학과 인문학 문화인류학을 넘나들며 창안해낸 방법을 간략히 소개하기로 한다. 오늘날 신문기자가 취재 시 반드시 지켜야 할 '육하원칙(六何原則)'이라는 것이 있다. 뭐 어려운 얘기가 아니라 누구나 다 알다시피, '누가, 언제, 어디서, 무엇을, 어떻게, 왜'이다. 한국의 대형 신문 방송사들조차 이 원칙을 지키지 않는다. '누가'의 주어를 흔히 빼 먹는다. '알려진 바에 의하면', '정통한 소식통에 의하면', 그러면서 남이 말한 것처럼 가장하여 자기하고 싶은 얘기를 작문해 넣는다. 오랜 유신과 군부 독재시절 언로가 막혀 있을 때 궁금증을 달래주던 전통의 유언비어, 즉 유비통신 '카더라 통신'에서 비롯되었지만 이제 민주 시대에도 그 습성을 버리지 못한 아니 여론 조작의 첨병이 된 우리 언론의 후진적 자화상이다. 조선, 중앙, 동아 속칭 조중동 보수 언론이나 한겨레 같은 진보 언론이나 모두 한 지면에서 육하원칙을 무시한 기사들로 도배되어 있어서 찾아내는 것은 누워 떡 먹기이다. 객관적 진실을 추구하지 않는 데는 보수, 진보 별 차이가 없다고 본다. 국제 기준의 시장에 나가면 살아남을 수 없는 언론이 한국민의 무식을 바탕으로 지금도 번창하고 있다.

필자가 부전공 문화인류학을 바탕으로 개발한 진리를 탐구하는 방법 관찰과 면담의 방법을 보자. 우선 우리가 건축이라고 하는 것을 '공간'과 '사물' 두 범주로 나누어본다. 공간은 큰 덩어리 공간에서부터 미세공간까지, 또 보이는 공간에서 보이지 않는 공간, 즉 숨어 있는 공간까지 본다.[3] 숨어 있다는 말은 벽으로 막히지는 않았는데 거주자는 분명 구분 인식하는 공간이다. 예를 들자면 아파트 단지에서 건축가는 관심 없지만 '로열층'이라는 구분되는 공간이 분명 있다. 동물의 왕국에서 사자에게 잡아먹히지 않기 위해서 가젤 영양이 유지해야 하는 거리가 있다. 사람에게 풍선을 씌웠다고 가정하면 공공영역에서 각 풍선 간 들어가지 말아야 할 거리가 있다. 허락받지 않고 개인 공간을 침입하면 성폭력 치한도 된다. 이름 하여 '영역성', '개인 공간', '프라이버시' 등으로 표현되고 주로 심리학 바탕으로 건축과 도시 분야에서 연구가 발달해왔다. 공간의 종류에는 덮인 공간, 밖 공간, 높은 공간, 멍석 공간, 맨땅 공간 등등 다양한 공간을 전부 빠지지 않고 파악하여 기록한다.

두 번째, 건축에서 중요한 것은 공간과 더불어 건축 자체다. 건축을 건축이라 하지 않고 '사물'이라고 하는 것은 다 이유가 있다. 건축쟁이는 '건축'이라는 고정관념이 워낙 강하게 박혀 '건축 아닌 건축'

---

3) 숨어 있는 공간이란 Edward T. Hall의 *Hidden Dimension*으로서 『숨겨진 차원』으로 번역되었으나 단순히 『숨어 있는 치수』라고 해도 좋다. 건축가 관찰자는 못 보는 그러나 거주자 그들에게는 구분되는 공간이다.

을 볼 줄을 모른다. 건축가는 허가도면 내지 상세도 도면에 그려진 건물 자체에만 관심이 있다. 거주자는 건물이 지어지고 나면 필요에 따라 이것저것 덧붙인다. 차양을 덧붙이기도 하는데 이것은 건물은 아니다. 그러나 사람의 활동에 영향을 많이 준다. 또 이동식 가구는 건축이 아니지만 사물에는 포함시킨다. 우리 전통건축에서 천막, 병풍, 평상, 멍석, 발은 건축물은 아니나 훌륭한 공간 구분 장치이고 또 공간 형성 장치이다. 그래서 이런 것들을 '물적 장치' 영어로 'physical setting'이라 부르는 것이 필요하다. 건축이라는 말 대신 '공간의 종류'와 '사물의 종류' 있는 대로 전부를 파악하는 것이 일차적 과업이다.

한편 서양 근대건축 실패 이후 '건축'이라는 진부한 표현 대신 '환경'이라는 포괄적 단어를 써서 '축조 환경(built environment)'이라 넓게 쓴다. 국내에서 built를 建造라 번역하여 건조환경이라고 표현하기도 하나 습기가 없다는 말로 오해될 수 있기 때문에 축조라 번역하는 것이 좋다. 사람에게 영향을 주는 것은 인공 말고도 자연이 있기 때문에 'physical environment'라는 더 포괄적으로 쓰인다. 국내 학계에서 '물리적 환경'이라 번역되나 아주 잘못된 번역이다. 영어 physical 에는 ① 몸 육체적인, ② 화학적이 아닌 물리적, ③ 사물의 세 가지 뜻이 있다. '물리적'으로 번역하면 육체적 또는 화학적 반대의 물리적에 해당된다. 사물은 '물적'이다. 범죄 재판에서 '물적(物的) 증거'가 중요하다. 따라서 '물적 환경'으로 써야 한다. 죽서루에는 건축을 벗어나지만 건축 형성에 지대한 영향을 미치는 기초 바위 암반과 절벽, 강, 나무, 바위 기단 모든 것이 사물이다. 참고로 한국건축학에서 근래 25년간 건축 설비전공자들이 '환경'이라는 말을 그들만의 영역으로 가져가 버렸다. 열 환경, 빛 환경, 소리 환경 등등. 학문에서는 명확해야 한다. 환경이라는 막연한 말 대신 '설비환경'이라고 보다 제한적이고 분명한 말을 써야 할 것이라 본다.

　다음으로 '누가'에 해당하는 '행위자의 종류'를 파악한다. 행위자는 지배계층 사대부와 행사의 중심 수령에서부터 노비까지 계급에 따라 높낮이 등급이 다양하다. 또 직분에 따라 악공, 기생, 경비 군졸 등등이 나누어진다. 다음으로 '무엇을'에 해당하는 '행위의 종류'를 파악한다. 행위는 크게 연회 행사 같은 큰 '이벤트'에서부터 술 마시기, 시 짓기, 춤추기 등의 '활동'이 있다. 춤추기, 노래 부르기, 연주하기, 술 취해서 부축하기 등의 세부 몸동작들도 포함된다. '언제'는 단순한 시계의 시간이 아니라 '뭐뭐 할 때'로 표현되는 인간 체험의 시간이다. 배고플 때의 배꼽시계를 포함하여, 잠잘 때, 눈비 올 때, 모두 시간의 범주에 들어온다. 이름 하여 기계적 시간이 중요한 것이 아니라 인간 중심의 '현상학적 시간'이 중요하게 떠오른다. '사물'은 공간을 형성하고 공간은 사물에 의해 구분된다. 사물을 다른 말로 '설치물', '조형물', '물적 장치'로 불러도 상관없을 것이다.

　우리 속담에 처녀가 애를 낳아도 할 말이 있듯이, 또 핑계 없는 무덤은 없듯이 세상 모든 일과 사물에는 다 이유가 있다. 그것을 공간과 사물이 있는 '목적'이라고 하자. 공간과 사물에 대한 사람들 각자

〈표 8-1〉 공간 사물의 행렬표

	공간	사물	행위자	행위	시간	목적	느낌
공간	공간의 종류	각 공간에서의 사물	행위자별 공간 점유	공간에서의 행위	시간대별 공간 변화	공간의 목적	공간의 느낌
사물	공간 구분 장치로서의 사물	사물의 종류	행위자의 사물	행위에서의 사물	시간대별 사물 변화	사물의 목적	사물의 느낌

의 느낌이 있다. 이렇게 공간과 사물을 중심으로 14칸의 행렬표가 만들어진다.(표 <8-1>) 행렬표를 한 칸 한 칸 메워나가는 것이 바로 관찰과 면담 과업의 기본이다.4) 참고로 일반 문화연구에서는 7×7=49칸의 행렬표를 메워나가야 할 것이나, 건축에서는 공간과 사물에 집중하여 불과 2×7=14칸으로 필자가 축약하였다. 결국은 다시 육하

〈그림 8-1〉 중묘조서연관사연도

원칙으로 돌아와서 '어떤 인물들이 어떤 공간을 차지하여 언제 무엇을 하더라' 하는 전체적 분포의 진실이 드러나게 된다. "건축은 문화다"라는 얘기를 하려면 적어도 이와 같이 사물과 사람의 결합을 본 연후에나 입을 떼야 할 것이다.

뭐 복잡할 것 같지만 실제 예를 들어보면 의외로 간단하다. 옛 그림에 그려진 공간과 사물과 거기를 점유한 인물들을 보자. 중종 때 왕세자 교육을 담당하는 스승들 서연관(書筵官), 즉 요즈음 말로 하면 가정교사들에게 왕이 연회를 베풀어주는 중묘조서연관사연도(中廟朝書筵官賜宴圖)5)를 보자(그림 8-1). 경복궁 근정전 앞 궐내 담장 안마당에 장대 6개로 높은 천막을 쳤다. 천막 공간 뒤쪽으로 반을 빙 둘러 가림

---

4) 필자 번역, James Spradley, *Participant Observation*, 『문화 탐구를 위한 참여관찰방법』, 1988, 대한교과서의 부록참조.

5) 이 그림은 宜寧 南氏, 『경이물훼첩(敬而勿毁帖)』이란 가전화첩 중에 있다. 19세기 모사품으로 문화재연구소장. 中廟朝書筵官賜宴圖 국립국악원, 『조선시대연회도』, 2001, 20쪽.

막 장막을 둘러쳐 안 공간을 만든다. 사람들이 들어가 앉는 곳 바닥에 맨땅과 구분되게 멍석을 깔았음을 볼 수 있다. 여타 빙 둘러 앉아 있는 서연관 중 제일 안쪽 장막 바로 앞에 7명의 서연관이 서열이 가장 높아 보인다. 각자 앞에는 음식 소반이 놓여 있다. 그 건너편 바깥에 앞쪽에 6인, 옆쪽에 4인의 서연관이 앉아 있고 가운데 한 명 초록옷 인물이 술을 따라주자 황송하다는 듯 엎드려 받고 있다. 임금이 하사하는 어주를 받고 있음이 어주를 받고 있음이 확실하다. 멍석 바닥 안쪽 원의 제일 바깥 앞쪽에 줄지어 앉아 있는 붉은색 복장의 7인은 보다 낮은 급으로 보인다. 멍석 밖에 붉은 옷 인물 한 명이 취하여서인지 붙어 있는 사람의 부축을 받으며 퇴장하고 있다. 주공간 어귀에 두 무희가 양팔을 벌려 덩실 춤을 추고 있고 그 바로 바깥에 같은 복장의 기녀로 보이는 6명 여자가 일렬로 다소곳이 앉아 있다. 천막 덮인 공간 밖 제일 바깥 열에 악공 6인이 각자 악기를 가지고 일렬로 앉아 있다. 안쪽 주공간 장막 바로 밖에 어주 탁자가 놓여 술 배급 준비를 하고 있다. 붉은 옷 두 명 사이 초록 옷 한 명이 보좌하고 있다. 옷 색깔상 분홍, 붉은색, 초록은 계급 서열별로 보이고, 또 시중인, 기생, 악공의 직분별로 안에서부터 밖으로 공간상 위치가 명확히 정해져 있다.

이 연회도들의 분석은 필자 지도로 중앙대건축미술학과 석사를 한 문지은의 논문에 바탕을 두고 있다.6)

다음으로 김홍도 그림으로 알려진 18세기 71cm×197cm의 장대한 사실화 평양감사환영도가 있다. 대동강변의 부벽루연회도, 연광정연회도, 월야선유도의 세 폭의 그림으로 구성된다. 전체 그림 중 우선

---

6) 문지은. 「생활을 바탕으로한 죽서루, 경포대의 누정건축 공간해석」. 중앙대 건축미술학과대학원 석사논문. 2010.

〈그림 8-2〉 부벽루연회도와 상석 상세

죽서루와 가장 성격이 비슷한 일부분 부벽루연회도(浮碧樓宴會圖)를[7]
보자(그림 8-2). 5칸 누 정면 앞마당에 죽 진이 펼쳐져 있다. 누 안쪽
정중앙에 평양감사가 평상 위에 앉아 있고 뒤에 병풍이 쳐져 있다.
바로 옆에 오른쪽에 수청 기생으로 보이는 두 명이 서 있고 바로 왼
쪽에 두 명이 앉아 감사를 바라보고 있다.[8] 그 옆에 시동 넷이 앉아
있고 둘이 서 있다.[9] 그 앞줄에 양반 4인이 앉아 있다. 그림의 건물
왼쪽 끝 칸에 화살통을 멘 무장 둘이 서 있다. 건물 앞 처마에 높은
장대 기둥의 차일을 쳐서 기단을 덮는 가설 퇴칸을 만든다. 퇴칸 중
앙 좌우 대칭으로 2인이 국궁(鞠躬: 허리를 구부리고 있음)하고 서 있
다. 그 아래 낮은 단에 놓인 탁자에 두 여인이 복숭아 같은 물건을 바
치고 좌우에 두 여인이 춤을 추고 있다.[10] 이는 3천 년에 한 번씩 연

---

7) 1745년. 국립국악원, 앞글 186쪽. 국립중앙박물관.

8) 수행비서인 비장(裨將)으로 보인다.

9) 侍童의 공식명칭은 직인을 관리한다는 지인(知印) 또는 통인(通引)이며 측근에서 잔심부름하는 아이들이다.
   안길정, 『관아를 통해 본 조선시대 생활사 하』, 37쪽.

10) 무용 도구인 獻仙桃임. 국립국악원, 앞글 192쪽.

다는 불로장생 열매 신선 복숭아를[仙桃] 바치는 춤 '헌선도무(獻仙桃舞)'는 불사약을 가진 선녀 서왕모(西王母)가 서주(西周)의 목왕(穆王)에게 드렸다는 중국의 고사(故事)를 무용화한 것인데, 선도를 올리면서 세세태평(歲歲太平)할 것을 축원하는 노래로 추는 춤이다. 기단 양끝에는 무인 복색의 2인이 서 있다. 그림상 누 왼쪽에 작은 가건물 안에 나이 많은 2인이 있고[11] 누 외곽으로 보좌하는 여러 사람들이 둘러 더 있다. 건물 앞 넓은 마당 좌우에 군졸들이 도열해 방진을 형성하고 안쪽 좌우 열에 기생들이 줄지어 앉아 있다. 둘러싸인 내부 명석 마당에서 두 그룹, 탈춤 처용무 7인, 칼춤 검무 2인의 무희들 춤판이 벌어지고 있다. 대열 앞에 서 있는 나이 든 행수기생 좌우 2인과 그 옆 어린 기생 동기(童妓) 4인, 끝 부분 앞쪽에는 큰북 치는 4인, 포함해서 무려 기생이 51명이나 되는 대규모이다. 명석 제일 끝에는 악공 6인이 일렬로 앉아 연주하고 있다. 건물 내 최상석에서부터 정면 차일 처마, 기단, 명석 편 마당까지의 계급 직분 구분이, 또 실내의 좌우 보좌 인물들의 공간 점유가 잘 나타나 있다.

같은 그림 평양감사환영도 중 대규모의 대동강상의 환영 뱃놀이 월야선유도(月夜船遊圖)에 어마어마한 호위 선단의 중심에 평양감사가 탄 배가 있다(그림 8-3). 자세히 보면, 배 위에 8기둥을 세우고 지붕을 갖춘 집을 얹어 배가 곧 건물이 된다. 그 안에 중심인물 평양감사가 평상 위 방석에 앉아 있다. 바로 뒤에 병풍이 쳐져 있고 감사의 오른쪽 바로 옆에 서서 둘, 앞에 앉아서 두 명의 수청 기생이 있다. 병풍 밖 옆에 3인, 뒤에 4인의 시동들과 뒤에 허리 굽혀 국궁하고 있

---

11) 향청의 직임으로 고을 원로 양반으로 판단한다. 안길정, 『관아를 통해 본 조선시대 생활사 상』, 191쪽.

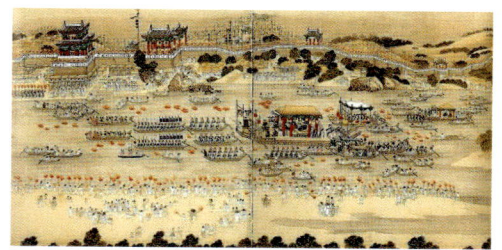

〈그림 8-3〉 평양감사환영도 중 월야선유도의 중심 부분 감사의 배

는 2인의 부하들과 그 뒤 한 단 낮은 곳에 5인이 국궁하고 서 있다. 지붕 전면에 짧은 차양이 있고 그 아래 좌우에 4명의 악공이 연주하고 있다. 그 옆에 평복의 화살통만 멘 2인, 그 앞 한 단 아래에 무인 복색의 2인이 지키고 있다. 배 위에 집을 지어 주인공석 중심으로 길이 방향 앞으로 공간의 높낮이와 안팎 등급이 순차적으로 매겨진다. 주인공석 병풍 뒤의 배 뒷부분의 보좌하는 공간도 유심히 볼 필요가 있다.

다음으로 같은 그림 평양감사환영도 중 연광정연회도(練光亭宴會圖)에서(그림 8-4) ㄱ 자 덧채를 제외하면 죽서루와 마찬가지로 공간을 세로 깊이로 사용하고 있다. 주인공은 제일 뒤 병풍 친 평상 위 보료 위에 앉아 있고 옆에 시중드는 수청 기생 둘이 서 있다. 옆에 대기자 3인이, 반대편에 시동 여럿이 대기 중이다. 앞 난간 쪽에 사대부 4명이 앉아 있고 반대편 난간에 기생 10명이 열 지어 서 있고 실내 끝에서 무희들의 춤판이 벌어지고 있다. 실내의 제일 바깥기둥 밑에서 악공들이 연주하고 있다. 처마에 덧대어 내뻗친 임시 차일 밑 기단 위에 두 명이 국궁하고 대기 중이다. 처마 계단 밑 진입부에 포졸들이 양쪽으로 열 지어 삼엄하게 경비 중이다. 누하 기둥 안과 마당

〈그림 8-4〉 연광정연회도

처마에 시종들이 국궁하고 있다. 회초리를 든 두 사람이 마당 한가운
데서 주위에 몰려드는 구경꾼들을 쫓으며 빈 공간을 만들어내고 있
다. 처마 아래에는 학춤 대기자 두 명이 서 있고, 큰 복숭아 모형 2개,
거북선 모형이 하나 있다. 사자탈춤꾼이 계단을 올라가고 있다. 마당,
누하, 진입부, 계단, 처마 기단, 갓기둥 아래, 마루 가운데 춤 공간, 마
루 양옆 난간, 그리고 병풍으로 둘러싸고 평상으로 높인 감사의 주공
간이 질서정연하게 나열 묘사되어 있다.

  다음으로 조선 명종 1550년 호조의 정랑과 좌랑들의 모임을 그린
호조랑관계회도(戶曹郎官契會圖)를[12) 보면(그림 8-5) 건물 내부 중심
에 주빈 호조랑관이 정중앙 뒤에 정좌하고 있고 앞에 음식상이 놓여
있다. 그 앞 좌우에 양반 각 2명씩, 제일 바깥 기둥 쪽에 4명이 앉아

---

12) 1550년. 문화재청 www.cha.go.kr/korea/heritage/search 보물 870호, 국립중앙박물관 소장.

〈그림 8-5〉 호조랑관계회도(戶曹郞官契會圖)

있다. 각자 앞에는 음식 소반이 있다. 실내 바로 밖 처마 기단 위에 기생 7인이 나란히 앉아있다. 기단 우편 마당 바닥 한편에 술과 안주 탁자가 놓여 있고 시종 3인이 앉아 준비하고 있다. 건물 안쪽 한가운데 정좌한 주인공은 크게 그려져 있고 나머지 양반들은 보다 작게 허리를 약간 굽힌 상태로 측면 혹은 배면으로 그려져 있다. 주인공을 중심으로 급에 따라 안과 밖이 분리되고 상하가 분리된다. 처마 밑 기단이 기생 공간이 되고 가장 낮은 마당이 시종의 음식준비 공간이 됨을 간단히 알 수 있다.

조선시대 한양에 기로소(耆老所)라는 고위 관직을 지낸 원로 신하들의 친목회 겸 자문 역할의 공식 정치기관이 있었다. 기로소는 입사 자격을 엄격히 함으로써 입소 그 자체가 가문의 명예였다. 70세 이상으로 정2품 이상의 품계를 지닌 자만 참석할 수 있었다. 기로소에서 베푼 기로회 모임을 그린 기영회도(耆英會圖)가 있다. 국립박물관 소

〈그림 8-6〉 기영회도

장 보물 1328호 그림 기영회도(耆英會圖)를[13] 보자(그림 8-6). 기로회
는 처음에는 산이나 개울가에서 열렸는데 16세기 이후 그림처럼 건
물 안에서 열린다. 주빈들이 실내 대청 안쪽에 3명, 오른쪽 앞에 2명,
가운데 앞쪽에 2명이 소반을 앞에 두고 앉아 있다. 왼쪽 끝에 2명의
여인이 음식을 나르고 가운데 1명이 술시중을 들고 있다. 실내 앞 끝
에 2명의 무희가 춤을 추고 있다. 계단으로 올라가 난간으로 둘러싸
인 퇴칸 난간 안쪽에 좌우 두 무리의 기생 총 15인이 앉아 있고, 제일

---

13) 1584년. 국립국악원, 앞글, 56쪽. 국립중앙박물관.

〈그림 8-7〉 갑진기사연회도

바깥 열에 9명의 악공들이 연주하고 있다. 처마 앞에 긴 장대로 받친 차일이 뻗어 나와 있다. 마당 왼쪽에 2명의 남자가 서서 음식을 나르는데, 실내 여인들에게 전달하는 것으로 보인다. 좌우 마당에 각각 2인씩 반 엎드려 부복하여 앉아 있다. 건물 앞마당에는 2명씩 짝을 이룬 3조의 남자가 땅바닥에 혹은 간이 의자에 앉아 있다. 기생과 악공이 점한 기단 위 난간으로 둘러싸인 퇴칸이 안팎 사이공간으로 주목된다.

기사연회(耆社宴會)는 왕이 직접 참가하여 군신과 동락하며 경로효

친을 실행하는 행사였다. 이 그림들에는 참가자의 품계와 이름이 낱낱이 명시되어 있다.[14] 1724년 갑진년의 갑진기사연회도(甲辰耆社宴會圖)를[15] 보자(그림 8-7). 건물 앞 처마를 연장하여 높은 장대 기둥으로 차일을 치고 앞마당에는 멍석을 깔았다. 건물 내부 좌우에 각 3인의 양반들이 좌정해 있다. 우측에 앉은 양반 뒤에 붉은 옷의 2인이 시중을 들고, 가운데에 세 여인이 술을 받쳐 들고 시중을 들고, 술항아리의 술 탁자는 처마 기단에 놓여 있다. 멍석 마당에도 양반 14인이 좌우에 도열해 앉아 있고 마당 가운데에는 무희들의 처용무 탈춤판이 벌어지고 있다. 제일 바깥 앞쪽에는 큰북을 시작으로 9인의 악공들이 앉아 연주를 하고 있다. 기생들은 기단 아래와 제일 우측 바깥 귀 2곳에 무리지어 앉아 있다. 양반은 실내에 들어가는 높은 급과 마당에 앉는 보다 낮은 급으로 구분됨을 알 수 있다. 마당의 좌우 2열의 낮은 급 인물들 중 붉은 옷의 3인은 제일 위 상석에 앉아 있다. 조선시대에는 신분지위에 의해 입는 옷의 색깔이 통제되었고[16] 그에 따라 계급별 좌석이 정해졌음을 알 수 있다.

광해군 4년(1612) 송도부(松都府: 개성)에 근무하는 4인의 관원이 모두 과거시험 장원급제자였다는 사실을 기념하여 계회를 연 그림인 사장원송도동료계회도(四壯元松都同僚契會圖)(그림 8-8)는[17] 벼슬과 이름이 그림 아래에 별도로 적혀 있고, 그림 안의 각 사람의 직함이 적혀 있어 직분별 공간 점유를 이해하는 데에 아주 유용한 그림이다.

---

14) 윤진영, 「조선시대 연회도의 유형과 회화적 특성」, 『조선시대 연회도』, 250~255쪽.
15) 1724년. 국립국악원 앞글, 117쪽. 성균관대박물관.
16) 안길정, 앞글, 하, 39쪽.
17) 1612년. 국립국악원. 앞글, 172쪽. 설명 225쪽. 국립중앙박물관 소장.

〈그림 8-8〉 사장원송도동료계회도

초대자 주인공 종2품 가의대부(嘉義大夫) 개성군수 홍이상(洪履祥)이
정중앙 상석에 좌정해 앉아 있다. 정3품 통훈대부(通訓大夫)인 경력(經
歷), 도사(都事), 교수(敎授) 벼슬의 3인은 실내 우측에 나란히 앉아 있
다. 같은 양반이라도 계급 차이에 의해 당상관(堂上官) 주인공이 정중
앙에 크게 그려져 있고 당하관(堂下官)은 옆구리에 작게 그려져 있다.
실내 왼쪽에 비장관속(裨將官屬) 4인이 부복자세로 허리를 납작 굽혀
거의 엎드려 앉아 있다. 제주도를 무대로 한 판소리 <배비장전>으로
유명한 비장은 오늘날 수행원 비서이다. 관속은 지방 관아 아전과 하
인을 통틀어 일컫는 말이다. 가운데에 지인(知印)이 서 있다. 수령 곁
에서 관인 도장을 간수한다 해서 이름 붙은 어린 사환인데, 통인(通
引)이라고도 한다. 보통 향리의 자제들이 맡아봤는데 눈치가 빠르고
수완이 좋아야 했고 그만큼 수령을 업은 권력도 있어 비리도 저질렀

다. 그냥 쉽게 말하면 시중드는 아이 시동(侍童)이다.

건물 밖 넓은 처마 기단 보통 월대라 부르는 곳에 북치기를 포함하여 악공 5명이 앉아 연주를 하고 있다. 제일 오른쪽에 사령(使令)이 앉아 있다. 사령은 군관, 포교 밑에서 관령을 전하고 공전 납부 독촉 및 사람 잡아들이는 제일 낮은 천한 직책으로서 역할에 따라 또 문지기 문졸(門卒), 나장(羅將, 羅卒)이 있다. 왼쪽 끝에 수령 명령 복창하는 급창인(及唱人)이 있다. 기단 아래 마당 왼쪽에 경비 서는 수문(守門)장 두 명이 서 있다. 기단 위 오른쪽 귀에 지방관아의 이호예병형공 육방의 향리인 육장관속(六房官屬)이 대기하고 있다. 건물 왼쪽 부속채에 회계장부 정리하는 책방(册房)이라고도 하는 책실인(册室人)이 앉아서 무언가를 적고 있다. 책실은 수령 자제가 주로 머무는 곳이고 책실인은 그의 교육도 담당한다. 주로 동헌의 뒤의 별채나 그림처럼 부속 날개 채에 있다. 춘향전 이몽룡이 주로 여기서 지냈다. 주인공을 필두로 각 직급에 따라 마루 위, 아래, 처마, 마당의 가운데와 변두리에 자리 잡고 있다.

기사경회첩(耆社慶會帖) 중 본소사연도(本所賜宴圖)를 보자(그림 8-9).[18] 이 그림은 1744년 영조가 51세에 기로소에 들어간 것을 기념하여 그린 그림이다. 건물 앞 퇴칸에 높은 장대 기둥의 차일을 치고 평상으로 단 높이를 돋우어 특히 퇴공간이 마당까지 연장된다. 안쪽 좌정한 주인공 3인의 좌측에 다시 병풍을 친 안의 안에 6인의 양반이 앉아 있다. 그 반대편에는 진설된 주안상 탁자가 마련되어 있는, 좌우 비대칭 배치이다. 춤은 실내 주인공석 바로 앞 기생 2인과 퇴 바깥의 탈춤 패 5인이 춘다. 사대부 2인이 따라 추고 있다. 그림 왼쪽 앞에는 급이

18) 1744년. 국립국악원, 앞글, 126쪽.

〈그림 8-9〉 기사경회첩 중 본소사연도

낮아 보이는 사대부 무리가 앉아 있고, 오른편 퇴 경계지점에는 술 탁자가 놓여 있고 관리인이 서 있고 그 옆에 기생이 앉아 있다. 북 포함 악공 13인이 전체 공간의 제일 끝 앞 열에 앉아 연주하고 있다.

비대칭 배열 그림으로서 임금이 70살 먹은 신하에게 하사하는 기대 앉는 의자와 지팡이, 궤장(几杖)을 받는 연회, 사궤장연회도첩(賜几杖宴會圖帖) 중 내외선도(內外宣圖)를 보면(그림 8-10), 천막지붕과 뒤를 두른 장막 안 중심석에 주인공 인물 대신 왕의 교지 탁자가 자리 잡고 좌우에 하사한 궤장과 어주 탁자가 놓여 있다. 우측에 3인이 좌측 열에

〈그림 8-10〉 사궤장연회도첩 중 내외선도

11인이 빼곡히 앉아 있다. 계급의 높낮이에 의해 공간 점유 면적도 달라진다. 공간 가운데에서 탈춤이 펼쳐지고, 우측에 기생들이, 그 끝에 악공들이 자리 잡고 있다. 담장 문간 바로 안쪽에는 시종 3인이 음식을 끓이고 있다. 담장 밖에 주인을 기다리는 가마꾼들이 대기하고 있다.

또 다른 궤장관련 사궤장연겸기로회도(賜几杖宴兼耆老會圖)를 보면 (그림 8-11), 중심 천막에 하사한 궤장과 어주 탁자가 자리 잡고, 멍석을 편 그 앞 공간 우측에 10인, 좌측에 13인의 급에 따른 비대칭 배치를 하고 있다. 가운데에서 처용무를 추고, 앞쪽에 술 탁자가 놓여 있고 그 옆에 음식 준비인과 앉아 대기하는 기생들이 있고 제일 바깥

〈그림 8-11〉 사궤장연 겸 기로회도   〈그림 8-12〉 선묘조제재경수연첩도

쪽 끝에 예외 없이 악공 14인이 연주하고 있다.

선묘조제재경수연도첩(宣廟朝諸宰慶壽宴圖)을 보면(그림 8-12)[19] 공간은 크게 덮인 안과 장막으로만 둘러친 밖의 두 공간으로 나뉜다. 중심석에는 어사주 탁자가 자리 잡고 있으며 사대부들이 ㄷ 자로 앉아 있다. 붉은 옷은 서열이 낮은 바깥 변에 자리 잡는다. 3인의 기생이 술을 따르고 있다. 바깥 공간 가운데 2인이 춤을 추고, 오른쪽에 술 탁자와 3인의 시종 여인이, 왼쪽에 가야금을 뜯는 여인 7인이 앉아 있고, 제일 앞 끝에는 역시 악공들이 줄지어 있고, 장막 입구 밖에

19) 1655년경. 국립국악원, 앞글, 132쪽. 홍익대박물관.

는 여러 사람이 대기 내지 구경을 하고 있다.

이상에서의 연회도 그림을 <표 8-2>와 같이 분류하면 궁중연회와 고관연회가 있다. 궁중연회는 마당에 가설치물 천막을 치고 판을 펼치거나 임금이 하사한 어주나 궤장 중심이 되는데, 고관연회 또한 건물을 바탕으로 가설치물을 연장하므로 궁중이나 고관 연회의 차이가 그다지 없는 편이다.

분석하면, 각 세부 공간은 철저히 계급과 직분에 의해 차별 점유되는 일정한 규칙이 있다. 계층에 따른 복식 차이는 물론 같은 사대부라도 복색에 의해 급이 차별된다.

건물 내부만 사용하는 소모임도 있으나 큰 연회는 마당공간까지 연장된다. 아예 마당에서 펼쳐지는 연회는 반드시 차일 천막을 덮고 장막을 두르고 멍석을 깔아서 밖 공간에 대하여 안의 공간을 만든다.

<표 8-2> 고회화 목록과 분류

번호	고회화명	연도	궁중/고관	건물/가설치물
1	중묘조서연관사연도	1535	궁중	가설치물
2	평양감사환영도 중 부벽루연회도	1745	고관	건물
3	평양감사환영도 중 월야선유도	1745	고관	건물 겸 가설치물
4	평양감사환영도 중 연광정연회도	1745	고관	건물
5	호조랑관계회도	1550년경	고관	건물
6	기영회도	1584	고관	건물
7	갑진기사연회도	1724	궁중	건물
8	사장원송도동료계회도	1612	고관	건물
9	기사경회첩 중 본소사연도	1744	궁중	건물
10	사궤장연회도첩 중 내외선도	1668	궁중	가설치물
11	사궤장연겸 기로회도	1623	궁중	가설치물
12	선묘조제재경수연도	1655년경	궁중	가설치물

평양감사 연광정연회도나 월야선유도에서처럼 눈썹차양 처마로 실내공간을 부분 연장하기도 하지만, 큰 연회에서 처마에 긴 장대기둥으로 받친 대형 차일을 치고 기단 혹은 월대 위의 퇴 부분의 완충공간을 활용하며 마당까지 행위가 연장된다.

모임 성격에 따라 중심 주인공이 없는 경우 빙 둘러 앉는 대형으로(중묘조서연관, 갑진기사연회도, 기영회도) 가운데를 비워두지만, 일반적으로 실내는 정중앙 가운데 뒤편에 주인공이 좌정하고 그 좌우 가에 양반들이 열 지어 앉는다. 실내 가운데는 무희 기생들의 춤공간이 된다. 기생들은 주인공 옆에서 시중들거나, 실내의 한쪽 끝, 즉 안이나 좌우의 가에 열 지어 서 있기도 하고 퇴 혹은 기단 공간에 자리 잡는다. 악공들은 반드시 전체 행위 공간의 가장 바깥쪽 끝에 자리 잡는다. 실내만일 때는 제일 앞쪽 끝, 완충공간이 있을 때는 퇴의 기단 혹은 월대 제일 끝에, 마당으로 연장될 때는 마당 끝에 자리 잡는다. 주인공 옆에 수청 기생, 국궁 및 부복 대령해 있는 부하들이 있고, 주인공석은 평상 위 약간 높은 보좌이고 반드시 병풍으로 뒤를 가려준다. 주인공과 격리된 뒤, 옆 또는 별도 부속실은 서비스 공간으로서 시종이나 시동들이 국궁하며 대기하고 있으며 그곳에 술독 탁자가 놓인다. 술독 탁자는 실내 끝 완충공간에 놓이기도 한다.

단상, 단하의 높이 차, 즉 주인공의 보좌, 실내, 퇴, 기단, 마당 공간 등 단차의 상하 위계가 분명하다. 또한 병풍으로 보호된 주인공석, 실내, 난간 퇴, 눈썹차양, 차일 공간, 마당 등 공간의 안팎 단계도 분명하다. 평양감사 월야선유도에서 보듯 선상임에도 불구하고 기둥을 갖춘 지붕으로 덮인 정규 건축 실내 공간을 만든다. 연광정연회도에서처럼 누하 공간은 자연스럽게 하인 노비의 대기공간이 된다.

〈표 8-3〉 공간의 종류와 계급 직분에 따른 점유 분석표

	공간	공간형성 장치	사람	행위	사물, 도구
실내	주인공석	뒤 병풍, 장막, 평상, 보좌	주인공	좌정	보료, 소반
	좌·우열	끝 벽면, 난간	양반들	좌정	소반
	가운데	둘러싼 사람들	무희, 또는 비워 둠	춤	무용 도구
	앞 끝		낮은 급 양반 혹은 악공	좌정, 연주	북, 개인 악기
	주인공석 뒤	병풍, 장막	통인들, 비장	대기	
	좌우 부속실, 귀, 주빈석 옆	별도 장막, 가건물,	비장, 책방인,	시중, 음식 준비, 대기	술 탁자
	경계 공간 1	난간, 정면 기둥	기생들, 악공들	대기, 연주	
퇴	퇴 안쪽	기단, 월대	기생들	대기	술 탁자
	퇴 바깥쪽	기단, 월대	악공들	연주	북, 개인 악기
	경계 공간 2	차일, 장대기둥, 눈썹차양 지붕, 석축, 계단	낮은 급 양반, 악공, 나장, 사령, 아전	국궁, 대기	
마당	가운데	멍석, 평상	낮은 급 양반, 악공, 나장, 사령	대기, 호위	
	주위	담장, 둘러싼 구경꾼	하인, 노비	음식 준비, 대기	
누하	누 아래	마루 천장, 기둥	하인, 노비	대기	누하기둥

공간상 연회 대열의 제일 바깥쪽 지붕 처마 아래 기단의 '퇴' 공간이 기생과 악공의 점유공간으로 중요하게 떠오르게 된다. 이상의 다양한 연회도를 통하여 인물의 계급과 직분에 따라 세부 공간 점유를 분석한 내용을 표로 만들면 <표 8-3>와 같다.

주인공이 좌정하는 상석 공간이 가장 중요하지만 눈여겨볼 곳은 바로 퇴공간이다. 기단 위 처마지붕 밑이며 마루와의 사이에 난간으로 분리되어 있기도 하다. 그 공간은 낮은 급 마당과 높은 급 마루 사이 공간으로서 명령 수행을 기다리는 부하들이 대기하는 공간이기도 하며, 기생 공간 혹은 악공 공간이 되기도 한다. 처마 지붕을 보강하

여 해가림 임시 차일 천막을 쳐서 안 공간을 보강하기도 한다. 어떤 행사든 제일 바깥 대열에는 반드시 행사를 방해하지 않고 풍악을 울리는 악공 대열이 자리 잡고 그 안쪽에는 보통 기생들이 자리 잡고 있다. 건물 바로 밖보다 낮은 마당에는 포졸들이 지키고 있다.

  지금까지 본 옛 그림 연회도를 통하여 조선시대 연회 행사에서 여러 등급과 직분의 사용자들이 점유한 공간과 활동들을 자세히 살펴보았다. 이를 바탕으로 다음 장에서 죽서루 누정에 대입하여 각 공간을 어떻게 사용하였는지 추정하도록 한다.

09

관아 생활을 담은
죽서루

죽서루 건물이 생생하게 살아 있던 조선시대 사회는 오늘날과는 아주 다르다. 따라서 오늘날 관광객으로 가서 보는 죽서루 건물은 당시 상황 속에서 이해해야만 한다. 건축이 그 시대의 상황, 즉 사회, 문화, 정치, 제도와 짝을 이루고 있는 '상황판'을 상정하면, 오늘의 죽서루 건축 형태는 옛 상황판에 올라앉아 있기 때문에 형태와 상황판의 짝이 서로 맞지 않는다(그림 9−1). 옛 상황의 이해는 일반 역사가의 몫이다. 그중 건축역사가는 옛 상황과 옛 건축의 대응을 해석해내어야 한다.

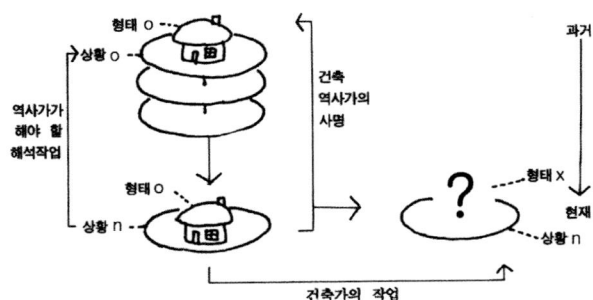

〈그림 9−1〉 건축물−상황판 짝과 과거, 현재와 역사가와 건축가

〈그림 9-2〉 강봉진 작 국립중앙박물관 현상설계
당선작. 현 민속박물관

대다수 건축가나 학생들은 현재의 고건축 형태를 그대로 제도판 위에 바로 옮겨 설계하려고 하는 유혹에 빠진다. 1960~70년대 건축계를 풍미한 큰 화두였던 '전통 계승'이 바로 그 함정이었다. 최악의 경우가 당시 국립중앙박물관 현상설계였다. 그 건물은 현재 경복궁 동쪽에 있는 민속박물관으로 사용 중이다. 국보건설단의 강봉진 작이다(그림 9-2). 당시 현상설계 모집 요강에 아예 우리 전통건축을 베낄 것 하고 나온다. 아마 미리 답안 낼 사람과 짜고 낸 출제라고 생각한다. 그 결과 지금 가보아도 여전히 서 있는 추한 그 건물은 불국사의 청운교, 백운교를 모방한 계단으로 올라가는 엄청나게 넓은 여러 층을 통째 기단으로 생각하여 그 옥상 꼭대기에 아무 기능이 없는 금산사 미륵전과 법주사 팔상전을 그것도 현대 콘크리트 건물로 베껴 넣었다. 배 갑판 밑에 들어가 생활하는 사람들처럼 창도 잘 없는 기단 밑에서 근무하는 대부분의 근무자는 죽을 지경이다. 지붕선과 완자무늬에서 시작하여 전통적 공간을 가져오는 것으로 진일보하였으나 당시 상황 속 생활과 결합하지 않은 건축은 앙꼬 빠진 찐빵 껍데기에 불과하다.

건축 죽서루가 서 있던 과거 판으로부터 현재 판으로의 상황판의 변환을 이룬 후 설계가 이루어져야만 한다. 그러려면 먼저 현재 보는 과거 건물 죽서루를 과거 상황판 속에서 이해하는 것이 그 첫걸음이다. 즉, 오늘날 형태를 타임머신을 타고 시간을 거슬러 올라가 옛 상황판 속에서 이해하는 것이 바로 '역사'의 첫걸음이다. 그러므로 당시의 사람들-공간-행위의 종류를 구분한 뒤 육하원칙(六何原則)에 따라 누가 어디서 무엇을 어떻게 하였는지를 밝혀내는 것이 죽서루를 이해하는 첫걸음인 것이다.

지금까지 앞 장들에서 건물 죽서루를 배치와 전체 모양에서부터 부분부분까지 자세히 관찰하면서 동시에 죽서루에서의 옛 시화, 또 궁중과 관아 생활을 담은 연회도를 통하여 무생물 건물 죽서루를 뛰어넘는 과거 당시의 체험 죽서루로 다시 태어나게 하는 종합 해석을 하였다.

죽서루에 등장했던 인물들 중 주인공은 단연 삼척도호부사다. 죽서루 대부분의 현판 시문을 쓴 주인공들이다. 고려시대부터 있던 도호부(都護府) 제도는 조선시대 강원도에 7개 도호부가 있었고, 인접 강릉은 한 단계 더 높은 대도호부였다. 도호부사의 계급은 종3품이었다. 부사는 지방관으로서 일명 수령(守令)이라고도 불렀고 일반백성은 보통 사또나 원님으로 불렀다. 부사 주관으로 각종 연회, 즉 부사 부임연회와 환송연회가 가장 컸을 것이고, 경로잔치 기로연, 계회를 열었을 것이다. 다음으로 직속상관인 오늘날 도지사인 도백(道伯)으로 불리는 관찰사(觀察使) 일명 감사(監司)이다. 당시 강원감영은 원주에 있었으므로 수시로 삼척도호부를 순시하였었고 죽서루 현판에 시를 남겼다. 「관동별곡」으로 유명한 가사문학의 대가 송강 정철은(1536~1593) 선조 때 강원도 관찰사였다. 다음으로 직접 현지 관직은 갖지 않았으나 명승 유람 온 문인 학자들이 많았을 것이다. 조선시대에는 벼슬을 하다가도 당쟁에 휘말려 귀양 가는 일이 비일비재하였다. 여러 수의 죽서루 시를 남긴 약봉 서성(徐渻, 1558~1631)도 여러 관직에 있다가 십 년 이상 유배생활도 하였다. 유람 왔던 성리학의 대가 율곡 이이(李珥, 1536~1584)도 시를 남긴다. 어찌 되었건 보다 상부의 높은 직책은 말할 것도 없고 유람을

왔든 귀양을 왔든 귀한 손님 대접, 즉 접빈객에 최선을 다하였을 것이다.

조선시대 계급사회에서 주인공은 그에 걸맞은 최상의 공간에 자리 잡아야 한다. 취임 축하연이나 이임 환송연 또는 노인 대접 기로연에서 연회의 주인공은 수령 본인이었을 것이고 만약 상부에서 온 보다 높은 관찰사 환영연에는 상석을 양보했을 것이다. 현재 죽서루 마루에 올라보면 전체가 다 똑같아 보이지만, 잘 보면 한 칸만은 다른 칸과 다르다.(그림 9-3) 죽서루 일곱

〈그림 9-3〉 한 칸만의 우물천장 최상석 칸. 테두리 사방을 창방으로 두름. 왼쪽에 최상석 칸 정중앙 기둥이 있고 오른쪽에는 기둥 없음에 유의

칸 중 북쪽에서부터 두 번째 칸이다. 전체 칸 중 유일한 우물천장 칸

〈그림 9-4〉 여타 칸의 연등천장

이다. 여타 흰칠하게 높은 4m 가까이의 삼각형 서까래노출천장 칸과는 달리(그림 9-4) 사람 키의 한 배 반의 2.7m 정도로 나지막한 평면 우물천장으로 만들어진 칸은 '안'의 공간이고 '높은' 공간이다. 한국건축에서 내부가 서까래노출천장일 때 위계가 높음을 보여주기 위해 한 칸만을 우물천장으로 만들어주는 것은 자주 본다. 사찰의 대웅전에서 수미단에 앉은 부처님 상부에 한 단계보다 높음을 나타내는 닫집

〈그림 9-5〉 부처님 위 최상석 표시 부분 천장. 서산 개심사

이라는 별도 지붕을 만든다. 일명 보개(寶蓋)천장이라고도 한다. 경우에 따라 돌출 지붕 대신 부처님 위 부분만 우물천장으로 만들기도 한다(그림 9-5). 아예 문경 김룡사 대웅전처럼 세 칸 중 가운데 한 칸을 최상석 칸으로 여겨 우물천장으로 만들기도 한다. 서까래노출천장에서 낮은 우물천장 부분은 그 밑이 상석임을 표시한다. 또 향교 강당 명륜당에서 교수가 앉는 부분만 그 위 눈썹같이 부분 우물천장을 만들어 상석임을 표시하기도 한다(그림 9-6). 서까래천장 중 우물천장의 높이는 낮아지지만 건물 안에서 다시 안을 만드는, 즉 '안의 안'을 만드는 위계적으로 높은 공간이 된다. 죽서루 한 칸만 있는 우물천장 칸은 일반 관광객으로 가서 휙 둘러보면 잘 보이지 않지만 필자는 최상석 칸, 곧 '임금 칸'으로 확정 해석한다.

〈그림 9-6〉 향교 최상석 교수석 위 부분 우물천장.
밀양향교 명륜당

공간적으로 임금 칸이 다른 칸보다 더 확실히 안이라는 것을 표현하기 위하여 보통으로는 건물 외곽기둥으로만 돌아가는 창방을 (기둥 위 주두 바로 아래 수평연결 부재) 칸 앞뒤 사방으로 돌려 임금 칸 경계를 감싼다(그림 9-3). 갓 쓰고 서면 걸릴 높이인 1.92m에 불과하다. 상석 칸의 폭

도 다른 칸보다 조금 좁다. 다른 칸 폭이 2.45~2.75m인 데 비해 임금 칸 폭은 2m에 불과하다.

더구나 임금 칸 끝 정중앙에는 다른 칸에는 없는 기둥이 하나 버티고 있다. <그림 9-3>의 왼편의 기둥, 곧 <그림 9-7>의 정중앙 기둥인 기둥 번호 7C에 대해 보기로 하자. 다시 자세히 보면, 다른 모든

〈그림 9-7〉 북쪽 정중앙 임금 칸 임금기둥

칸에는 가운데 기둥이 없다. 양 측면 두 개 기둥 사이 5.5m 긴 길이도 통 대들보로 지붕의 무거운 무게를 역학적으로 충분히 견딘다. 그런데 다른 칸에는 없는 이 정중앙 기둥은 통행의 기능을 방해한다. 즉, 남쪽 끝에는 네 개 기둥이 있어 가운데 어칸으로서 출입 통로역할을 하나 반대로 북쪽 끝에는 세 개 기둥으로 되어 그중 가운데 기둥은 중앙 통행을 가로막는 장치가 된다. 죽서루 전체에서 모든 기둥은 건물의 바깥을 빙 둘러 있으나 단 하나의 이 기둥만은 마루 한가운데 박힌다. 북쪽 끝 가운데 기둥이 그대로 건물 안 마루에까지 연장되어 하나 더 박힌 것이다(그림 9-7). 무슨 영문일까? 연광정 연회도 그림에서 주인공 뒤에 독립 기둥이 있고 그에 의지하여 앞에 병풍을 친다(그림 9-8). 죽서루 임금 칸 정중앙 기둥은 구조 기둥이 아니라 의미 기둥이다. 서양 근대건축에서 코르뷔지에가 도미노 콘크리트 시스템을 발전시켜 서양건축 수천 년 역사에서 기둥을 벽체와 분리하여 독립시키는 시초가 된다. 그 후 1970년대에 기호의미론이 서양 건축계에 유행하며 '의미의 기둥'이 나중에 유명해진 피터 아이젠만이나 마이클 그레이브스의 조형 표현 수단이 된다. 그런데 아무도 죽서루에서 의미 기둥을 이해하는 사람이 없다. 전통 생활에서 집안 최고신으로 성주풀이

〈그림 9-8〉 연광정 평양감사석. 뒤 병풍. 평상

의 성주가 있다. 보통 집에서 최고 높은 공간인 대청마루에 안방 쪽으로 통하는 기둥 위에 성주를 모셨다. 지역에 따라 성주단지를 올려놓기도 하고 한지를 접어서 올려놓기도 한다. 결국 죽서루 상석 자리에서 뒤를 막는, 등을 기댈 수 있는 정중앙 기둥은 그 자리가 바로 가장 상석임을 표시하는 의미심장한 '임금 기둥'으로 명명한다. 임금 칸은 여느 칸과는 공간적으로 형태적으로 완연히 다르다.

임금 칸에 주인공 수령은 마치 부처님이 수미단에 앉듯, 임금이 용상단에 앉듯 보다 높은 단이 필요했다. 평양감사 연회도의 연광정과 부벽루에서 보듯 평양감사는 나지막한 평상 단에 앉아 있다. 다만 객사부설 관영누정 죽서루는 절의 대웅전이나 궁전처럼 주인공 붙박이 단을 설치할 수가 없고 행사가 끝나면 경치를 감상하는 일반 공간으로 전환해야 하므로 고정석이 되어서는 안 되고 이동식 평상이 사용되었다고 해석한다. 앞서 7장에서 본대로 근래 복원한 경포대의 용상단이 고정식으로 설치된 것은 엉터리 일 수밖에 없는 이유이다. 주인공의 뒤는 궁중 마당 연회도에서는 장막으로, 평양감사 환영도 건물에서는 병풍으로 가려져 있다. 평상단과 마찬가지로 병풍은 우리 고유 건축의 우수성을 잘 보여주는 이동식 가변형 공간 구분 장치인 것이다.

다음으로 임금 칸 뒤, 북쪽 끝 칸에 대해서 자세히 보자. 필자가 부정하는 기존 설에서는 증축하다가 우연히 생긴 칸이라는 곳이다. 연극에서도 본 무대가 있으면 무대 뒤에서 연극이 원활히 돌아가도록 보조하는 공간이 반드시 필요하다. 마찬가지로 상석 칸 임금기둥 앞에 병풍을 치고 주인공이 좌정하면 보이지 않는 병풍 가림판 뒤는 보조 봉사 공간이 된다. 고회화 연회도에서 보듯 병풍 뒤에 시동들이

〈그림 9-9〉 정선 그림. 왼쪽 임금 칸 칸막이　〈그림 9-10〉 김홍도 그림. 왼쪽 칸 임금 칸 칸막이

여럿 대기하고 있다. 또한 연회에서 빠지면 안 되는 가장 중요한 윤활유, 술 탁자와 술독이 놓이게 된다. 작은 독은 탁자 위에 그 주변에 술 시중꾼이 둘러싸고 있다. 평양감사 환영도의 월야선유도를 보면 상석 병풍 뒤에 시동 7인과 더불어 두 사람이 허리 구부린 국궁한 자세로 명령을 기다리며 대기하고 있는 공간이 된다. 평양 연광정에서 정자의 본채에서 꺾인 ㄱ 자 덧채 봉사채에 해당하는 공간이 죽서루에서는 바로 북쪽 퇴칸이다. 즉, 죽서루 우물천장 임금 칸 뒤 북쪽 끝 칸은 기존 정설에서 주장하듯 증축의 결과로 어쩔 수 없이 만들어졌다는 유물론적 해석에 상반되게 필자는 보조 봉사 칸으로 처음 계획 시부터 생활의 필요에 의해 만들어졌다고 적극적 해석을 한다.

　여기서 18세기 화가 정선, 강세황, 김홍도의 세 그림 공통으로 끝에서 죽서루 두 번째 칸 임금 칸 안쪽이 아예 칸막이가 쳐져 있음을 볼 수 있다(그림 9-9, 9-10). 고정식 칸막이였는지, 가변형 일회용 칸막이였는지 알 수 없지만, 안을 더 확실히 구분하는 장치임에 틀림 없다. 현재 자세히 관찰하면 상석 칸의 창방에 구멍을 메운 자국이 남아 있다. 가운데 기둥 좌우에 약 45cm 간격으로 각각 5개씩 있다 (그림 9-11). 설령 과거 계급 관료사회에서 최상석의 고정 칸막이가

〈그림 9-11〉 임금 칸 창방의 구멍 자국

있었다손 치더라도 오늘날 민주 시민사회에서 누구나가 올라가 볼 수 있는 경치 감상 장소 죽서루에 그것마저 복원하여 꽉 막힌 공간을 만들 수는 없는 노릇이다.

칸막이는 아니지만 연관하여 살펴보면 죽서루 시문에 느닷없이 '발', 곧 한자 염(簾)이 나온다.

> 疎簾欲捲露華濕(소렴욕권로화습) 성긴 발 걷으려니 영롱한 이슬
> 촉촉하고
> 一鳥不飛江色愁(일조불비강색수) 새 한 마리 날지 않는 강가 풍경
> 수심에 잠기네(송강 정철)
>
> 簾外碧峯浮遠黛(염외벽봉부원대) 발 밖 푸른 산봉우리 미인 눈썹
> 처럼 떠 있네(정규형)

추정컨대 발은 임금 칸과 일반 칸 사이에 있었다기보다는 임금 칸의 절벽 쪽 주경치 감상틀에 쳐져 있었을 것으로 보인다. 그 이유는 생각해보니 죽서루가 바로 서향이기 때문이다. 서향의 강렬한 태양빛은 특히 여름 오후의 지는 해는 풍광 감상에는 그만이지만, 한편으로는 실내 눈부심으로 인하여 연회 행사를 방해했었을 것이므로 당시에 오늘날 말로 블라인드인 발로 햇볕을 차단할 필요가 있었을 것이다.

석양의 지는 해는 장관을 이루어 시에 자주 등장한다.

> 夕照蒼然兩鬢秋(석조창연양빈추) 저녁 햇살 양 귀밑 흰 털 어득히
> 세월을 비치네(서증보)

斜陽樓百尺(사양루백척) 백 척 누각에 해 기울어지네(이준민)

五十川頭夕日低(오십천두석일저) 오십천 머리에 저녁 해 내려가네
(서증보)

신분사회였던 관아 경내의 죽서루에는 오늘날처럼 아무나 오를 수 없었을 것이다. 명색이 사대부라야만 누 안에 들어가서 한자리 차지하며 모임에 낄 수 있었을 것이다. 최상석 임금 칸 주인공 중심으로 살펴보자. 각종 연회도 그림을 보면 중요 인물들은 주인공 가까이 좌우나 조금 앞에 앉을 수 있었다. 손님으로 초대된 일반 사대부들은 주인공의 좌우 열에, 또는 옆에 죽 도열해 앉아 있었다. 요즈음의 땅에 떨어진 교육 탓에 지방행사에서 말석에 겨우 낄 수 있는 교장선생님에 해당하는 당시 향교 교수(敎授)도 종6품의 중요 공식 벼슬의 지역 유지였으므로 상석을 차지했었다.

임금 칸에 반드시 있어야 할 사람으로 수령을 가까이 모시고 잔심부름하는 총각 아이 통인(通引)이 있다. 일명 수령의 직인을 관리한다고 해서 지인(知印)이라고도 한다. 눈치도 동작도 재빨라야 한다. 나름대로 수령의 심기를 파악하고 바깥사람들을 연결시켜 주는 작지만 큰 권세도 가지고 있었다. 비슷한 의미의 시동(侍童)은 좀 더 넓게 심부름하는 여러 아이에게 쓰인 것 같다. 평양감사 연회도의 월야선유도 그림을 보면 주인공 감사 뒤에 길게 늘어뜨린 떠꺼머리 아이들 여럿이 보인다.

또한 임금 칸에는 주인공을 밀착해 모시는 수청기생이 반드시 있어야 한다. 수청이란 말이 춘향전에서 오염되어 꼭 밤에 살 수청 드는 것만으로 되어 있으나 수청(守廳) 원 뜻은 마루를 지키며 방 안으

로부터 수령의 분부를 받드는 것이다. 수청기생은 평양감사의 부벽루 연회도에 감사 바로 오른쪽에 둘이 서 있고, 연광정 연회도에는 오른쪽에 둘 서 있다. 같은 그림 월야선유도의 배에는 감사 바로 오른쪽에 둘이 서 있고 약간 앞에 둘이 다소곳이 앉아있다. 다음으로 임금 칸 주변에는 <배비장전>으로 유명한 수행비서인 비장(裨將)이 있어야 한다. 사장원송도계회도에 보면 비장관속 4인이 거의 납작 엎드린 부복자세로 앉아 있다. 수령의 좌석 조금 떨어진 옆에 군관(軍官)으로 보이는 나이가 좀 든 무장이 호위하고 있다.

누에서 연회 시 가장 중요한 여흥을 돋우기 위한 노래와 춤을 담당한 기생은 공식 공무원 신분이었다. 딱딱하고 근엄한 유교사회에서도 어쩔 수 없이 인간적 냄새가 나는 러브스토리의 주인공들이 된다. 최상석 주인공 앞, 좌우 사대부로 도열해 앉은 넓은 누마루 한가운데가 기생이 본격적으로 춤추는 무대 공간이 된다. 신임 부사 취임이나 관찰사 접대연에는 관기들이 삼척도호부에는 대략 20~30명 정도로[1] 적지 않은 인원이 총동원되었을 것이다.

기생의 역할은 앞서 본 수령 수청과 사대부들의 술시중도 있지만 가운데 공간에서 공식 여흥의 춤을 추는 것이다. 전통적으로 칼춤(검무), 장구춤, 처용무, 학춤이 보편적이었고 특별히 신선 복숭아 바치는 헌선도(獻仙桃) 춤(그림 9-12), 구멍에다 공 집어넣는 포구락(抛毬樂) 춤(그림 9-13)이 있었다. 춤추지 않는 기생은 중앙공간의 행사가 방해되지 않게 끝에 혹은 옆에 줄 맞춰 다소곳이 앉아 대기하는 것이었다. 기생의 바로 다음 열 곧 행사 공간의 제일 끝에는 반드시 악공

---

1) 관기는 관아 내 공식기구였던 教坊에서 거주하며, 인원은 군일 때 20명 정도, 목일 때 40명 정도로 추산한다. 안길정, 앞글 하, 101쪽. 삼척 관아에도 공식 妓所가 있었다.

〈그림 9-12〉 복숭아 바치기 헌선도 무용   〈그림 9-13〉 구멍에 집어넣기 포구락 무용

들이 자리 잡았다. 음악이 없으면 연회가 성립할 수 없다. 두 사람 혹은 네 사람이 치는 큰 북을 중심으로 대금, 생황, 피리, 퉁소 등 악기를 연주한다. 각종 연회도 그림에서 악공들은 제일 바깥인 처마 밑 기단 위 공간을 차지한다. 쉽게 말해 연회 대형의 제일 끝 열은 악공들의, 그다음 안쪽은 대기 기생들의 대열이 된다. 기생과 악공의 공간은 행사를 방해하지 않으면서 지원하도록 마루 위가 아니고 경계 지점인 퇴공간이 된다. 만약 행사 규모가 아주 컸다면 악공들은 죽서루 남쪽 처마 밑 공간, 즉 메운 펑퍼짐한 바위 위가(그림 9-14) 되었을 것이고 그 안쪽인 흙바닥 퇴칸이(그림 9-15) 기생공간이 되었을 것

〈그림 9-14〉 남측 처마 아래 암반 기단. 악공 공간   〈그림 9-15〉 그 안쪽 퇴칸. 기생 공간

이다. 만약 연회 규모가 보다 작았다면 악공들은 퇴칸에, 기생들은 난
간 안쪽 마루 끝에 앉을 수 있었을 것이다.

어찌 되었건 누마루로 올라오기 전 일부러 마루를 깔지 않은 맨바
닥의 퇴칸 공간은 연회도에서의 기단 위 처마 밑 공간과 같이 기생
또는 악공의 공간으로 반드시 필요하였다. 마루는 단순히 널빤지로
된 물적 장치가 아니라 마루에 오를 수 있는 사람과 오를 수 없는 사
람으로 신분 구분상 필요하였다. 벼슬 이름에서도 당상관(堂上官)과
당하관(堂下官) 구분도 기실은 마루에 오를 수 있는 급과 오를 수 없
는 급으로 표시되었다. 당상관은 조정 정사를 논할 때 마루 위에 올
라앉을 수 있는 정3품 이상을 가리키는 어원에서 유래했다. 공간지칭
용어가 계급지칭용어로 통용된 것이다.

마루 위와 마루 아래 당상 당하를 확실히 보기 위해 최한기(崔漢綺:
1803~1875)가 옛 임금을 가르쳤던 교수, 즉 강관(講官)들을 논한 책
중 경연(經筵)반차도를 보자(그림 9-16). 임금에게 경서와 역사를 가
르치던 경연에 신하들이 늘어서던 순서를 그린 그림이 반차도(班次
圖)인데 위 가운에 임금 의자
'어탑(御榻)'이 놓이고 그 앞에
신하들이 좌우와 끝에 늘어선
다. 주목할 것은 가운데 가로
지르는 선이다. 거기에 기둥
'영(楹)'이 있다. 고구려 고분
쌍영총에서의 '영'이다. 그 선
위에 대신, 승지, 옥당, 대간 등
의 높은 벼슬이 보이고, 즉 퇴

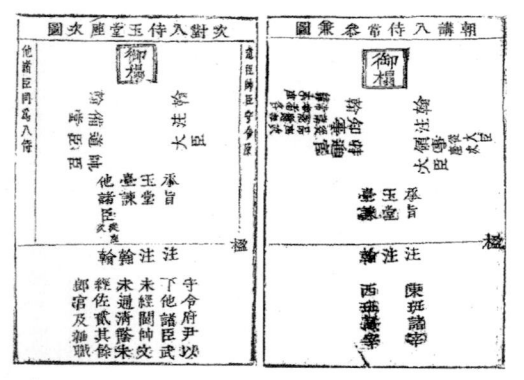

〈그림 9-16〉 최한기의 경연반차도

표시로 보이는 그 아래에 수령 부윤 이하 제 신하, 또 동반 서반이 위치한다. 계급에 따라 마루 위 당상(堂上)과 마루 아래 당하(堂下)의 자리 잡는 위치가 뚜렷이 구분된다. 한 단 낮은 마루, 즉 퇴칸은 조선시대 공식 모임에서 계급 차별을 위한 필수 시설이었음을 알 수 있다.

자, 그렇다면 과연 각 공간에 대한 추리가 맞는지 실제 죽서루 건물에 연회도 고회화를 서로 비교하며 대입해보자. 앞 장에서 다룬 평양감사 환영도 중 연광정연회도의 건물 진입부를 비교해보면 측면 네 기둥이 있고 가운데 칸으로 진입하는 방법이 죽서루와 똑같다(그림 9–17). 다만 연광정에서는 한 층 계단 아래에 나졸들이 양쪽으로 도열해 있다. 그림에서 눈여겨볼 것은 건축에서 기단이라 말하는 처마 밑 퇴 부분이다. 두 사람이 좌우로 국궁하여 서 있고, 학의 탈을 쓴 춤꾼이 올라가고 있다. 건물 바로 안쪽 네 기둥 밑에는 악공들이 일렬로 앉아 연주하고 있다. 퇴

처마에는 그 위는 처마 지붕을 하나 더 보강하여 내밀어 높은 장대로 눈썹 차일까지 쳐서 덮인 공간을 만든다. 기단은 아래층 마당과 건물 안을 연결하는 완충공간이 된다. 공간으로서만 완충이 아니라 사람 신분으로서도 낮은 마당과 높은 마루에 올라갈 수 있는 급을 나타낸다. 죽서루에서는 암반 위에 지었기 때문에 가지런한 암반을 만들

〈그림 9–17〉 진입부 처마 기단.
연광정연회도

수 없어서 <그림 9–14> 와 같이 천연 바위로 테두리를 둘러싸고 그 사이를 평평하게 메운 인공 기단을 조성한다. 건축에서 기단이라 함은 땅에 서는 건물 기초를 튼튼히 하기 위해 구조상 땅 바닥을 단단하게 다져 높이기 위함과, 바닥의 습기를 피하기 위하여 높이 올리는 것과 권위를 높이기 위한 것 세 가지 정도이다. 그러나 죽서루에서는 이미 높은 곳의 바위에 자리 잡았으므로 땅을 다질 필요도, 습기를 예방할 필요도, 또 기단을 만들어 일부러 권위를 높일 필요도 없는 공간이다. 그런데도 불구하고 인공적으로 널찍하고 평평한 바위 자연을 이용한 기단을 조성한 것이다.

〈그림 9–18〉 사장원 송도동료 계회도 처마 기단부

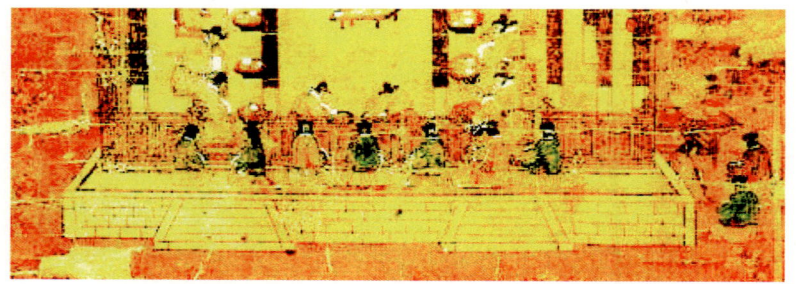
〈그림 9–19〉 호조랑관계회도 처마 아래 기단 부분

다른 그림 사장원 송도동료 계회도 그림을 보자(그림 9-18). 역시 건물 전면 4기둥 앞에 좁은 기단이 있고 그 앞에 한 단 낮은, 2단의 넓은 기단이 있다. 마당으로부터 가운데 폭넓은 계단으로 올라가는 제법 높은 기단에는 제일 오른쪽에 사령이 앉아 있고 5명의 악공이 큰 북으로부터 피리까지 연주하고 있다. 기단의 왼쪽 끝에 2명의 급창인이 있다. 연회 행사를 위하여 마당보다는 높고 건물의 안은 아닌 바로 밖 퇴 기단 공간은 매우 중요한 공간이 된다.

또 다른 건물에서의 연회도 호조랑관 계회도 퇴 부분 그림을 보면 (그림 9-19) 건물 안과 건물 밖 사이에 난간이 쳐져 있고 그 바로 밖 기단 위에 7인의 기생이 앉아 있다. 그 바로 안에는 사대부 양반들이 기둥 밑에 5명 앉아 있다. 실제 죽서루에서 그에 해당하는 공간을 보면 건물 안 마루와 건물 밖 기단 사이에 퇴칸이라는 마루 깔지 않은 맨바닥의 완충공간이 한 단계 더 있다. 그림의 퇴칸 끝 마루에 가운데 진입로를 제외하고 난간이 쳐져 구획되고 있다. 일반적으로 난간의 주기능은 높은 곳에서 밖으로 굴러 떨어지지 않도록 하는 보호장치인데, 여기서는 마루와 퇴칸이 같은 높이라서 마루에서 퇴칸으로 굴러 떨어질 염려는 전혀 없다. 그렇다면 왜 불필요한 난간을 만들었는가? 그림에서 보듯 '공간 구분장치' 건물 난간은 바로 안마루에 앉은 사대부와 바로 밖 기단 위에 앉은 기생들과 차단하기 위한 '신분 구분장치'인 것이다.

이번에는 기영회도에서 처마 밑 퇴 부분을 보면 기단 바로 안에 죽 돌아가며 난간이 쳐져 있다(그림 9-20). 건물 안보다는 한 단 낮은 그러나 꽤 넓은 그 공간이 보인다. 그 공간에 왼쪽 다섯 명, 오른쪽 열 명의 기생들이 앉아 대기하고 있다. 역시 제일 끝 바깥쪽 난간 안

〈그림 9-20〉 기영회도 처마 기단부

에는 아홉 명의 악공들이 연주하고 있다. 퇴 공간 중앙에는 탁자에 술독이 놓여 있다. 이와 같이 퇴 공간은 건물 안의 마루와 마당 위 기단 사이의 중요한 공간이 되며 또한 난간은 단순 굴러 떨어짐을 방지하는 보호의 기능을 넘어 두 공간 사이를 구분하기 위한 중요한 기능을 담당한다.

그러면 그림이 아닌 실제 생활에서는 어떠했을까? 실제 사는 사람도 거주하는 현 민속마을인 순천의 낙안 읍성의 동헌을 보면 이해가 간다(그림 9-21). 생활을 복원하여 실물과 똑같은 인형으로 과거 생활을 재현해놓았다. 동헌 마루

〈그림 9-21〉 마루 아래 처마 밑 기단 공간의 중요성. 낙안 읍성 관아. 옛 생활 복원 인형

정 중앙에 높은 의자에 수령이 앉아 있고 퇴 기단에는 아전 두 사람이 허리를 약간 숙여 국궁하여 서 있다. 마당에는 죄인이 꿇어앉아 있고 옆에 서 있는 나졸이 문초하며 지키고 있다. 마루 안에는 서기가 엎

드려 열심히 적고 있다. 관아
동헌 건축에서 처마 퇴 기단
공간은 높은 공간 대청마루와
낮은 공간 마당사이에서 아전
인 중인이 신분의 상하를 연결
하는 중간 완충 공간으로 그만
큼 중요하였다. 계급의 높고
낮음은 건축에서 그대로 높이

〈그림 9-22〉 객사 퇴칸 단 차이. 여수 진남관

의 높고 낮음으로 환원되어 설치된다.

누정 죽서루가 소속된 객사 진주관과 같은 임금 건물인 객사 여수
진남관을 보자(그림 9-22). 우리나라에서 종묘 다음으로 제일 긴 무
려 정면 15칸의 국보 304호 건물이다. 마당에서 올라와 기단이 있고
그 위 마루에 툇기둥을 심고 툇마루를 설치하였다. 그 안의 내부 마
루와는 구분되게 거의 표시는 안 나지만 10cm 정도 약간 한 단 낮게
되어 있다. 계급의 차별을 위하여 퇴칸을 만들고 주 대청마루에 대해
같은 마루라고 해도 계급 구분을 위한 상징적 높이 차가 필요했을 것
이다. 죽서루에서 퇴칸 위치 마루 난간 바로 밖에 좁은 디딤판 쪽마
루를 더 두어 딛고 안의 마루로 들어가도록 안과 밖, 위와 아래 사이
에 완충 단계를 하나 더 둔 것을 볼 수 있다(그림 9-15에서).

기존 정설 죽서루 증축설에서 남측 퇴칸만 마루를 설치하지 않은
이유를 나중에 그 칸만 증축을 했기 때문에 바닥 암석이 걸려 마루를
깔 수 없었다고 하나 이것은 유물론적 설명에 불과하다. 그 칸의 대
부분 바위는 마루 밑으로 꺼져 있다. 서쪽 일부만 바위가 마루높이로
올라와 있다. 마음만 먹었다면 바위 표면을 조금만 깎아내어 지금 맨

바닥인 퇴칸에도 마루를 죽 깔아 죽서루 전체를 마루로 만들 수 있었을 것이다. 관아 건물에서 제일 아래 마당은 '아랫것'이 올리는 절 하정배(下庭拜)를 드리는 장소이고, 그 위 기단은 수령의 명령을 복창하는 급창인과 비서격인 비장의 자리였음을[2] 염두에 두자. 지금까지 관아 관련 고회화 연회도 그림에서 본 바와 같이 앞면 퇴 기단은 신분 계급의 차별을 위해 필수적인 시설이었고 퇴칸은 차별의 단계를 한 번 더 만드는 공간으로 해석되므로 죽서루 퇴칸에 마루를 깔지 않고 맨바닥인 이유는 '신분 차별 퇴칸'을 만들기 위함이었다. 죽서루 남측 바깥의 자연 암석에 인공으로 메워 만든 기단은 다름 아닌 신분 계급의 구분 장치이며, 그 안쪽의 맨바닥 퇴칸은 안팎 상하의 구분 단계를 한 번 더 둔 것에 다름 아니라고 새롭게 해석한다. 일련의 공간에서 안팎과 신분의 상하를 구분하는 물적 장치를 순차적으로 보면, 마당 → 마당 위 오르는 바위 길 → 바위 기단 → 처마 밑 → 측면 4 기둥 안 맨바닥 퇴칸 → 디딤판 쪽마루 → 경계 평난간 → 본 누마루 → 임금 칸 순이다. 겹겹 공간은 각각 단계를 구분하게 된다. 기존 증축설 신봉자들은 전체 칸이 균일하게 마루가 깔려야 한다는 전제하에 그렇지 않은 죽서루를 이상하다고 본 전제 자체가 그 당시 관아 사대부 사회의 생활을 이해하지 못함으로 인하여 나온 잘못된 해석이다. 평등 민주 사회의 현대인은 죽서루 전 공간이 균일한 공간으로 이해하겠지만 조선시대에는 전혀 다르게 차별 구분이 반드시 필요하였다. 또 각종 계급에 따른 대청마루와 퇴 또는 처마 기단과 마당과의 높이 차와 안팎의 구분은 필수였다.

---

2) 안길정, 앞글, 상, 67쪽.

모란봉

부벽루

〈그림 9-23〉 정상의 모란봉과 중턱의 부벽루 〈그림 9-24〉 단층의 부벽루

죽서루에서의 연회 대형을 평양감사 환영도 그림과 비교하여 보자. 다만 직급이 감사보다 하나 낮은 도호부사의 연회 규모는 평양감사 부벽루환영도에 보이는 것보다는 작았을 것이지만 내용은 동일했을 것이다. 건물 부벽루와 죽서루의 공통점은 강 절벽 위에 자리 잡고 있다는 점이나, 부벽루는 누 명칭에도 불구하고 단층건물이다(그림 9-23, 9-24). 부벽루 연회도를 보면 건물 안을 주인공의 중심 무대로 해서 전면을 향하여 마당 공간으로 연장하여 진을 펼치고 있으나, 문자 그대로 2층 다락 누 건물인 죽서루는 부벽루처럼 전면 마당으로 나올 수는 없고 실내에서만 종 방향으로 진을 펼칠 수밖에 없으므로 7칸의 아주 긴 건물이 되었을 것이다. 따라서 남측 자연에 인공을 보완한 기단이 그나마 건물이 마당으로 확장되는 공간으로서 중요한 위치를 차지할 수밖에 없다.

이런 종 방향 배열을 방위 향으로 한번 보자. 죽서루는 남-북 방향으로 길게 배치되었기 때문에 북쪽 끝 임금 칸에 주인공이 좌정하면 자연히 남쪽을 면하여 바라보게 된다. 이는 왕이 신하를 대할 때 반드시 북쪽에 자리 잡고 남면하여 앉도록 한 조선시대의 일반적 공간 점유원칙에도3) 기가 막히게 잘 맞아떨어진다. 임금 칸을 건물 중앙이나 남쪽에 두지 않고 북쪽에 둔 이유가 정말로 교묘하다.

한국 전통건축은 거의 모두다 측면보다 앞면이 더 길다. 절의 대웅전 안의 부처님도 넓은 면을 앞으로 하여 마당을 바라보고 있다. 부벽루도 똑같이 넓은 면을 전면으로 사용하는 횡 방향 사용이다. 그러나 죽서루처럼 좁은 측면을 진입 전면으로 사용하는 종 방향 배열은 극히 드물다. 서양건축사 책을 죄다 메우고 있는 성당은 우리와는 반대로 종 방향 배열이다. 바실리카식이라 이름 하는 서양 성당 건물 밖에서부터 안으로 가능한 한 길게 진입해 들어가면서 공간의 깊이를 얻기 위한 배열이다.

1900년 영국의 초대 주교 코프(John Corf) 신부가 시작하여 후임 트롤로프(M. N. Trollope) 신부가 완성한 현재 사적 424호 강화의 성공회 성당은(그림 9-25) 서양 성당의 일반적 종 방향 공간 배열을 정확히 한국식 목조건축으로 천재적으로 해석해낸 탁월한 건축이다. 더구나 서양 성당이 주 공간(nave) 양쪽에 기둥 열이 있는 옆 측랑(aisle)을 재현해내었고 측랑을 낮추어 두 공간 천장 높이 차 클리어스토리(clearstory)로 인한 고창 틈으로 빛이 들어오게 하는 바실리카 방식을 한국 목조건축으로 그대로 재현해내었다(그림 9-26). 그 신부는 서양 성당과 한국건축 공간 모두에 정통한 분이였기에 이런 설계가 가능했었다고 본다. 영국 성공회가 상륙한 같은 강화도 온수리에도 또 안성의 구포동 성당도 같은 공간 개념으로 지어졌다. 한국건축이 이렇게 종 방향으로 배열된 곳은 극히 드물다. 필자가 아는 한 세 절,

---

3) 안길정. 『관아를 통해 본 조선시대 생활사』. 26쪽.

〈그림 9-25〉 강화 성공회 성당 입구. 측면의 정면화   〈그림 9-26〉 강화성당 내부 종방향 배열 바실리카식

즉 백제 불교 전파 인도 승 마라난타가 세운 최초 사찰이란 뜻의 영
광 불갑사 대웅전, 최고로 오래된 목조건축으로 유명한 영주 부석사
무량수전(그림 9-27), 그리고 공주 마곡사 대광보전이 바로 부처님
이 건물 측면을 정면으로 정좌한 종 방향 배열이다.

죽서루는 한 층이 마당에서 떠 있으므로 정면으로 들어갈 수 없고
양 측면 바위 위로 진입하게 되어 있다. 따라서 죽서루에서의 연회
모습은 김홍도의 평양감사연회도에서 보았듯이 2층 누 건물인 연광
정에서와 같이 종 방향으로 펼쳐지는 연회의 대형과 같았을 것이다.
연광정은 남북 방향의 본채 3칸×3칸과 동서방향의 2칸×4칸 덧채의
ㄱ 자 건물이다(그림 9-28). 주 건물 측면이 정면이 되도록 한 층 높
이의 인공 기단을 만들어 올라가게 만든 데 비해 죽서루는 자연 암반
을 이용하여 한 층을 저절로 올라가도록 만든 훨씬 자연스럽고 교묘
한 건물이다. 북한 자료 『조선건축사』에 의하면, 연광정은 "몸채가
양반 관료배들이 쓰던 곳이고, 덧채는 시중인들이 쓰던 곳"4)이라 한

---

4) 리화선, 『조선건축사』 2권, 발언, 151~152쪽.

〈그림 9-27〉 부석사 무량수전, 종 방향 배열   〈그림 9-28〉 ㄱ 자형 평양 연광정

다. 연회도상 주인공 평양감사는 본채에서 남면하여 좌정한 방향이
죽서루와 똑같다. 연광정 덧채는 죽서루 우물천장 임금 칸 뒤의 준비
보좌용 북측 끝 칸에 상응하는 공간이다. 같은 북한 자료에서 "이러
한 평면조직과 장식상 구별은 당대 계급사회의 불공평성을 보여주는
것이다"5)라고 정확히 지적하고 있다. 죽서루 평면과 형태 상세 하나
하나는 우리가 현재 잊어버리고 있는 당시 계급, 즉 사대부 간 또 신
분 간 서열의 높낮이를 그대로 반영한다.

　궁중 연회도, 연광정 연회도, 대동강 배 위에서의 연회도 모두 지
붕 처마가 있음에도 차일 또는 차양을 쳐서 햇볕을 차단함은 물론 완
충 공간을 더 적극적으로 만들어낸다. 그림상 뻗어나간 차양 끝에 기
둥을 박았다고, 또는 그림상 차일 천막을 받치는 긴 대나무 장대를
죽서루에서의 진입 측면에 영구 기둥으로 발전시켜 박았다고 생각할
수 있다. 그리하면 기존설에 증축 결과라고 소극적으로 해석되는 남
측 출입 퇴칸의 천장은 연회도에서의 이동식 가설치물 차양, 차일이
영구 구조물화한 현상으로 새로이 적극적으로 해석해낸다. 또 연회도

---

5) 윗글, 152쪽.

에서의 건물 정면의 퇴칸 및 기단 공간이 죽서루에서는 측면이 출입 정면화한 결과에 따라 주공간 마룻바닥보다 한 단 아래 낮은 급의 난간 밖 흙바닥 곧 '측면 퇴칸'이 된 것이다.

죽서루 모든 공간의 세부 형태는 신분과 계급의 차이를 나타내도록 되어 있다. 기존 유물론적 정설에서 말하듯 증축에 따른 시간적 공사 차이에 의해 나타나는 것이 결코 아니다. 전체 7칸 중 남쪽 한 칸은 맨바닥으로 하여 퇴칸처럼 만들고 마루는 나머지 6칸에만 두어 안의 높은 공간으로 만든다. 이미 말했듯이 전체 높은 서까래천장 중 북쪽에서 두 번째 한 칸만을 낮은 우물천장으로 만들어 높은 공간이며 안의 공간인 상석 임금칸으로 설정한 것이다.

자, 이제부터는 나무때기 목구조만 보는 유물론자들이 못 보는, 건축에서 중요한 또 다른 세계, 장식 의장에 대하여 보도록 하자. 북측이 남측보다 높은 곳이라는 것은 남북 양 끝의 가운데 기둥 위의 도리 받침 장식[6] 모양으로도 설명된다. 이 부재는 중국 이름으로 '작체(雀替)'이다. 기둥과 보가 만나는 곳에 덧붙이는 삼각형 장식 부재인데,[7] 우리 건축에 이름이 따로 없다는 것이 이상하다. 남·북측 끝 열 기둥에만 있다. 밖으로 뻗어나간 익공 촛가지와 직교하여 도리 밑 기둥에 붙는다. 문양을 자세히 보면 남측 기둥에는 덩굴이 4개 내뻗치고 1개 연봉이 있어, 목재 끝만 보면 덩굴 볼록한 혹이 2개로 그치는 데 비해(그림 9-29) 북측 기둥은 덩굴 뻗침 문양 6개에 볼록 혹이 4개로 보다 더 화려한 의장을 갖는다(그림 9-30). 북쪽 제일 끝 가운데 기둥은 바로 임금 칸 임금기둥 바로 뒷기둥이 되므로 보다 높은

---

6) 기둥 위 도리받침은 우리 부재명은 따로 없으나 중국명은 작체(雀替)이다. 이윤화, 282~285쪽.

7) 리윈허, 281쪽.

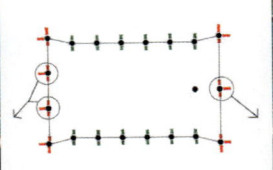

〈그림 9-29〉 남측 끝단 중앙 기둥 위
도리받침 장식

〈그림 9-30〉 북측 끝 중앙 기둥 위 도리받침
장식. 훨씬 화려하다.

화려한 장식을 하게 된 것으로 해석한다.

죽서루 실내 거의 모든 칸 상부에 빙 둘러서 정중앙 대들보와 상부 종보에 기문과 시와 중수기가 빼곡히 걸려 있다. 4장에서 본 천장 위 삼각형 정점 마루 宗의 종대공에 죽서루에서 가장 화려한 문양, 화려한 넝쿨, 뻗어 올라간 화반종대공 밑 종보에 임금이 하사한 어제시를 걸었다. 그중 임금 칸 바로 앞 상부 중앙 종보(남쪽 6번째 기둥 열)에 숙종의 어제시(御製詩)가, 그 바로 앞 칸(5번째 기둥 열)에는 정조의 어제시가 걸려 있다. 당연히 작자의 급이 있는 현판 자체도 공간의 높이 위계에 맞추어 걸어서 우물천장 칸이 최상석 임금 칸임을 잘 나타내 주고 있다.

여기서 잠깐, 죽서루 외부에 죽서루를 바라보며 전면에 두 개의 현판이 걸려 있다. 숙종 때(1710~1712) 삼척부사를 지낸 이성조(李聖肇) 작품의 멋진 글씨의 관동제일루(關東第一樓)와 죽서루(竹西樓)의 현판이 걸려 있다(그림 9-31). 필자의 어렸을 때 옛 사진, 1957년경 낡은 사진이 하나 있다(그림 9-32). 자세히 비교해보면 현재는 남쪽 그림의 왼편에서부터 세 번째, 네 번째 칸에 걸려 있는데 옛 사진에는 네

〈그림 9−31〉 현재 죽서루 전면 현판. 우측 4, 5칸

〈그림 9−32〉 죽서루 옛 사진. 우측 3, 4칸의 원래 현판. (1957년경. 뒤에 선 왼쪽 두 번째가 필자)

번째, 다섯 번째 칸에 걸려 있다. 미세한 이 차이는 무엇을 의미하는 가? 앞에서 언급했듯이 임금 칸은 오른쪽에서 두 번째 칸이다. 그림 왼쪽이 남쪽인 일반인이 들어오는 낮은 공간이고 오른쪽이 보다 높 은 공간이다. 옛 사진에서는 '죽서루' 현판이 안에서 보면 바로 임금 칸 앞 칸에 걸려 있었다. 그런데 현재에는 앞에 앞 칸, 비교적 건물 가운데에 걸려 있다. 왜 이리되었는가? 옛 사진 직후인 1959년 9월 한 반도를 휩쓴 사라호 태풍 때 웬만한 것이 다 날아갔었고 그때 떨어진 현판을 아무렇게나, 높은 칸에 있던 것을 낮은 칸으로 격하시켜 복원 한 것이 아닌가 짐작한다. 죽서루 옛사람들의 공간 이해 방식의 격에 맞게 한 칸씩 북쪽 임금 칸 쪽으로 이동시켜야만 진정한 우리의 죽서 루가 될 것이다.

다음으로 순각판 문양으로의 긴 여행을 한번 떠나보자. 한자어 순 각판(楯桷板) 뜻은 처마 가림 방패이다. 처마 천장의 주심도리와 외목 도리 사이 틈을 메워주는 단순 판재이다. 처마 밑을 올려다볼 때 순 각판이 없으면 틈새로 내려오는 서까래가 보이게 된다. 필자도 전에

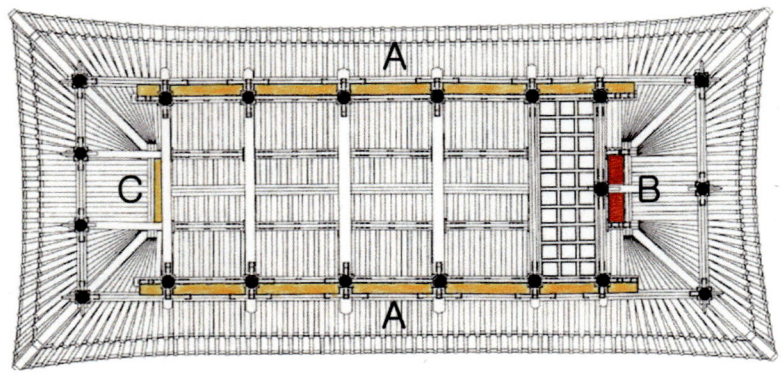

〈그림 9-33〉 순각판 천장도. A: 동서 처마 순각판. B: 북측 퇴칸 눈썹천장. C: 남측 퇴칸 눈썹천장

는 그랬었듯이 일반적 건축쟁이는 포작 보느라고 정신이 없어서 판자때기 문양 장식을 보지 못한다. 다시 말하지만 건축은 언제나 구조와 장식으로 한 몸이 된다. 외눈박이 목구조만으로는 온전한 건축을 결코 볼 수 없다.

고건축 대가 김동현 선생에 의하면 "출목과 출목 사이를 가리는 순각판은 주심포계의 공포에서는 찾아볼 수 없는 부재이다"라고 못 박고 있다.[8] 그런데 죽서루는 선행 주자들이 주심포식이라고 주장하는, 가운데 5칸 동서 처마에 전부 순각판으로 덮여 있다(그림 9-33). 죽서루는 '주심포식이다'라는 앞서 본 선행 대가들의 주장과 '순각판이 있으면 주심포식이 아니다'라는 주장이 서로 모순된다. 죽서루가 원래 주심포식이라는 선행 주장이 얼마나 근거 없는 선입관 구라인가 하는 것이 다시 한 번 여지없이 드러난다.

죽서루 동서 처마 천장 순각판(A부분 각 5칸) 단위 기본 문양은 가

8) 김동현, 『한국 목조건축의 기법』, 188쪽.

운데 문양을 중심으로 양 갓 쪽 3개로 되어 있다(그림 9-34).

〈그림 9-34〉 A부분: 동서 처마 순각판 문양

☐─＊─ ─＊─ ＊─ ☐ 가운데 양 날개, 양 가 외 날개로 덩굴무늬 일명 골뱅이 나선 모양의 소자가 점차 뻗어나가고 송이송이 피어나가는 모습이다. 원로 미술사학자 강우방 교수는 소용돌이 골뱅이 바탕의 이러한 문양을 고구려 고분 벽화 관찰을 바탕으로 시작하여 한국의 불상, 불화, 금관, 장신구, 청자, 기와 등등 모두와 건축에서는 목조 포작 살미까지 죽 연결시켜 『한국 미술의 탄생』이라는 실로 획기적 책을 써냈다. 필자가 책 출판기념회에서 또 서평에서 '코페르니쿠스적 전환'이라고 높이 평가하였다. 강 교수는 일본인들이 잘못 이름 붙인, 그리고 한국 미술사에서 여전히 무비판적으로 통용되는 뚱딴지 같은 당나라 풀 모양 뜻의 '당초문(唐草紋)' 대신 신령한 기운을 나타내는 영기의 싹 '영기문(靈氣紋)'이라 새로이 이름 지었다. 필자는 강 교수께서 몇 년 전 건축역사학회에 와서 논문 발표한[9] 이후 그 전까지 눈 주지 않던 건축의 단청 문양을 구조와 함께 보는 지혜를 얻게 되었다. 필자는 논문 독후감과[10] 책의 서평을[11] 공식적으로 썼다.

죽서루 처마 순각판 문양을 분석하면, 골뱅이 기본 소자에서 선이 뻗쳐나가서 마지막 날개 문양으로 완성되는 모습이고, 또 기본 골뱅이 모양이 뭉게뭉게 피어나서 구름 꽃송이로 하나, 둘, 셋으로 피어나

9) 강우방, 「한국 목조건축 형태적 기원과 상징」, 한국건축역사학회 춘계학술발표대회, 2004.6.

10) 이희봉, 「강우방 교수 논문, '고구려 벽화의 영기문과 고려, 조선 공포의 형태적 상징적 기원'에 대한 독후 소감」, 『건축역사연구』, 2005.12.

11) 이희봉, 「서평 『한국미술의 탄생』」, 『건축역사연구』, 2008.10.

기본 골뱅이　골뱅이 내뻗침　완성 골뱅이 날개

골뱅이　부풀은　두 송이　세 송이
소자 뻗침　한 송이

〈그림 9-35〉 골뱅이 기본 소자로부터 뻗어나가고
부풀어나간 분석도

〈그림 9-36〉 C부분: 남측 퇴칸 눈썹천장
순각판 문양

는 모습이다(그림 9-35). 동서 양 처마 순각판들뿐만 아니라 남쪽 퇴칸 눈썹천장 문양도(C 부분) 같은 문양으로 되어 있다(그림 9-36). 그런데 사진을 비교해보면 금방 알겠지만 이 눈썹천장 그림은 흩날려 그려져 힘도 없고 가벼운 낙서처럼 보인다. 전국적인 문화재 보수의 날림 공사의 문제인데 아마 비숙련 단청쟁이가 아무렇게나 그려 넣은 것으로 보인다. 여럿 박혀 있는 보석과도 같은 동그란 점들은 기존 미술사에서 보주(寶珠), 보배로운 구슬로 해석하나,

필자는 보주라는 추상적 단어 대신 '알'로 새롭게 해석한다. 알이 깨어나 구름송이로 탄생하는 과정을 아래에서 보여주겠다.

반대편 북측 퇴칸의 외기도리+중도리로 둘러싸인 눈썹천장의 문양만은(B부분) 유례없이 전혀 다르다(그림 9-37). 앞서 본 퇴칸 순각판 문양은 좌우대칭 규칙적 패턴 문양이나 북측 퇴칸 눈썹천장 문양은 어디에서도 볼 수 없는 자유분방한 모양이다. 아래 넓은 바닥에서부터 위로 올라가며 좁아지며 뭉실뭉실 위로 피어나가는 산 같은 덩어리가 3개 있는데, 가운데 것은 거꾸로 뒤집어져 있다. 죽서루 석사논문 쓰기 위해 문지은 학생이 처음 가서 관찰하고는 불경스럽게도 '응가' 같다고 표현했다. 그렇게도 보인다. 어찌 보면 아이스크림 같기도

〈그림 9-37〉 B부분: 북측 퇴칸 임금 칸 뒤 눈썹천장 순각판 문양

하다. 동그란 점, 나중에 해석한 필자 주장의 크고 작은 알들이 곳곳에 흩어져 있다. 임금 칸 바로 뒤의 이 문양이 무엇을 의미하는지 해석하기 위하여 노력했으나 정확한 뜻은 알 수 없었다. 처음에는 유례없는 독특한 문양을 '해선(海仙)'의 현판으로 유추하여 바닷속 신선이 사는 용궁의 바위와 거품으로 한번 추측해보았다. 어찌 되었건 죽서루 순각판 문양은 긴 양쪽 처마와 남측 퇴칸 3면은 다 같은 문양인데 북측 퇴칸 임금 칸 뒤만 유별나게 다른 것과 다르게 그린 것이다.

이 대목에서 다시 한 번 관찰의 중요성을 역설해야겠다. 강우방 교수는 일향 미술사연구원 홈페이지서 '빙산의 일각'이라는 제목으로 글을 썼다. 답사 갈 때마다 못 보던 새로운 것이 보인다고 하면서 인간은 물론 학자도 언제나 빙산의 거대한 전체를 보지 못하고 일각, 즉 조그만 부분만 보고 지나간다는 속성을 역설한다. 필자도 답사를 즐긴다. 이번 여름에도 전라도 일대를 며칠 일정으로 돌고 와서 사진을 정리하다가 뜻밖의 사실을 발견했다. 다른 데에 유례가 없다고 생각했던 죽서루 순각판 문양이 사진 여기저기 나타나지 않는가? 그런데 지금까지 언급한 순각판은 외출목 포작 사이에 쑥 들어가 있어 자세히 보지 않으면 잘 눈에 띄지 않는다. 솔직히 말하자면 지금까지 숱하게 전국 전통건축 답사를 다녔지만 별도로 순각판을 관찰한 적이 없다. 순각판은 건축에서 단순히 속이 안 보이도록 막은 판자에 불과하고 단지 배경일 뿐이다. 그런데 답사 사진을 정리하다가 포작 사진 찍은 뒷배경 귀퉁이에 찍힌 순각판 문양이 죽서루 것과 거의 같은 문양인 것을 우연히 발견했다. 다시 수많은 전체 사진을 다시 찾아보니 여기저기에 같은 문양들이 수두룩하게 나타나는 것이 아닌가? 건축쟁이들이 답사 가서 보통 보는 순서는 전체 배치에서 시작하여 개개 건물의 형태, 그리고 세부 처마 밑 포작 살미 모양을 살피는 것이다. 단청 문양과 같은 것은 눈에 아예 들어오지 않는다. 죽서루 기본 처마 순각판 문양과 똑같은 것을 안동 개목사 원통전에서 그것도 건물 전면이 아닌 후면에서만 첨차 배경 순각판과 같은 문양임을 발견했다(그림 9-38). 거의 같은 문양을 구례 향교 대성전, 밀양 향교 대성전, 청송 대전사, 안성 청룡사에서 발견했다.

자, 그러면 수수께끼 죽서루 북측 퇴칸 임금 칸 뒤의 독특한 문양이(그림 9-39) 무엇을 나타내는지 알아내는 여행을 떠나보자. 역시 그동안 답사 사진에서 숨어 있던 배경 곳곳에서 찾아내었다. 그중 전라도 순천향교를 설명의 기본 그림으로 사용하겠다. 잘 기억해놓기 바란다. 공자를 모신 사당 대성전은 2출목이라서 두 칸의 순각판 문양이 있다(그림 9-40). 죽서루 임금 칸 순각판의 간략화된 문양의 상세한 원본인 셈이다. 아래 둥근 널따란 바닥이 위로 올라가며 켜켜이 붕긋붕긋 솟아 산을 이루고 산 정상에 다시 구름송이 또는 꽃송이가 두 개, 세 개 피어나는 모습이다. 산은 거꾸로 뒤집어서 반복된다. 왜 산이 뒤집어지는가? 뒤집어진 것이 아니라 3차원 공간을 2차원 평면으로 나타내는 우리의 전통 그림 방식이다. 우리 도시나 마을의 입지 공식이 되는 풍수 원리의 산의 겹겹을 나타내는 그림은 뒷산은 바로 서 있지만 앞산은 거꾸로 뒤집어져 있다. 서울 한양 옛 지도에서 주산인 경복궁 뒤 북악은 위에 바로 서 있다. 그러나 동쪽 낙산과 서쪽 인왕산은 옆으로 누워 있고 아래에 남산은

〈그림 9-38〉 죽서루 3면 A와 C부분과 같은 순각판 문양. 개목사 원통전 후면

〈그림 9-39 죽서루 상석 뒤 칸 그림 A의 전체 모습

뒤집어져 있다(그림 9-41). 뒤집어진 것이 아니라 '안의 안' 명당 사대문 안을 중심으로 생각한 바를 그려낸 그림이다. 투시도가 개발된 서양 관점으로 보면 비과학적 그림이라 하겠지만 인간의 머릿속을 그려낸 훨씬 더 과학적인 인지(認知) 도법이다. 입체파 화가 피카소가 여러 각도에서 본 얼굴 부분들을 하나의 얼굴에 합성해 그린 그림을 연상해도 좋다.

죽서루 처마 순각판은 평면 2차원 그림이라면 북측 퇴칸 눈썹천장은 하늘로 치솟은 산과 산 사이의 계곡을 함께 그린 3차원적 그림이다. 입체를 평면으로 옮겨 그린 그림이다. 산은 붕긋붕긋 부풀어 수직으로 하늘로 올라간다. 산과 산 사이 계곡에 알들이 둥둥 떠다니고

〈그림 9-40〉 죽서루 북측 눈썹천장 문양과 같은 순각판 문양. 순천향교 대성전

있다. 산 사이 계곡으로 비행기를 서로 추격하며 나는 스타워즈나 전
투기 영화를 연상하면 된다. 알갱이 알은 마치 수정란 태아가 세포
분열하여 커나가듯 시작에 우선 금이 가서 기본 골뱅이로 분화하고
나아가 구름송이 혹은 꽃송이처럼 뭉게뭉게 두 송이로 세 송이로 피
어 성장한다(그림 9-42). 이 모습은 마치 옥수수 알갱이가 팝콘으로
튀겨져 퍼지는 모습과 흡사하다. 드디어 송이가 결합하여 뭉게뭉게
꼬리가 내뻗쳐 분화되어 떠돌아다닌다. 붕긋산 정상에서 마치 화산이
폭발하듯 구름송이가 피어난다(그림 9-43). 죽서루 상석 퇴칸 눈썹
지붕 문양은 순청향교 붕긋산 문양의 가장 간략화된 모습이다.

〈그림 9-41〉 옛 한양 지도. 북악산은 바로 서 있으나 동쪽 낙산, 서쪽 인왕산은 옆으로 누워 있고 남산은 거꾸로 그려져 있다.

기존 단청 문양에서는 장기인 선생의 『한국건축사전』을 찾아보니 이 무늬를 다행히도 구름무늬 '운문(雲紋)'으로 부르고 있었다.12) 알에서 깨어나 구름송이가 되고 점차 꽃송이로 피어나 둥둥 떠다니는 이러한 문양을 다만 영어로 '물결무늬'를 뜻하는 moire pattern로 적어 넣고 있는 것은 우리 문양을 제대로 파악하고 있지 못한 것으로 보인다. 유물론자 건축쟁이나 단청쟁이들이 중요시하는 형태 자체가 구름이냐 꽃이냐가 중요한 것이 아니라 작은 알갱이가 세포분열 하듯 점차 피어나가는 과정이 중요한 것이다.

한 점의 알에서 시작하여 하나가 둘이 되고 둘이 셋이 되고 점점 번창해나가 드디어 만방을 꽉 채우는 신비한 생명 탄생과 우주 생성의 원리이다. 이것이 바로 신선이 사는 최고로 높은 신령한 우주 하늘을 묘사한 것으로 추정된다. 전통건축 도처에 널려 있었으나 그동

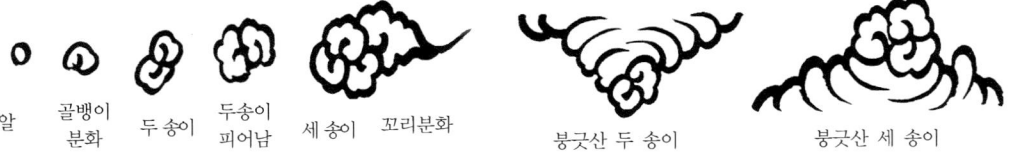

알 골뱅이 분화 두 송이 두송이 피어남 세 송이 꼬리분화   붕긋산 두 송이   붕긋산 세 송이

〈그림 9-42〉 점진적 알 분화 과정   〈그림 9-43〉 붕긋산 정상 구름송이 피어남

12) 장기인, 『한국건축사전』, 201쪽.

〈그림 9-44〉 죽서루 상석 뒤 칸과 같은 순각판 문양. 광양향교 대성전

안 전혀 몰랐던 이 문양을 다시 찾아보니 광양향교 대성전 순각판이 죽서루와 똑같이 간략화된 붕긋산 모습이다(그림 9-44). 쌍봉사 대웅전, 화순향교 대성전, 안성 청룡사 대웅전, 칠장사 대웅전, 창평향교 대성전, 남원향교 진강루, 음성향교 대성전, 언양향교 대성전, 울진 불영사 대웅전에 들어 있다. 건물의 공통 특성은 공자를 모시든 부처를 모시든 한결같이 급이 높다는 것이다.

순각판은 1출목이든 2출목이든 반드시 기둥 바깥으로 나온 외출목이 있어야 성립한다. 향교 대성전 익공식은 기둥과 기둥 사이에 문양을 그려 넣을 좁지만 긴 화폭이 형성된다. 아무 문양 없는 민짜 나무판도 있지만 대부분 심심치 않게 그림을 그려 넣었다. 배경으로 귀퉁이만 겨우 찍힌 순각판 그림을 제대로 찍기 위해 음성 향교와 불영사를 다시 찾아갔다. 음성 향교는 알은 비교적 균일한 대신 구름송이가 발달해 붕긋산 정상에서 세 송이 네 송이가 꽉꽉 터진다(그림 9-45). 여수의 전라 좌수영 임금 집인 객사 진남루는 2출목 두 개 순각판인데 첫 번째에는 죽서루 눈썹천장의 붕긋산이 나타나고, 두 번째에는 알의 분화 구름송이로 서로 분리되어 있다. 대신 두 번째 판 알은 송이로

〈그림 9-45〉 음성향교 대성전 순각판

발전하여 서너 개씩 피어나고 드디어 죽서루 일반 순각판의 기본 문양인 양 날개 달린 송이로까지 발전한다(그림 9-46).

다포식은 기둥 사이에 포작이 빽빽하므로 포작 사이 빈틈의 순각판 면적이 작을 뿐 아니라 좁고 깊어 눈여겨 들여다보지 않으면 잘 보이지 않는다. 오로지 순각판만 보기 위해 다시 찾아간 울진 불영사 대웅보전은 다포식 빽빽한 포작 사이 좁은 틈새에 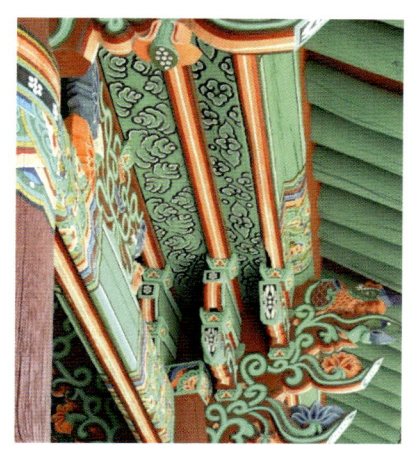 서 죽서루와 같은 붕긋산 문양이 전개된다. 포작은 3출목으로 살미 촛가지 위에 연꽃이 피어나 제일 꼭대기 정점에서 용으로 승화되는데, 제1순각판에서 죽서루와 같은 간단한 붕긋산 문양에서 시작하여 제2순각판으로 나가면서 알이 구름 꽃송이가 되고 다시 날개가 뻗쳐 골뱅이 덩굴문양으로 점차 발전하여 제3순각판에서 드디어 만발하여 만방을 꽉 채우는 완성의 단계를 잘 보여주고 있다(그림 9-

〈그림 9-46〉 첫 순각판과 두 번째 순각판에 서로 다른 죽서루 상석 뒤와 처마 순각판 문양이 들어 있다. 여수 전라좌수영 객사 진남관

〈그림 9-47〉 제1순각판에서 죽서루와 같은 문양이나 제2순각판으로 나가면서 점차 발전하여 제3순각판에서 만발 완성되는 단계를 잘 보여주고 있다. 울진 불영사 대웅보전

47). 가장 극적이고 화려하다.

여기까지 죽서루 천장 순각판과 눈썹천장의 미스터리 신비한 문양의 의미를 작은 알에서부터 깨어나 우주를 화려하게 꽉 채워나가는 의미로서, 세계 최초로 해석해내었다고 자부한다. 결국 죽서루 임금 칸 퇴칸 천장이 여타 천장 순각판과는 달리 신령스러운 기운으로 꽉 채우는 급이 가장 높은 경지를 문양 그림으로 잘 나타내고 있어서 임금 칸임을 다시 확인시켜 준다.

순각판으로 보아 죽서루 북측 최상석 임금 칸은 여타 칸과는 다른 최고의 형태를 보여주는데, 순각판뿐 아니라 죽서루 모든 형태, 즉 문양, 포작, 천장, 창방까지 여타 다른 칸과는 차별성을 확실하게 보여준다.

이쯤에서 최상석 임금 칸 천장을 보자. 죽서루 전체에서 유일한 우

〈그림 9-48〉 임금 칸 우물천장과 단위 판 회전 생성 문양

물천장, 한자로 우물 井 자처럼 천장 반자틀을 만든 우물천장을 올려다보면 그림과 같다(그림 9-48). 卍자 회전문양이다. 문양 한가운데 예의 뭉게뭉게 피어나는 꽃송이가 4개가 결합하여 다시 바깥으로 4개 뭉게 꽃송이가 꼬리까지 내뻗으며 확산하여 바람개비처럼 회전하고 있다. 바로 앞에서 본 순각판 문양과 친척간이나 더 집약된다. 순각판은 2방향성인 데 비해 이 우물천장 판은 응축된 점에서부터 피어나 점차로 4방향으로 내뻗는 기운의 완성판이 된다.

여기서 불교 상징문 만(卍)자를 제대로 한번 보자. 예전에 나치 히틀러의 만자는(그림 9-49) 불교 만자와 서로 도는 방향이 달라서 서로 근본적으로 다르다고 들었다. 인도 배낭여행을 할 때 델리 공항에 내려 삼발이 택시 오토릭샤를 탔더니 만자를 앞 유리에 달고 있는 것이 아닌가? 인도에서 불과 0.8%밖에 안 된다는 불교신자냐고 물어보았더니 아니란다. 나중에 안 사실이지만 힌두의 인도에서 만자 문양은 우리의 복(福) 자나 기쁠 희(喜) 자처럼 붙여놓으면 좋은 일이 생긴다는 부

〈그림 9-49〉 나치 슈바스티카

적과 같은 국민 애호 문양으로서 인도 어디를 가나 볼 수 있었다. 이 문양이 불교를 따라 중국으로 들어가면서 모양을 따서 전에 없던 새 글자 卍자로 만들어 불교 전용 상징으로 정착되었다. 문제는 중국에서 도는 방향을 잘못하여 거꾸로 돌게 되었다. 인도 불교에서도 나치와 똑같이 시계방향으로 돌았다. 이는 시계방향이 아니라 해가 동에서 떠서 서로 지는 태양숭배에서 비롯되었다. 곧 불교 탑돌이를 오른쪽으로 도는 우요(右繞), 즉 시계방향 회전이 맞는 것이고 중국 번역 불교 卍자가 본질에서 벗어나 잘못된 방향이다. 어찌 되었건 미술학과에 가려다가 못 가고 건축과 교육을 잠깐 받았다는 히틀러는 인도로부터 강력한 상징 문양을 빌려와 크게 성공한다. 도형 상징을 정치에 이용하여 정치공학의 원조가 되었다. 죽서루 우물천장은 중심에서 구름 꽃송이가 피어나 확산하며 회전하는 강한 상징성을 갖는 임금 칸임을 확실하게 보여준다.

필자가 남쪽은 급이 낮고 북쪽은 높다고 해석하는 남북의 차이는 곳곳에 나타난다. 죽서루 전체 칸은 양 기둥 대들보의 통 칸으로 되어 있는데 남북 측면 양 끝단만 중간 기둥이 더 있다. 최남단 기둥은 4기둥 3칸인데 비해 최북단 기둥은 3기둥 2칸이라는 점이다. 남측은 3칸 중 난간 없는 가운데 칸으로(어칸) 출입하는 데 비해 북측은 정중앙이 기둥으로 오히려 자유로운 출입을 제한하는 성향이 보인다(그림 9-50).

마루 난간은 동서의 경치감상 난간과 남북의 죽서루 실내 4면 난간 중 남북 난간은 경계를 구획 짓는 단순 머름틀 평난간이나, 땅에서의 정면과 절벽 쪽 후면인 동서의 경치 감상 공간은 올록볼록 굴곡진 계자(鷄子)난간, 즉 닭다리난간으로 장식되어 있다(그림 9-51). 난간 자체가 시심을 자극한다.

〈그림 9-50〉 앞 남측 가운데 출입을 위한 기둥과 뒤 북측 끝 출입을 막는 중앙기둥

雕欄物色添詩料(조란물색첨시료) 누 난간 조각 형색이 시 짓는 재료를 더해주네. (양정호)

남북의 경계차단 난간은 보다 간단한 평난간인데 머름판 바람구멍이 동·서쪽 계자난간과는(그림 9-52) 물론 다르고, 남쪽과 북쪽도 서로 다르다. 머름판 구멍을 서로 같게 해도 될 터인데 남쪽은 양곤봉형(그림 9-53-1) 북쪽은 복숭아 모양으로 뚫었다(그림 9-53-2). 동서 계자난간과도 다른 구멍 형상의 의미를 알 수 없지만 어찌되었건 신분 높은 북쪽과 낮은 남쪽에 얼마든지 같게 할 수도 있었겠지만 난간 구멍으로도 서로 다르게 차별을 두었다고 해석한다.

실내 마루 공간은 사대부들이 동서 양 난간 앞으로 계급순으로 죽

〈그림 9-51〉 계자난간 서측 절벽 쪽   〈그림 9-52〉 계자난간 구멍

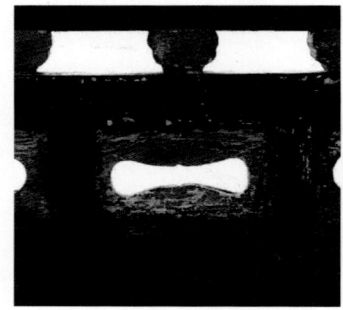 

〈그림 9-53〉 측면 평난간 구멍 남쪽-북쪽

줄지어 앉았을 것이다. 기둥의 주두 아래 헛첨차 포작 모양은 안과 밖이 서로 다르다.[13] 교두형, 즉 밑 둥근 첨차형 살미는 목조건축에서 보통 앞뒤가 대칭이다. 그 이유를 추정하면 밖은 자세히 볼 기회가 적다. 즉, 뒤 서쪽은 절벽이라서 아예 밖에서 포작을 볼 기회가 없고 전면 동쪽도 2층 누 꼭대기라서 아래서 올려다보아도 잘 보이지 않으므로

---

13) 헛첨차는 익공으로, 즉 주두를 감싸는 교두형 물익공으로도, 또 첨차형 헛살미로도 볼 수도 있다.

단순 밑 둥근형으로 충분하였다고 생각되며, 반대로 안쪽은 마루 실내에 딱 서서 눈높이에서 자세히 볼 수 있으므로 장식 가공을 한 번 더한 두 번 꺾인 밑 둥근형으로 만들었다고 추정한다(그림 9−54). 외부에 비해 더 잘 보이는 내부를 보다 중시한 장식 의장임을 알 수 있다.

소위 주심포라 일컫는 가운데 칸의 포작도 동쪽과 서쪽이 얼핏 보면 비슷하나 잘 보면 서로 다르다. 7장에서 본 바와 같이 동쪽 전면 땅 쪽 열은 상하가 통판으로 붙어 있는 익공계에 가까운 의장인데 비해 서쪽 절벽 쪽은 주두와의 사이에 틈새 구멍이 있다(그림 9−54). 틈 있는 주심포계가 익공계보다 한 급 더 높다는 전제하에 절벽 쪽이, 즉 경치가 더 좋은 주인공의 우측 대열이 급이 더 높은 사대부들이 좌정했을 것으로 추정된다. 각 자리 앞에는 술과 안주를 담은 각자 개인 소반을 두고 있었을 것이다.

연회도 그림에 나오는 인물들을 죽서루에 대입하여보자. 처마 밑 공간에 대칭되게 국궁하여 서 있는 인물은 죽서루 남측 바위 기단에 서 있었을 것이다. 기단 한 단 아래에는 연회 외곽을 경비하는 포졸들이 지키고 있었을 것이다. 따라서 죽서루 남쪽 건물 앞 바위 기단 밖 한 단 아래에서 군졸들이 호위하고 있었을 것이다. 이호예병형공

〈그림 9−54〉 사람 키높이 주심포 내부는 두 번 꺾인 밑둥근 형
외부는 한 번 꺾인 밑둥근 형. 왼쪽은 트인 형(서쪽 절벽 쪽) 오른 쪽은 통판형(동쪽 땅쪽)

(吏戶禮兵刑工)의 육방 관속 아전들은 마루 제일 끝 귀부분이나 퇴 바깥 처마에 있었을 것이다. 퇴칸 공간에는 기생 외에 명령을 큰 소리로 복창하는 급창인(及唱人)이 있었을 것이다.

연회도 그림에서처럼 마당에는 솥이 걸리고 주탕(酒湯)이라 하여 음식 준비하는 사람들이 있었고 관노비들이 허드렛일을 준비했었다. 죽서루에서는 누 한 층 아래 기둥 부근이 음식 준비공간이 되었을 것이다. 한 층 아래 마당은 구경꾼들이 좍 둘러서 있었을 수 있고 그렇다면 질서유지를 위한 군졸들이 지키고 있었을 것이다.

죽서루 공간은 계급상의 위아래 서열 구분이 가장 중요하였다. 안과 밖의 공간 구분이 위아래를 보강한다. 무엇보다 누 안과 누 밖의 구분이 1차적이다. 지붕 덮인 누 안이라도 바닥이 마루인가 맨땅인가가 구분된다. 죽서루 전체 7칸 중 남쪽 한 칸만 마루가 깔리지 않은 맨땅이다. 아니 흙이 아니라 자연 암반 바위 기본에다 밑으로 꺼진 바닥 테두리를 인공 석축으로 보강하고 흙을 메워 평평하게 마루보다 조금 낮게 만들었다. 천장도 다른 칸과는 다르게 외기도리 눈썹천장에다 진입 측면 경사 서까래로 내려온다. 바닥과 천장이 합작하여 진입 퇴칸임을 잘 보여준다. 서까래 노출의 높은 천장, 즉 연등천장으로 된 죽서루 전체 칸 중 북쪽에서 두 번째 칸만은 낮은 우물천장으로 되어 있다. 기둥 윗부분에 사방을 둘러싼 가로지른 창방은 그 칸이 보다 안의 공간임과 높은 공간임을 나타내준다. 필자가 이름붙이기를 최상석 임금 칸이라 하였다. 그 바로 뒤 북쪽 끝 칸은 마루는 깔려 있되 천장은 남쪽 퇴칸과 대칭되게 똑같이 눈썹천장의 측면 경사 서까래가 노출되어 내려온다. 임금 칸과는 급이 낮은 공간임을 보여준다. 보조 서비스 칸이다.

우리말에 찬물도 위아래가 있다던가, 소똥도 층이 있다는 속담이 계급 서열과 공간 위아래를 잘 나타내준다. 죽서루 공간의 종류를 가장 높은 공간부터 순차적으로 보면, 우물천장 아래 최상석 임금 칸, 누 안 마루 공간 동서 양쪽 난간 중 절벽 서쪽 사대부 공간, 땅 쪽 동쪽 사대부 공간, 마루 중앙 기생 춤 공간, 맨땅의 남쪽 퇴칸, 북쪽 끝 칸, 동서쪽 기둥 밖 난간 공간. 남쪽 처마 일대 삼각형의 인공 기단, 북쪽 진입 암석 공간, 남쪽 진입 암석 사잇길, 마루 밑 공간, 누 앞마당이 있다.

이 공간에 사람들의 종류를 대입하여 어떤 집단이 어떤 공간을 점유하는가를 표로 만들면 <표 9-1>과 같다. 여기서 중요한 것은 죽서루 공간이 하나가 아니라 계급과 직분에 따라 정해진 위치가 다르고 급에 맞게 의도적으로 모든 건축 형태와 장식을 다르게 만들어 넣었다는 점이다. 공간 분석결과 표에서 한 발 더 나아가 연회도상의 인물들을 죽서루 공간 속에다 배열하면 <그림 9-55>과 같이 된다.

목구조상의 증축설보다는 본 논문에서, 관영 누정은 당시 철저한 계급사회에서 사대부 간의 서열에 따라 또 아전, 관기, 노비들의 직분에 따라 공간 점유 위치가 정해지는바 계급에 의한 공간의 높낮이와 안팎의 차이를 연출한 장치로 해석한다. 죽서루는 각 부분 부분의 세부 모습이 전부 조금씩 다르게 되어 있다. 기존 학자들이 죽서루를 한꺼번에 짓지 않고 증축해나가서 길게 되었다고 주장하는 증축설의 근거는 각 부분의 상세가 균일하지 않고 서로 다르다는 것이다. 이를테면 한국건축역사학 선구자 고 정인국 선생은 목조건축의 양식적 변화를 바탕으로 시대적 선후를, 즉 초기-중기-후기를 열심히 추적하여 후기의 개축임을 주장한다. 그러나 생각해보자. 아무리 후대에 증축해나간다고 해도 실수에 의하지 않는 한, 바보가 아닌 한 형태 자체를 원래 것과 서로 같게 만드는 것은 어려운 작업이 아니었을 것이다. 여기서 본 필자의 중요한 관점이 나온다. 형태가 명백히 서로 다르다는 것은 우연이 아니라 다르게 하기 위한 의도가 처음부터 있었던 필연의 결과이다.

〈표 9-1〉 공간의 종류와 계급 직분에 따른 죽서루 공간 점유표

	공간		공간형성 장치	사람	행위	사물, 도구
실내	임금 칸 뒤 보조 칸		가림 병풍, 퇴 눈썹천장 및 서까래천장, 평난간	통인, 시중인	서서 대기, 음식 대기	술 탁자, 음식
	임금 칸	주인공석	평상, 보좌	관찰사, 수령	좌정	임금기둥
		임금 칸	뒤 병풍, 우물천장, 4면 창방	수청 기생, 비장, 통인, 서리	국궁, 앉거나 섬	보료, 소반
	마루 좌우	절벽 쪽 열	계자난간, 주심포계 포작	높은 사대부	좌정	소반
		땅 쪽 열	계자난간, 익공계 포작	낮은 사대부	좌정	소반
	마루 가운데		둘러앉은 사대부	무희 기생	춤, 노래	무용 도구
	마루 끝 경계 공간		평난간	아전 혹은 기생	앉아 대기, 혹은 국궁	술 탁자
	진입 퇴칸		퇴 눈썹천장 및 서까래천장, 바닥 암반, 평난간,	기생들	앉아 대기	진입 4기둥
퇴	처마 밑 암반 기단		처마, 암반 기단	악공들	연주	북, 개인 악기
	기단 아래		차일, 장대 기둥, 눈썹차양, 석축, 계단	아전, 나장, 사령	국궁, 대기, 경비	
마당	가운데		멍석	낮은 급 양반, 악공, 나장, 사령	대기, 호위	
	주변		관아 담장	주탕, 하인, 노비	음식 준비, 대기	
누하	누 아래		마루 구조틀	하인, 노비	대기	누하 기둥

가운데 칸 맞배지붕을 먼저 짓고 나서 나중에 양 끝 칸을 달아내어 비정상적 팔작지붕을 만들었다는 기존 정설 증축설을 여지없이 타파한다. 네 귓기둥이 밖으로 튀어나간 것도 증축 실수가 아니라 무거운 추녀의 처짐을 미리 방지하기 위한, 즉 대부분 절의 대웅전 귀에 후

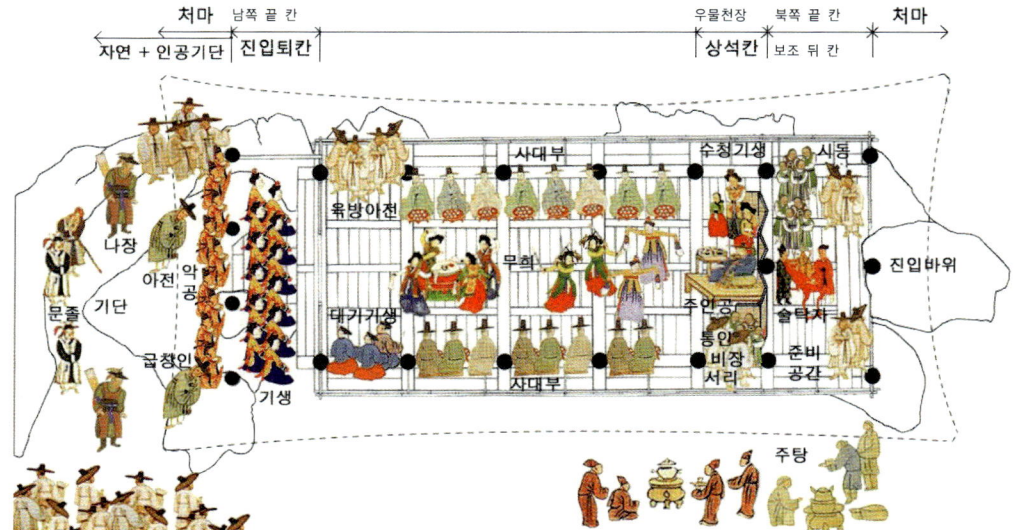

처마　남쪽 끝 칸　　　　　　　　　　　우물천장　북쪽 끝 칸　처마

자연 + 인공기단　진입퇴칸　　　　　　　　상석칸　보조 뒤 칸

사대부　　수청기생　시동

육방아전

무희　　추언공　　솔타자

나장

아전　악공

대가기생　　　　동인　준비

문졸　기단　　　　　비장　공간

서리

굽창인

사대부

기생

진입바위

주탕

〈그림 9-55〉 계급과 직분에 따른 죽서루 공간 점유

대에 덧붙여놓은 활주 자리에 미리 기둥을 박는 천재적인 처리를 함
으로써 탁월한 구조를 만든 것이다. 양 끝 측면에 화려한 익공식 의
장은 측면으로 출입함을 표시한다. 그중에도 북쪽 임금 칸 뒤는 더
높으므로 더 화려한 장식을 만든다. 임금 칸을 위하여 전체 서까래천
장과는 다르게 높이가 낮은 장식 우물천장으로, 또 강조하기 위하여
눈썹천장 순각판에 임금 칸 뒤만 붕긋산에 알이 깨어나 피어나가 만
발하는 장식을 만들고, 꼭대기 종보에는 임금 어제시를 건다.

　마루는 7칸 전체를 깔지 않고 남쪽 한 칸은 맨바닥으로 남겨놓았
다. 마룻바닥/남측 퇴칸 흙바닥, 퇴칸 바닥/처마 밑 암석기단, 연등천
장/우물천장, 서측 열 첨차형 공포/동측 열 익공형 공포, 일반 기둥 주
심포식/남북 양 끝단 익공식,[14] 첨차 외부 원호(교두형)/내부 2단 원

09. 관아 생활을 담은 죽서루　345

호, 순각판 3면 문양/북측 퇴칸 문양, 동·서측 계자난간/남·북측 평난간, 남·북측 평난간 머름판 구멍 등등 죄다 서로 다르다. 서로 다름은 순차적으로 증축을 해서 우연히 나타난 결과가 아니라 신분의 높낮이에 따른 차별 질서를 표현하기 위한 원래부터의 설계의도로 해석한다.

기존 대부분 유물론적 배경의 건축학자들이 답사하여 조사 관찰하는 자체도 이제는 건물 하나하나에 대하여 제대로 심층관찰을 하여야 할 것이다. 근대학문의 시작이 되는 르네상스 레오나르도 다빈치만큼의 정열을 가지고 관찰을 한 후 자료를 해석해내어야 할 것이다. 창건 1400년부터 1700년 사이 원래 맞배지붕에서 양 퇴칸을 달아내어 증축했을 가능성이 전혀 없는 것은 아니지만, 처음부터 조선 관아의 계급 차별적 생활에 딱 맞게 맞배 연장형 팔작지붕 퇴칸을 장인이 창의적으로 설계했을 가능성이 훨씬 더 높다. 얼핏 비정규적 형태로 보이는 죽서루는 현재로부터 수백 년간 조선인의 생활에 대응한 결과물이다.

그다지 크지 않은 건물 하나에 온 우주가 들어 있다. 지금까지 조선시대 삼척 죽서루라는 관아 객사 부속 누정 건물 하나를 여러 각도로 본 바를 정리해보자.

흔히 건축을 감상한다는 말은 아주 잘못된 표현이다. 건축은 미술관의 액자 속에 든 그림이나 전시대 위의 조각이 아닌 것이다. 건축은 시각적 정보를 넘어 온몸으로 체험하는 것이다. 눈에 보이는 먼 산, 개울, 물고기, 모래사장, 초가집, 절벽, 암반 이런 것을 넘어 아지

---

14) 남단 두 귓기둥조차 같은 것이 아니라 출입 시 가장 잘 보이는 동남쪽 기둥만 용 장식이 있다.

랑이, 연기, 햇볕, 소리, 기운, 서늘함, 냄새 모든 것이 건축 속에 들어와 있다. 건축은 감상하는 것이 아니라 체험하는 것이다.

건물 죽서루를 소 닭 보듯 보지 않고 사물과 공간에 집중하여 자세히 본다면 바위 절벽에 절묘하게 위치한 장소의 혼을 뿜어내는 입지에서부터 바위 암반 기초와 건물 기둥과의 관계를 볼 수 있으며 방위상 동서의 절벽/땅 경치를 최대한 감상하게시리 남북으로 길게 뻗어 주인공이 북쪽에 좌정하여 남면하도록 계급의 높낮이를 층위를 한껏 펼치는 대형을 볼 수 있어야 한다. 천장 구조 장식과 4면의 기둥과 포작과 난간의 장식 또한 신분 계급의 차별을 위하여 세심하게 다르게 한 것을 볼 수 있어야 한다.

건물 죽서루를 감상 아닌 체험하려면 조선시대로 돌아가야 한다. 그때 그 사람들의 생활 속에서 죽서루를 체험해야만 한다. 지식인 선비들의 공부는 오늘날처럼 육법전서만 달달 외거나 이공계처럼 사물만 파는 것이 아니라 어려서부터 시 공부가 필수였다. 죽서루는 관아 영역의 임금 건물 객사 부속 관영정자로서 주인공 관리는 백 프로 시인이었다. 세계적으로 유례가 없는 제도였다. 물론 음악도 하고 글씨도 쓰고 그림도 그렸다. 오늘날 교육에 비해 전인 교양교육의 장점이 뚜렷하다. 개인 경치감상을 넘어 주 용도였던 관리들의 연회에 철저히 계급 신분에 따른 배열의 결과가 오늘날 보는 죽서루였다. 그중 중요한 임무를 담당했던 단순 기쁨조가 아니라 기초 교양을 갖춘 공식 공무원 신분의 기생들 역할을 잊으면 안 될 것이다. 연회대형은 기생이 있으면 바늘에 실 따라가듯 반드시 악공이 자리 잡는 위치가 정해진다.

건축은 사물이 아니라 사람이다. 사람의 문화이다. 죽서루 건축을 모르면 한국을, 문화를 말할 수 없을 것이다. 죽서루는 한낱 지방의 누각 정자가 아니라 한국건축의 모든 것을 담고 있다. 지금까지 죽서루를 본 방식은 그대로 한국건축을 제대로 보는 방법이 될 것이며, 기존 한국건축사의 방법을 뛰어 넘는 새로운 방법을 제시한다.

참고문헌

강우방, 「한국 목조건축 형태적 기원과 상징」, 한국건축역사학회 춘계학술발표대회, 2004.6.

강우방, 『한국미술의 탄생 – 세계미술사의 정립을 위한 서장』, 솔출판, 2009.

국립국악원, 『조선시대연회도』, 2001.

김도경, 「한국건축 공포 연구의 문제점과 몇 가지 제안」, 한국건축역사학회 월례학술발표회. 2002.9.

김동욱, 「주심포 다포라는 용어는 언제부터 쓰였을까?」, 『건축역사연구』, 2008.10.

김동욱, 『개정 한국건축의 역사』, 기문당, 2007.

김동현, 『한국 목조건축의 기법』, 발언, 1998.

김봉렬, 『한국의 건축』, 공간사, 1988.

김왕직, 『알기 쉬운 한국건축 용어사전』, 동녘, 2007.

김용옥, 『여자란 무엇인가?』, 통나무, 1990.

김일기, 「이승휴의 생애와 유적」, 『실직문화논총』 1집, 1989.10.

삼척시립박물관 www.scm.go.kr

삼척시, 『삼척 죽서루 정밀실측조사보고서』,

남광우 편저, 『교학 고어사전』, 1997.

리화선, 『조선건축사 Ⅱ』, 발언, 1993.

문지은, 「생활을 바탕으로 한 죽서루, 경포대의 누정건축 공간해석에 관한 연구: 조선시대 회화를 중심으로」, 중앙대 건축미술학과 석사논문, 2010.

박언곤, 『한국건축사 강론』, 문운당, 1988.

박언곤, 『한국의 정자』, 대원사, 1998.

박언곤, 『한국의 누』, 대원사, 1997.

박성규 역, 『김극기 한시선』, 다운샘, 2003.

심의승, 『삼척군지』, 1916.

안길정, 『관아를 통해 본 조선시대 상활사』 상·하, 사계절, 2007.

윤장섭, 『한국건축사』, 동명사, 1973.

이덕일, 『송시열과 그들의 나라』, 김영사, 2000.

이수환, 『조선 후기 서원 연구』, 일조각, 2001.

이우종, 「고려시대 공포의 형성과 변천」, 서울대 박사학위논문, 2006년.

이우종·전봉희, 「쇠서의 어원과 의미」, 한국건축역사학회 춘계발표대회, 2006.

이희봉, 「서평 『한국미술의 탄생』」, 『건축역사연구』, 2008.10.

이희봉, 「강우방 교수 논문, '고구려 벽화의 영기문과 고려, 조선 공포의 형태
    적, 상징적 기원'에 대한 독후 소감」, 『건축역사연구』, 2005.12.

이희봉, 「馬鹿誌-주심포식/익공식 과연 있는 것인가?」, 한국건축역사학회,
    2011.5. 춘계학술발표대회.

이희봉, 「유린당한 경포대, 원상복구 되어야」, 경포대 수리공사 결과에 대한
    학술심포지엄, 2011.2., 한국건축역사학회 주관, 강릉시청 주최.

이희봉, 「유린당한 경포대-또 하나의 엉터리 복원에 대하여」, 한국건축역사
    학회 추계학술발표대회, 2010.11.

이희봉, 「관광복원인가 마구잡이 복원인가?-경주 월정교의 복원에 대하여」,
    한국건축역사학회 춘계발표회, 2010.5.

이희봉, 「전통 상류주거 강릉 선교장의 해석」, 『건축역사연구』, 1999.12.

이희봉·이향미, 「상류주거 해남 녹우당의 해석-거주자의 생활과 농업 경영
    으로」, 『건축역사연구』, 2002.3.

이희봉·문지은, 「고회화의 생활복원과 공간형태 심층관찰을 통한 죽서루 해
    석」, 『건축역사연구』, 2010.12.

장기인, 『목조-한국건축대계 Ⅴ』, 보성각, 2004.

장기인, 『한국건축사전』, 보성각, 1998.

정인국, 『한국건축양식론』, 일지사, 1974.

주남철, 『한국건축사』, 고려대출판, 2002.

차장섭, 배재홍, 김태수, 『죽서루』 한국학술정보, 2010.

최인호, 『유림』 3권, 열림원, 2005.

한국건축역사학회, 『한국건축 답사수첩』, 동녘, 2006.

王效靑 편, 『中國 古建築 述語辭典』, 山西人民出版社.

李允鉌(리윈허), 이상해 외 역, 『夏華意匠-중국건축의 고전적 원리』, 시공사, 2000.

杉山信三, 신영훈 역, 『고려말 조선초 목조건축에 관한 연구』, 1963, 고고미술
    동인회.

조선총독부, 『朝鮮古蹟圖譜』, 1931.

르네 듀보, 『인간이라는 동물』, 탐구당, 1983.

데즈먼드 모리스, 『털 없는 원숭이』, 정신세계사, 1994.

레오나르도 다빈치, 『다빈치 노트』.

Rasmussen, Steen Eiler. *Experiencing Architecture* MIT Press, 1959/2000, 『건축예술의 체득』.

Bollnow, Otto F. 「인간과 그의 집 - 실존주의의 극복을 위하여」, 이규호 역, 『현대철학의 전망』, 법문사, 1967.

Spradley, James. *Participant Observation*, 이희봉 역, 『문화탐구를 위한 참여관찰 방법』, 대한교과서, 1988.

Suh, Anna.(ed.) *Leonardo's Notebook*, 조윤숙 역, 『레오나르도 다빈치 노트북』. *Leonardo Davinch: Notebooks*. Oxford Univ.

Fitch, James. *American Building: The Environment Forces That Shaped It.* 1947/1972.

Boudon, Phillipe. *Lived - In Architecture*: MIT Press, 1969.

Brolin, Brent. *Failure of Modern Architecture*. Studio Vista, 1976.

Giedion, Sigfried. *Space, Time and Architecture*. Oxford Univ. Press, 1973.

Heidegger, Martin. "Building, Dwelling and Thinking." *Basic Writing*. Harper & Row, 1977.

Edwards, Betty. *Drawing on the Right Side of Brain*.

Merleau - Ponty, Maurice. "What is Phenomenology?" *Phenomenology of Perception*. 1962.

Norberg-Schulz, Christian. *Existence, Space, and Architecture*. Studio Vista, 1971.

Norberg-Schulz, Christian. *Genius Loci: Phenomenology of Architecture*. Academi Editions, 1979.

이희봉(李熙奉)

서울대학교 건축학과 졸업 후 해군시설장교 및 건축사사무소에서 수년간 설계실무를 하고,
동 대학에서 한국건축 공간을 구조주의 기호론으로 분석한 석사논문을 썼으며, 미국 펜실베
이니아 대학교(University of Pennsylvania)에서 박사학위를 받았다. 주 전공은 건축 역사와 이론
이다. '인간 중심 건축'을 주제로 문화인류학적 방법을 응용하여 학계의 기존 정설을 대부분
뒤집으며 건축, 건축역사를 새롭게 쓰고 있다.
울산대학교 교수를 거쳐 중앙대학교에서 건설대 학장을 역임, 현재 건축학부 교수로 재직 중
이다.
「거주자의 문화를 통해 본 강화도 최소중정형 튼입구자 집의 해석」, 「전통상류주거 해남 녹
우당의 해석」, 「조선시대 사림의 서원건축 재해석」, 「탑 용어에 대한 근본 고찰 및 제안: 인
도 스투파에서부터 한국 석탑으로의 변환」, 「신라 분황사탑의 '모전석탑 설'에 대한 문제제
기와 고찰」, 「인도 불교석굴사원의 시원과 전개」, 「서양 중세 바실리카 교회와 인도 불교 석
굴 차이탸와의 연관성 비교」 등이 있다. 2011년부터 불교의 <법보신문>에 「인도 불교유적
답사기」를 일 년 이상 연재하였다.
『문화탐구를 위한 참여관찰방법』이라는 문화기술방법론 역서와 『주거론』, 『한국건축사연구2-
이론과 쟁점』 공저가 있다.

한국건축의 모든 것

죽서루

초 판 인 쇄 | 2013년 5월 30일
초 판 발 행 | 2013년 5월 30일

지 은 이 | 이희봉
펴 낸 이 | 채종준
펴 낸 곳 | 한국학술정보㈜
주   소 | 경기도 파주시 문발동 파주출판문화정보산업단지 513-5
전   화 | 031) 908-3181(대표)
팩   스 | 031) 908-3189
홈 페 이 지 | http://ebook.kstudy.com
E - m a i l | 출판사업부 publish@kstudy.com
등   록 | 제일산-115호(2000. 6. 19)

ISBN   978-89-268-4321-5 93540 (Paper Book)
             978-89-268-4322-2 95540 (e-Book)